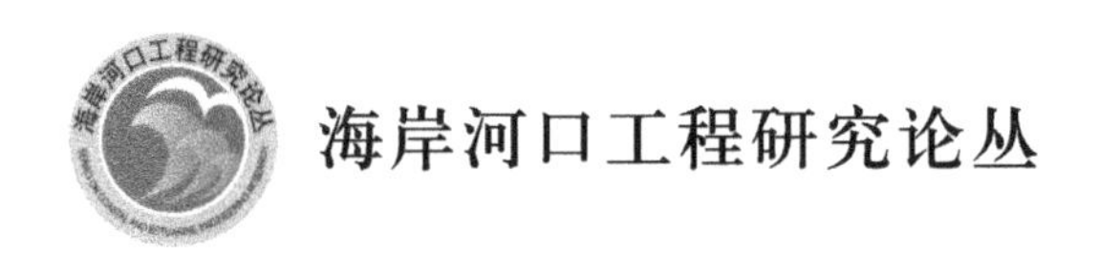

海岸河口全动力过程泥沙输移数值模拟技术研究与应用

严 冰 赵张益 刘 涛 孙华文 著

DEVELOPMENT AND APPLICATION OF NUMERICAL SIMULATION TECHNIQUE FOR SEDIMENT TRANSPORT PROCESS BY MULTI-DYNAMICS IN COASTAL AND ESTUARINE AREAS

人民交通出版社股份有限公司
China Communications Press Co.,Ltd.

内容提要

本书介绍了海岸河口泥沙治理、泥沙基础理论、港口航道泥沙防治等方面研究经验，在理论上重点研究泥沙与水流相互作用机制问题，建立了包含泥沙影响的水流紊动强度理论模型和水流、波浪及波流共同作用下高低浓度自适应的含沙量垂向分布理论模型；研发了考虑有限掺混与制紊机制的三维泥沙输运数值模拟技术，提高了泥沙输移数值模拟技术水平；利用“天河一号”国家级超算平台，解决了大计算量与高计算效率需求之间的矛盾，研发了大气、波浪、潮流和径流全动力过程泥沙数值模拟系统，实现了精细化和过程化的泥沙输运三维数值模拟；模拟系统成功应用于多项海岸河口重大工程项目研究，有力支撑了各工程项目的决策与实施，积累了丰富的数值模拟研究经验。

本书可供海岸河口工程研究人员使用，也可供相关院校师生学习参考。

图书在版编目(CIP)数据

海岸河口全动力过程泥沙输移数值模拟技术研究与应用／严冰等著. — 北京：人民交通出版社股份有限公司，2019.5

ISBN 978-7-114-14823-1

Ⅰ. ①海…　Ⅱ. ①严…　Ⅲ. ①海岸—河口泥沙—泥沙输移—数值模拟—研究　Ⅳ. ①TV148

中国版本图书馆 CIP 数据核字(2018)第 125683 号

海岸河口工程研究论丛

书　　名：海岸河口全动力过程泥沙输移数值模拟技术研究与应用

著 作 者：严　冰　赵张益　刘　涛　孙华文

责任编辑：韩亚楠　崔　建

责任校对：张　贺

责任印制：张　凯

出版发行：人民交通出版社股份有限公司

地　　址：(100011)北京市朝阳区安定门外外馆斜街 3 号

网　　址：http://www.ccpress.com.cn

销售电话：(010)59757973

总 经 销：人民交通出版社股份有限公司发行部

经　　销：各地新华书店

印　　刷：北京虎彩文化传播有限公司

开　　本：720×960　1/16

印　　张：15.25

字　　数：261 千

版　　次：2019 年 5 月　第 1 版

印　　次：2019 年 5 月　第 1 次印刷

书　　号：ISBN 978-7-114-14823-1

定　　价：69.00 元

(有印刷、装订质量问题的图书由本公司负责调换)

序

海岸、河口是陆海相互作用的集中地带，自然资源丰富，是经济发达、人口集居之地。以我国为例，我国大陆海岸线北起辽宁省的鸭绿江口，南至广西的北仑河口，全长18000km；我国海岸带有大大小小的入海河流1500余条，入海河流径流量占全国河川径流总量的69.8%，其中流域面积广、径流大的河流主要有长江、黄河、珠江、钱塘江、瓯江等。海岸河口地区居住着全国40%左右的人口，创造了全国60%左右的国民经济产值，长三角、珠三角、环渤海等海岸河口地区是我国经济最为发达的地区，是我国的经济引擎。

人类在海岸河口地区从事经济开发的生产活动涉及到很多的海岸河口工程，如建设港口、开挖航道、修建防波堤、围海造陆、保护滩涂、治理河口、建设人工岛、修建跨(河)海大桥、建造滨海火电厂和核电厂等等，为了使其经济、合理、可行，必须要对环境水动力泥沙条件有一详细的了解、研究和论证。人类与海岸河口工程打交道是永恒的主题和使命。

交通运输部天津水运工程科学研究院海岸河口工程研究中心的前身是天津港回淤研究站，是专门从事海岸河口工程水动力泥沙研究的专业研究队伍。致力于为港口航道(水运工程)建设和其他海岸河口工程等提供优质的技术咨询服务，多年来，海岸河口工程研究中心科研人员的足迹遍布我国大江南北及亚洲的印尼、马来西亚、菲律宾、缅甸、越南、柬埔寨、伊朗和非洲的几内亚等国家，研究范围基本覆盖了我国海岸线上大中型港口及各种海岸河口工程及亚洲、非洲一些国家的海岸河口工程，承担了许多国家重大科技攻关项目和863项目，多项成果达到国际先进水平和国际领先水平并获国家及省部级科技进步奖。海岸河口工程研究中心对淤泥质海岸泥沙运动规律、粉沙质海岸泥沙运动规律和沙质海岸泥沙运动规律有深刻的认识，在淤泥质海岸适航水深应用技术、水动力泥沙模拟技术、悬沙及浅滩出露面积卫星遥感分析技术等方面无论在理论上还是在实践经验上均有很高的水平和独到的见解。中心的一代代专家们为大型的复杂的项目上给出正确的技术论证和指导，使经优化论证的工程方案得以实施。如珠江口伶仃洋航道选线研究、上海洋山港选址及方案论证研究、河北黄骅港的治理研究、江苏如东辐射沙洲西太阳沙人工岛可行性及建设方案论证、瓯江口温州浅滩围涂工程可行性研究、港珠澳大桥对珠江口港口航道影响研究论证、天津港各阶段建设回淤研究、田湾核电站取排水工程研究等等，事实证明这些工程是成功的。在积累的成熟技术基础上，主编了《淤泥质海港适航水深应用技术规范》、《海岸与河口潮流泥沙模拟技术规程》、《海港水文规范》泥沙章节、参编《海港总体设计规范》和《核电厂海工构筑物设计规范》等。

本论丛是交通运输部天津水运工程科学研究所海岸河口工程研究中心老一辈少一辈专家学者多年来的水动力泥沙理论研究成果、实用技术和实践经验的总结，内容丰富、水平先进、科学性强、技术实用、经验珍贵，涵盖了水动力泥沙理论研究，物理数学模型试验模拟技术研究，水沙研究新技术、水运工程建设、河口治理、人工岛开发建设实例介绍等海岸河口工程研究的方方面面，对从事本行业的技术人员学习和拓展思路具有很好的参考价值，是海岸河口工程研究领域的宝贵财富。

本人在交通运输部天津水运工程科学研究院工作20年（1990～2009年），曾经是海岸河口工程研究中心的一员，我深得老一代专家的指导，同辈人的鼓励和青年人的支持，我深得严谨治学、求真务实氛围的熏陶、留恋之情与日俱增。今天，非常乐见同事们把他们丰富的研究成果、实践经验、成功的工程范例著书发表，分享给广大读者。相信本论丛的出版将会进一步丰富海岸河口水动力泥沙学科内容，对提高水动力泥沙研究水平，促使海岸河口工程研究再上新台阶有推动作用。希望海岸河口工程研究中心的专家们有更多的成果出版发行，使本论丛的内容越来越丰富，也使广大读者能大受裨益。

2014年11月

前　言

泥沙输移规律与机制研究是海岸河口地区可持续发展中重要的自然科学命题和难题,是海岸与河口工程领域基本和重要的研究方向。随着计算机技术和计算流体力学的不断发展,数值模拟技术作为一种重要的研究手段,在海岸河口泥沙运动研究中占有越来越重要的地位。近年来,我国超级计算机快速发展,逐步普及到各个学科和领域,使得借助大规模并行计算技术开展多因素、精细化、工程实用化的数值模拟研究,解决涉水工程中重大技术难点成为可能。本书介绍了研究团队近年在三维泥沙输移数值模拟技术研究上取得的进展,并选取代表性工程研究案例,详细阐述了模拟技术集成与创新如何助力解决工程中各种复杂泥沙问题。

本书分为8章。第1章对研究背景和意义、技术现状和问题以及研究路线和内容等进行介绍;第2章对悬浮泥沙与水流间的相互作用开展了理论研究,重点阐述了高浓度泥沙对水流反作用的物理机制;第3章介绍了基于有限掺混与制紊机制的三维泥沙输移数值模拟的控制方程、离散方法以及理想算例验证等内容;第4章说明了全动力过程泥沙输移数值模拟的需求与瓶颈问题,然后回答了如何利用“天河一号”国家级超算平台突破瓶颈、如何进行系统构建和优化等问题;第5~7章为具体工程案例;第8章为研究结论和展望。

在本书编写过程中,交通运输部天津水运工程科学研究院杨华教授级高级工程师、黄玉新博士和国家超算天津中心孟祥飞博士、段莉莉工程师给予了大力支持,在此表示诚挚的谢意。

由于作者水平有限,加之泥沙问题的复杂性、认识的循序渐进性,本书内容不免有错误和不足之处,恳请读者批评指正,不吝赐教。

作　者

2018 年 12 月

目　　录

1 绪　　论

1.1 研究背景与意义

1.1.1 相关学科和技术的不断进步是海岸河口水沙输移数值模拟技术产生和不断发展的基础

计算流体力学是20世纪50年代随着计算机的发展而产生的一个介于数学、流体力学和计算机科学之间的交叉学科,主要研究内容是通过计算机和数值方法来求解流体力学的控制方程,对流体力学问题进行模拟和分析。在融合了海洋物理学与河流动力学两大学科后,海洋与陆地、内河与海洋之间的过渡区域——海岸河口,成为计算流体力学重要的分支研究领域。

海岸河口基本的水动力因素主要包括潮汐(潮流)、波浪和径流。大气是另外一种重要的间接动力因素,某些情况下它对三种基本水动力因素作用显著,不可忽视。海岸河口动力过程还伴随着泥沙输移、盐淡水掺混、物质扩散、热量交换等物理过程和现象。随着相关学科和技术的不断进步,海岸河口动力过程数值模拟逐渐从单因素、理论研究向多学科交叉、应用研究发展。其中,水沙输移数值模拟技术是动力过程模拟中最为重要和基本的研究内容。近年来,一大批各具特色的水沙数学模型应运而生,取得了丰富的科研成果,在海岸河口工程实践中也起到了重要的支撑作用。

1.1.2 并行计算技术以及超级计算机的普及使得开展大规模、多因素、工程化水沙输移数值模拟研究成为可能

并行计算技术从20世纪70年代开始快速发展,到20世纪80年代出现了蓬勃发展和百家争鸣的局面,20世纪90年代体系结构框架趋于统一。2000年以来,受重大挑战计算需求的牵引和微处理器及商用高速互联网络持续发展的影响,高性能并行机得到了前所未有的大踏步发展。

在2010年11月世界超级计算机TOP500排名中,我国“天河一号”超级计算机首次位列世界第一,这标志着我国自主研制超级计算机的综合技术水平进

入世界领先行列。此后,“天河二号”超级计算机自2012年起已在TOP 500榜单上连续六度位列世界第一(每半年更新排名)。2016年使用中国自主芯片制造的“神威太湖之光”取代“天河二号”登上世界第一的宝座,其每秒最高能够进行9万3千兆次浮点运算,是排名第二的“天河二号”的三倍,是排名第三的美国橡树岭国家实验室泰坦超级计算机的五倍。至此,在TOP 500排名中,我国拥有的超级计算机数量为167台,首次超过美国(165台),而排名第三的日本仅为29台。TOP 500委员会给出这样的评价:“在超级计算机发展史上,没有一个国家能像中国这样取得如此巨大、快速的进步。”

随着我国超级计算机的快速发展和逐步普及,使得大规模、多因素、工程化水沙输移数值模拟成为可能。本研究团队自2012年起开始利用“天河一号”开展水沙输移数值模拟研究工作,解决了多项基金和工程研究问题,不断提升和完善所用模型,积累了大量经验。

1.1.3 泥沙运动物理机制研究是泥沙输移数值模拟技术突破的关键

水流运动是泥沙运动根本的动力来源,是泥沙运动的载体。由于重力的作用,往往呈现表层水体含沙量低、底层含沙量高的垂线分布特征。在泥沙来源充足的条件下,水体含沙量随水体运动强度增大而增高,而表、底层含沙的差异也越来越显著。当这一差异达到一定程度,大量泥沙聚集在近底水体,泥沙垂向梯度足够影响水体本身的紊动分布时,泥沙对水体的反作用不可忽视。因此,强动力驱动下的泥沙运动问题必须考虑水沙相互作用,其蕴含的各种物理机理是数值模拟技术突破的关键。若这些泥沙运动物理机制在数学模型中不能得到合理的反映,则难以合理反演泥沙运动规律和现象,更难以正确指导工程实践。

1.1.4 强动力驱动下泥沙运动是工程泥沙重要的研究内容之一

极端天气条件,存在强风、气压骤变等剧烈的大气扰动,海水运动剧烈,常伴随风暴潮、大浪、风生流等自然现象。其间,近岸海域泥沙运动活跃,易出现大规模高强度泥沙输移运动,产生骤淤、骤蚀等现象,严重的还能影响航道通行、导致建筑物损坏等事故,短期内难以恢复,破坏正常社会生产活动。

河口区域问题更为复杂,既有外海动力作用,又有上游径流影响。该区域是盐淡水交汇区域,常态水动力问题本身就十分复杂,再加之强潮、大浪、洪水等各种水体强运动独自或组合出现,泥沙运动问题受多因素影响,异常复杂,对通航、防洪、建筑物等影响较大,是工程泥沙研究的难点和重点。

综上所述,基于新的泥沙理论和计算手段开展泥沙输移数值模拟技术研发与应用研究具备了工作基础和条件,是十分必要的,具有重要的社会经济效益。

1.2 技术现状与问题

海岸河口二维泥沙数学模型的研究较早,已经比较成熟,得到了广泛的应用,取得了丰富的成果,也解决了众多的工程技术问题。很多复杂泥沙输移问题三维特性显著,采用二维模型存在不可逾越的障碍,必须采用三维模型才能反映其垂向特征。因此,下面主要分析三维数学模型现状与问题。

1.2.1 水动力数学模型研究现状

随着计算机技术、计算流体力学和数值方法的不断进步,三维数值模型已经成为海岸、河口水动力泥沙输移数值模拟的重要研究方法和手段。

水流运动的质量守恒方程、动量守恒方程和能量守恒方程构成了描述各种流动问题的最基本方程——Navier-Stokes 方程。为建立能够模拟泥沙输移的数值模型,通常将以 Navier-Stokes 方程为基础的模型定义为水动力模型,为泥沙、温盐等物质输运提供流场、水深及水底剪切力等基础要素信息。

目前,Navier-Stokes 方程数值解法主要有直接模拟(DNS)、大涡模拟(LES)和雷诺时均模拟(RANS)三种。

直接模拟方法是直接对方程进行离散求解,由于真实水流中存在各种尺度的涡动,直接模拟法需要足够细的网格才能捕捉中小尺度的紊流运动,因此需要庞大的计算量,导致该方法难以在实际工程中得到应用。

大涡模拟方法采用滤波函数,忽略小于一定尺度的紊动细节,只模拟需要尺度的紊流运动,这一过程使得该方法对计算量的需要较直接模拟法大大降低。然而,为了得到足够细致的流场,就要保留足够的小尺度涡,所以计算规模依然不小,实际工程应用较少。

雷诺时均模拟法将流动方程时均化处理,将紊流脉动影响归结为对紊流模型的求解,从而避免直接求解中、小尺度的紊动过程,计算效率进一步提高。直接使用 RANS 方法面临的最大问题是对自由流动水体表面的捕捉。自由表面时刻都在发生着变化,计算域也随之改变。从最早的刚盖假定[1]到后来的 MAC 方法[2]、VOF 方法[3]、ALE 方法[4]和水平集方法[5],除了刚盖假定之外,其他自由水面捕捉方法均能求解复杂自由水面的问题,但是这些方法普遍存在计算花费巨大及数值稳定限制严格等问题,仍难以实现对大空间尺度实际工程问题的高效求解。

对于诸如湖泊、海岸和河口等大范围自由表面流,水体流动沿垂向的加速度较小,变化主要发生在水平方向的宽浅区域,流动在水平方向的尺度远大于垂向尺度。此时,水体内压强的垂向分布近似用静水压强替代,在连续性方程中,将质量(体积)守恒转化为对水体变化的追踪过程,从而高效地确定了自由表面的位置。基于此,可以得到静压假定的 RANS 三维水动力模型。

本书主要涉及三维 RANS 数值模型(含静压假定 RANS),这里重点对国内外相关的研究工作进行概述。

建立在 RANS 方程基础上、具代表性、较著名的水动力模型(软件)有 Fluent、CFX、FLOW-3D 等。

Fluent 为计算流体通用软件。基于 CFD 软件群的思想,从用户需求角度出发,针对各种复杂流动的物理现象,集成了不同的离散格式和数值方法。主要的软件模块有:Icepak,热控分析 CFD 软件;Airpak,供暖通风和空气调节软件;Mixsim,面向搅拌装置设计的专业流体分析软件;Blade Modeler,涡轮机械叶片设计软件;CoolSim,虚拟数据中心制冷审核服务软件。该软件的特点是能够精确地模拟无黏流、层流、湍流、化学反应、多相流等多种复杂的流动现象。但由于方程的非线性特性强,数值求解耗时长,在水利、海洋工程领域大空间尺度实际工程计算问题应用中受到较大限制。

CFX 同属计算流体通用软件。采用了基于有限元的有限体积法,在保证了有限体积法的守恒特性的基础上,吸收了有限元法的数值精确性。CFX 拥有包括流体流动、传热、辐射、多相流、化学反应、燃烧等问题丰富的通用物理模型,还拥有诸如气蚀、凝固、沸腾、多孔介质、相间传质、非牛顿流、喷雾干燥、动静干涉、真实气体等大批复杂现象的实用模型。在复杂几何边界、网格、求解这三个问题上有所突破。软件前后处理有智能化特点。和 Fluent 软件相同,该软件对水利、海洋工程领域大空间尺度实际工程计算问题适应性不强。

FLOW-3D 是计算流体力学和传热学领域多功能软件,于 1985 年正式推出。其特点是采用 FAVOR 技术和针对自由液面的 Ture VOF 方法,为复杂流动问题提供了高精度精细计算,如在打印机的喷墨头计算、超音速喷嘴、舰艇输油系统计算中得到成功应用。近年来还向生物医学科技发展。

总体而言,在水利工程、海岸和近海工程领域大空间尺度实际工程中应用较多的三维水动力模型多基于静压假定,最具代表性的模拟软件有 POM、ROMS、Delft3D、FVCOM 和 MIKE 等。

POM[6]模型是美国普林斯顿大学的 Blumberg 和 Mellor 建立的三维数值海洋模式,使用范围主要集中在近海和河口水域。由于 POM 模型采用经典的逆风格式计算对流项,在处理间断时易出现数值频散。原始的 POM 模型不能考虑干湿过程的存在,只能通过修改最小水深的方式消除干湿变化过程的影响。

ROMS[7]模型在传统水动力和温盐场模拟的基础上,因提供了较完整的生化过程计算模型而受到较多关注。其特点是对不同流动的适应能力较强。

Delft3D[8]是应用于水利工程、海岸和海洋工程领域的多功能软件,是目前本领域功能较为全面的三维水动力—水质模型系统,包含水流、水动力、波浪、泥沙、水质、生态 6 个模块,应用广泛。

上述 3 个模型均采用正交曲线形式的网格划分,在复杂边界处理上缺乏优势。

FVCOM[9]模型是由陈长胜及其领导的美国佐治亚大学海洋学院海洋生态动力学实验室和美国麻省大学海洋科学和技术学院海洋生态模型实验室人员于 2000 年成功建立的海洋环流与生态模型,应用于海洋、河口和湖泊等领域。FVCOM 的不足之处在于水平对流通量处理方法与 POM 相同,即会在间断处产生数值振荡的现象;同时,由于其交错的变量布置方式,在干湿界面处理时须同时判断节点和网格中心的干湿,并通过强制修改小(负)水深来提高模型的稳定性,造成水体的守恒处理不够理想。

MIKE[10]是丹麦 DHI 公司开发的商业软件包,适用于近海、河口、河流和水库等水域水动力及环境问题。其友好的人机交互界面及丰富的功能选择,得到了国内外许多专家的认可。从功能上,MIKE 包含浪、流、地下水等多种模块,其中,流模块在 MIKE21 和 MIKE3 中分别有基于网格中心格式有限体积法的二维和三维形式,水平对流项均采用 Roe 型 Riemann 算子求解。MIKE 的不足之处是干湿处理方法基于三参数的单元水深判别,并且数值格式的稳定性对参数极为敏感,在保证计算稳定的条件下,会出现大面积的“半干湿”区域,额外损失了水体的动能。

综上所述,直接建立在三维 RANS 方程基础上的水动力模型,由于计算效率问题,较难适合水利、海岸和近海工程领域大空间尺度实际工程问题计算。而建立在静压假定的三维 RANS 方程基础上的水动力模型,在应用于具有底部高浓度悬沙水体计算时,难以反演实际现象,同时不能考虑高浓度悬沙对水体运动本身的驱动影响。

1.2.2 泥沙数学模型研究现状

从运动机理角度看,全动力过程有限掺混与制紊机制下泥沙输移是一种强烈的不平衡输沙过程,是风、波浪、潮流、泥沙和相关结构物之间复杂相互作用的结果,具有极强的三维特征。比如,波浪遇到潜堤后发生变形甚至破碎,使得水体紊动增强,进而使得水体悬沙能力增强,此时潜堤不能完全拦截水体中所有的泥沙。波浪非正向入射、波浪变形产生的非对称水体运动、波浪破碎、水体垂向旋涡等复杂水动力环境使得本身就很复杂的泥沙运动变得异常复杂。

从研究手段角度看,泥沙模型实验是认识泥沙运动机理最基本的研究手段,虽然在模型相似性上存在天然的不足,从模型结果到现场尺度的推演还存在很多问题,但对泥沙运动机理的认识仍然起着不可替代的作用。随着计算流体力学和计算机的发展,数值模拟凭借其没有比尺限制、灵活多变的优势,越来越多地用于泥沙运动规律研究,揭示物理模型难以发现的规律。下面从国内、外两方面分别介绍泥沙数学模型研究现状。

国外的三维泥沙数值模型起步于 20 世纪 80 年代,标志性的工作为 Chen[11] 和 McAnally 等[12] 利用三维水沙数值模型对河口水沙运动问题进行了研究以及 Wang 和 Adeff[13] 建立了三维河流泥沙数值模型。van Rijn[14,15] 建立了一个组合式三维泥沙模型,其中水动力由沿水深平均的二维模型计算。O′Connor 和 Nicholson[16] 建立了一个三维的黏性泥沙输运模型,在模型中包括了黏性泥沙絮凝、侵蚀、沉降、浮泥的固结和浮泥的流动等过程,并将该模型应用到港口的淤积问题,得到较为满意的结果。Shimizu[17] 将三维水沙数值模型成功应用于模型试验弯曲河道中的水沙输运和河床变形的模拟中。Malcherek 等[18] 利用 Petrov-Galerkin 有限元法建立了河口三维水沙模型并模拟了泥沙输移,得到了较好的成果。Lin 和 Falconer[19] 采用静压假定和常紊动黏性系数建立了一个模拟河口水流及悬移质运动的模型。Lou 和 Ridd[20] 建立了波流共同作用下准三维悬沙输移耦合模型并应用于克利夫兰湾水流泥沙的数值模拟,指出大浪是该水域泥沙悬浮的主要动力机制,也是导致该水域含沙量高的重要因素。Brenon 和 Le Hir[21] 运用平面二维和三维数学模型结果的比较,反映了潮泵作用是最大浑浊带形成的主要因素,盐水楔处悬沙含量的增加与由盐度导致的环流有重要关系。Wu 等[22] 采用 Reynolds 方程及 k-ε 紊流模式建立了一个三维全沙数值模型。Khosronejad 等[23] 利用有限体积法建立了一个适用于弯曲明渠水沙输运的三维全沙数值模型,模型采用 Reynolds 平均 Navier-Stokes 方程计算水动力,对低 Reynolds 数 k-ε 紊流模型和标准 k-ε 紊流模型进行了比较。

国内的三维泥沙数值模型发展相对较晚,周华君[24]建立了基于曲线网格的三维水流泥沙数值模型,并利用模型对长江口最大浑浊带附近的泥沙输运进行了研究。方红卫等[25,26]建立了基于非正交曲线网格的三维悬沙数学模型,模型中引入了非平衡输沙模式,使用模型对三峡水库1976年的泥沙淤积过程进行了模拟计算,计算结果与实体模型结果符合较好。丁平兴等[27]建立了适合于河口海岸地区、波流共同作用下的三维悬沙输运数学模型。王厚杰[28]利用三维水沙数学模型对黄河口悬浮泥沙的沉积动力过程进行了较为系统的描述和分析。陆永军等[29]根据紊流随机理论,导出了各向异性紊流的Reynolds应力的数值格式,将精细壁函数应用于边壁处理,将传统的悬沙运动、床沙级配控制方程推广到三维模型,给出了床面附近含沙量表达式,建立了三维紊流悬沙数学模型。王崇浩等[30]利用有限单元法建立了具有二阶精度的三维水动力及泥沙输移模型,并利用该模型对珠江口泥沙运动进行了模拟,计算结果与实测结果吻合较好。张丽珍[31]基于EFDC模型建立了三维多组分泥沙数学模型,并对黄骅港海域泥沙运动进行了模拟分析,王效远[32]在其基础上考虑了近岸区波浪破碎对悬沙分布的影响,并对黄骅港航道淤积问题进行了数值模拟。李大鸣等[33]利用垂向σ坐标变换,结合有限元和有限差分方法建立了河道三维水流泥沙数学模型,并对海河下游河段穿河隧道施工过程中主体隧道悬浮于主流区时的水流泥沙情况进行了数值模拟。刘诚和沈永明[34]建立了非正交曲线坐标系下的三维k-ε-Ap固液两相湍流模型,研究了弯道内水流泥沙运动和河床冲淤变形。胡德超[35]建立了一个基于非结构化网格的三维水沙模型,并对其模拟泥沙浓度场、河床冲淤的效果进行了检验。马方凯[36]基于ECOMSED对河口区域三维潮流运动和泥沙输移过程进行了数值模拟,并在其中增加干湿边界处理、不平衡推移质输沙等新功能。姜恒志[37]实现了EFDC水动力模型和SWAN波浪模型的双向耦合,并在此基础上建立了波流共同作用下的三维泥沙数学模型。刘高峰[38]在ECOM-si模型的水动力和盐度模型的基础上加入泥沙模块,结合物理模型试验、现场中子活化示踪试验以及现场观测,对长江口泥沙输移特征进行了研究。

1.2.3 存在的问题

对于海岸河口泥沙输移数值模拟问题,以往研究还存在以下几方面的不足。

1)强动力驱动下泥沙输运物理机制尚未明晰

强动力驱动下泥沙输移是水体与泥沙相互作用的结果,泥沙对水体运动的

影响不可忽视。现有数学模型对其物理机制的反映还不全面,某些关键因素没有较好地体现,主要包含以下几方面:

(1)高浓度泥沙条件下泥沙悬浮机制与输运规律。

(2)泥沙对水体紊动结构的影响。

(3)泥沙对床面剪切力的影响。

(4)多因素综合作用对高浓度泥沙形成与输运的影响。

2)数值模拟技术存在技术瓶颈

(1)强动力驱动下泥沙运动物理机制在数学模型中合理地反映与实现。

(2)近底泥沙垂向大梯度易引起的数值格式不稳定。

(3)工程应用较少,缺乏应用经验的积累。

(4)普通计算机难以满足多因素、大范围、高精度对大计算量的需求;工程问题对时间的要求更为严格,对计算效率提出更高的挑战,普通计算工具难以保障研究进度。

3)强动力驱动下泥沙运动现象和过程尚未完全解析

在技术进步和研究需求的牵引下,数值模拟技术呈现由概化、粗放化研究向过程化、精细化研究发展的趋势。泥沙输移数值模拟研究以往多注重结果和效果分析,对过程关注不够,缺乏泥沙运动现象的深度解析,限制了过程的定量分析和工程应用。本书重点关注的典型强动力驱动泥沙运动问题主要有:

(1)粉沙质海岸骤淤、骤蚀问题。它们是极端天气环境下泥沙剧烈运动的结果,其发生和发展过程是研究整治措施、采取最佳方案的关键。

(2)长江河口深水航道泥沙回淤问题。

1.3 研究目标、路线和内容

1.3.1 研究目标

揭示泥沙与水流之间相互作用机制,阐明高浓度泥沙条件与清水条件下水流紊动能量差异及变化规律;分析悬浮泥沙浓度垂线分布规律,建立理论模型;研发新一代三维泥沙输移模拟技术,联合大气、波浪、水流模型,实现全动力过程的泥沙输移数值模拟,提升我国海岸河口泥沙输移数值模拟技术水平;对工程实践中骤淤、骤蚀和河口航道泥沙淤积等工程问题进行数值模拟研究,解析强动力驱动下泥沙输移的作用过程和机制,为工程实践提供科技支持。

1.3.2 研究路线

本书以“理论研究—关键技术—系统集成—工程应用”为主线、以提升我国海岸河口泥沙输移数值模拟技术水平为目标、以解决水运及水利工程领域复杂工程泥沙问题为宗旨开展研究工作。具体要求为：

(1)将泥沙基本理论研究作为数值模拟技术创新的突破口，辨识关键因素，突破泥沙与水流相互作用机制中的核心问题，实现泥沙输移数值模拟技术的内在创新。

(2)数值模拟技术研发所采用方法应兼顾先进与可靠，积极稳妥地采纳实践经验，吸纳成熟成果。

(3)依靠先进、强大的计算系统，采用并行化计算策略，满足全动力过程精细化模拟对计算资源和效率的苛刻要求。

(4)通过工程实践检验，在应用中发展和完善，实现工程研究实用化，具备广泛推广价值。

1.3.3 研究内容

(1)水沙相互作用及输运机理研究。

(2)有限掺混与制紊机制下三维泥沙输移数值模拟技术研发。

(3)大气、波浪、潮流和径流全动力过程三维泥沙输移数值模拟系统研发。

(4)滨州港航道回淤规律研究。

(5)东营沿海防护堤侵蚀修复工程研究。

(6)长江口深水航道回淤原因研究。

1.4 关键技术与创新

本书的研究内容既包含理论创新，又包含技术创新。水沙相互作用中两项关键难题的突破是本项目重要的理论支撑；有限掺混与制紊机制下三维泥沙输移数值模拟技术和系统研发是本书的核心；研发技术与系统的工程实践应用是本书研究宗旨。

1.4.1 高浓度泥沙对水流反作用物理机制研究

水流与泥沙之间的作用是相互的。泥沙运动是水流对泥沙作用的结果，当悬浮泥沙浓度达到一定量级，泥沙对水流的反作用越来越明显。本书重点研究从紊动能量角度在清水条件下和高浓度泥沙条件下水流紊动能量变化规律,阐明了高浓度泥沙对周期性非恒定水流的制紊机制,创新性地提出泥沙影响下的水流紊动强度理论模型。

1.4.2 泥沙悬浮机制与规律研究

悬浮泥沙垂向分布规律研究是三维泥沙运动最为基本和重要的研究内容,也是三维泥沙输移数值模拟的关键。本研究利用有限混合长度理论,建立了不同动力因素作用下高低浓度自适应的含沙量垂向分布理论模型。

1.4.3 有限掺混与制紊机制下三维泥沙输移数值模拟技术

根据理论研究成果,研发了有限掺混与制紊机制下泥沙输移数学模型。模型采用非结构化的三角形网格、有限体积法、基于消息传递的并行计算策略等,形成能够完整考虑径流、潮流、波浪多重动力综合作用、盐淡水交汇斜压效应、床沙组分多样性、絮凝解絮过程泥沙沉降速度差异、沙盐联合层化制紊、推移质运动回淤等多因素集成的三维泥沙输移数学模型。

1.4.4 全动力过程泥沙输移数值模拟系统

集成中尺度大气模型(WRF)、风浪模型(SWAN)、三维水动力模型(FVCOM)以及研发的泥沙输运模型实现了风、浪、潮汐、径流全动力要素过程的数值模拟,是研究强动力驱动下泥沙运动和时空分布规律的有力工具。

1.4.5 国家级超算系统的应用与优化

实现了各种模型在国家级超算系统“天河一号”统一部署与联合稳定运行,重点在资源管理、负载平衡、任务调度、数据访问等方面开展优化工作,解决了全动力过程泥沙输移数值模拟计算中大计算量、大存储量、大后处理量、大数据交换量等一系列瓶颈问题。

1.4.6 工程实践应用

本书研究成果应用于滨州港航道回淤规律、东营沿海防护堤侵蚀修复工程和长江口深水航道回淤原因等研究,有力支撑了各工程项目的决策与实践,检验了本书研发的泥沙输运数值模拟技术和系统的可靠性和先进性,提高了我国泥沙输移数值模拟技术水平,推动和促进了工程泥沙学科理论研究和工程实践研究的发展。

本章参考文献

[1] KAMPF J.,Backhaus J O Shallow,brine-driven free convection in polar oceans: Nonhydrostatic numerical process studies[J].Journal of geophysical research: ocean,1998,103(C3):5577-5593.

[2] PARK J C,KIM M H,MIYATA H.Fully non-linear free-surface simulations by a 3D viscous numerical wave tank[J].International journal for numerical methods in fluids,1999,29(6):685-703.

[3] HUR D, MIZUTANI N. Numerical estimation of the wave forces acting on a three-dimensional body on submerged breakerwater[J]. Coastal engineering, 2003,47(3):329-345.

[4] HODGES B R,STREET R L.On simulation of turbulent nonlinear free-surface flows[J].Journal of computational physics,1999,151(2):425-457.

[5] ENRIGHT D, FEDKIW R, FERZIGER J, et al. A hybrid particle level set method for improved interface capturing[J].Journal of computational physics, 2002,183(1):83-116.

[6] BLUMBERG A F,MELLOR G L.A description of a three-dimensional coastal ocean circulation model [M]//Three dimensional coastal ocean models,coastal estuarine science,Washington:AGU,1987:1-16.

[7] SHCHEPETKIN A F,MCWILLIAMS J C.The regional oceanic modeling system (ROMS):a split-explicit,free-surface,topography-following-coordinate oceanic model [J].Ocean modelling,2005,9(4):347-404.

[8] LESSER G,ROELVINK J,VAN KESTER J,et al.Development and validation of a three-dimensional morphological model[J]. Coastal engineering, 2004, 51: 883-915.

[9] CHEN C,LIU H,BEARDSLEY R C.An unstructured grid,finite-volume,three-dimensional,primitive equations ocean model:Application to coastal ocean and estuaries [J].Journal of atmospheric and oceanic technology, 2003, 20(1): 159-186.

[10] MIKE 21 & MIKE 3 FLOW MODEL FM Hydrodynamic and Transport Module Scientific Documentation [R].DHI,2009.

[11] CHEN R T.Modeling of estuary hydrodynamics:a mixture of art and science [A]//Proceedings of the 3rd International Symposium on River Sedimentation

[C],The University of Mississippi,1986.

[12] MCANALLY W H, LETER J W, TOMAS W A. Two and three-dimensional modeling systems for sedimentation[A]//Proceedings of the 3rd International Symposium on River Sedimentation[C],The University of Mississippi,1986.

[13] WANG S Y, ADEFF S E. Three-dimensional modeling of river sedimentation processes[A]//Proceedings of the 3rd International Symposium on River Sedimentation[C],The University of Mississippi,1986.

[14] VAN RIJN L C. Mathematical modeling of morphological processes in the case of suspended sediment transport[R]. Delft Hydraulic Communication No.382, Delft. The Netherlands,1987.

[15] VAN RIJN L C. Field verification of 2-D and 3-D suspended sediment models [J]. Journal of hydraulic engineering,1990,116(10):1270-1288.

[16] O'CONNOR B A, NICHOLSON J. A three-dimensional model of suspended particulate sediment transport[J]. Coastal Engineering,1988,12(2):157-174.

[17] SHIMIZU Y, YAMAGUCHI H, ITAKURA T. Three-dimensional computation of flow and bed deformation[J]. Journal of hydraulic engineering,1990,116(9): 1090-1108.

[18] MALCHEREK A, LENORMANT C, PELTIER E, et al. Three dimensional modeling of estuarine sediment transport[A]//Estuarine and coastal modeling Ⅲ [C],1993.

[19] LIN B L, FALCONER R A. Numerical modelling of three-dimensional suspended sediment for estuarine and coastal waters[J]. Journal of hydraulic research,1996,34(4):435-456.

[20] LOU J, RIDD P V. Modeling of suspended sediment transport in coastal areas under waves and currents[J]. Estuarine coastal and shelf science,1997,45:1-16.

[21] BRENON L, LE HIR P. Modeling the turbidity maximum in the Scine Estuary (France): identification of formation processes[J]. Estuarine coastal and shelf science,1999,40:321-337.

[22] WU W, RODI W, WENKA T. 3D numerical modeling of flow and sediment transport in open channels[J]. Journal of hydraulic engineering,2000,126(1):4-15.

[23] KHOSRONEJAD A, RENNIE C D, SALEHI N, et al. 3D numerical modeling of flow and sediment transport in laboratory channel bends [J]. Journal of hydraulic engineering,2007,133(10):1123-1134.

[24] 周华君.长江口最大浑浊带特性研究和三维水流泥沙数值模拟[D].南京:河海大学,1992.

[25] FANG H W,WANG G Q.Three-dimensional mathematical model of suspended sediment transport [J]. Journal of hydraulic engineering, 2000, 126(8):578-592.

[26] FANG H W, RODI W. Three-dimensional mathematical model and its application in the neighborhood of the Three Gorges Reservoir dam in the Yangtze River[J].Acta mechanica sinica,2002,18(3):235-242.

[27] 丁平兴,孔亚珍,朱首贤,等.波—流共同作用下的三维悬沙输运数学模型[J].自然科学进展,2001,2(11):147-152.

[28] 王厚杰.黄河口悬浮泥沙输运三维数值模拟[D].青岛:中国海洋大学,2002.

[29] 陆永军,窦国仁,韩龙喜,等.三维紊流悬沙数学模型及应用[J].中国科学,2003,34(3):311-328.

[30] 王崇浩,韦永康.三维水动力泥沙输移模型及其在珠江口的应用[J].中国水利水电科学研究院学报,2006,4(4):246-252.

[31] 张丽珍.黄骅港海域泥沙运动的三维数学模拟[D].天津:天津大学,2007.

[32] 王效远.考虑波浪破碎影响的近岸三维泥沙数学模型[D].天津:天津大学,2009.

[33] 李大鸣,付庆军,林毅,等.河道三维错层的水流泥沙数学模型[J].天津大学学报,2008,41(7):669-776.

[34] 刘诚,沈永明.曲线坐标系下的三维 k-ε-Ap 固液两相湍流总沙输运模型[J].水利发电学报,2009,3(28):164-170.

[35] 胡德超.三维水沙运动及河床变形数学模型研究[D].北京:清华大学,2009.

[36] 马方凯.河口三维水沙输移过程数值模拟研究[D].北京:清华大学,2010.

[37] 姜恒志.近海与湖泊三维水动力及物质输运的数值模拟研究和应用[D].大连:大连理工大学,2011.

[38] 刘高峰.长江口水沙运动及三维泥沙模型研究[D].上海:华东师范大学,2011.

[39] Younes A,Ackerer P.Solving the advection-dispersion equation with discontinuous Galerkin and multipoint flux approximation methods on unstructured meshes[J].International journal for numerical in fluids,2008,58:687-708.

2 泥沙制紊与输运机制

一般认为,悬移质的存在抑制紊动的产生[1-3]。但究竟是使紊动的强度减弱,还是使紊动的尺度减小,或者是两者都减小,一直没有统一的结论[4]。文献[4]指出:“用于悬移泥沙的能量(即悬浮功)取自紊动动能,而后者是由有效势能转化而来。一般情况下,悬浮功不过占有效势能的4%~5%或者更小;即使在高含沙条件下,由于泥沙沉降速度因黏性增加而大幅度减小,这个比值也不超过10%。正是因为悬浮功只占有效势能很小的一部分,所以一般情况下,悬移质对水流紊动的影响不易察觉。”通常认为紊动强度减弱的原因可能有以下两方面:①当存在推移质泥沙特别是当运动比较强烈时,水流的势能不再是全部通过流体间的剪切力传递到边界以产生紊动旋涡,而是有一部分势能通过颗粒间碰撞而产生的剪切力传递到边界。通过颗粒剪应力传递到边界的这部分势能不直接产生紊动,因而导致产生紊动的有效势能减少,这样可能导致紊动强度的减弱。由于在粉沙以及更细的黏性泥沙为主要组成的床面上,使泥沙颗粒起动的力也基本能使其悬浮,基本不存在推移质,所以细颗粒泥沙在该方面对紊动强度没有明显的影响。②挟沙水流比清水黏性大,这可能使小尺度紊动强度减弱,从而使总的紊动强度减弱。相同的水动力条件下,细颗粒泥沙比粗颗粒泥沙更多地被悬浮,这使得水体黏性更为增大,从这方面讲细颗粒泥沙较粗颗粒泥沙对紊动的抑制更强烈。

Yalin(1972)认为,悬移质遏制紊动主要是使紊动尺度减小,并指出因悬移质的存在而引起的流速梯度的增加与掺混长度的减少大体相当[6]。日野幹雄(1963)通过理论分析,也得到过泥沙的存在使旋涡平均尺度减小的结论[7]。Kovacs(1998)认为掺混长度的减小量与泥沙体积浓度的立方根成正比,泥沙浓度越高,掺混长度越小[8]。

Lamb 等在振荡流水槽中对细颗粒泥沙高浓度水体特性进行实验研究,测量了紊动强度和悬沙浓度[9,10]。该实验为进一步揭示周期性非恒定水流条件下悬移质对水流紊动结构的影响提供了实验依据。下面的工作主要依据物理模型试验结果[9,10],利用有限掺混长度理论对高浓度含沙水体紊动机制进行分析。

2.1 高浓度含沙水体紊动特性

2.1.1 清水紊动强度分布

Absi[11]认为周期性非恒定水流(波浪作用下近底水体运动)平衡状态时紊动强度依然遵循指数分布,与明渠水流紊动强度分布规律一致[12],并将紊动强度 K 表示为:

$$\sqrt{K} \approx u_{*w} \exp(-z/\delta_w) \tag{2-1}$$

式中,δ_w 为波浪边界层厚度。

下面根据 Lamb 等实验中清水实验数据检验该假设是否合理。分别对 15 组清水实验的紊动强度数据用指数曲线进行拟合,然后外推得到 $z=0$ 处的紊动强度值 K_{max}。

首先,比较$\sqrt{K_{max}}$与采用摩阻流速公式计算得到的摩阻流速:

$$u_{*w} = (0.5 f_w u_w^2)^{0.5} \tag{2-2}$$

式中,u_w 为底部水质点轨迹运动最大速度;f_w 为波浪摩阻系数,采用 Swart 公式计算[13]:

$$f_w = \exp[5.213\ (2.5k_s/A)^{0.194} - 5.977] \tag{2-3}$$

式中,$A = u_w/\omega$ 为底部水质点轨迹运动振幅;k_s 为床面粗糙度。Swart 公式的应用范围为边界层为粗糙紊流。本书所采用的实验或现场数据中,大部分满足 Swart 公式的应用范围,少量数据虽不完全满足其应用范围,但也在粗糙紊流过渡区且接近粗糙紊流区,因此均采用 Swart 公式近似计算 f_w。

由图 2-1 可见,$\sqrt{K_{max}}$与 u_{*w}基本相等。这证明式(2-1)中以摩阻流速作为紊动强度尺度是合理的。以第 13 组清水实验为例,式(2-1)计算结果与测量值的比较见图 2-2。在靠近床面 3cm 的区域内计算值与测量值吻合良好,在 3cm 以上区域,计算值明显小于测量值。Lamb 等的实验是在振荡流封闭水槽中进行的,水槽宽度仅为 20cm,近床面处紊动可能受到水槽侧壁影响相对较小,但在较高位置处的水流紊动将明显受到水槽两侧壁面影响,因此,实测值在上部区域比计算值偏大是正常的。

假设水流或波浪沿 x 方向运动,紊动强度 K 在 x、y 和 z 方向的分量可分别表示为$(\overline{u'^2})^{\frac{1}{2}}$、$(\overline{v'^2})^{\frac{1}{2}}$和$(\overline{w'^2})^{\frac{1}{2}}$,则

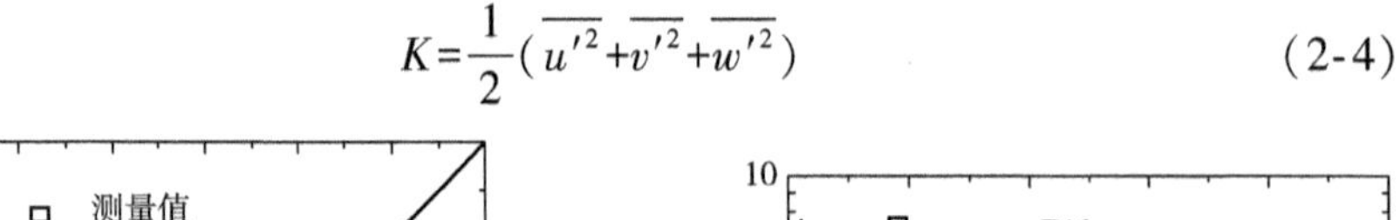

$$K=\frac{1}{2}(\overline{u'^2}+\overline{v'^2}+\overline{w'^2}) \tag{2-4}$$

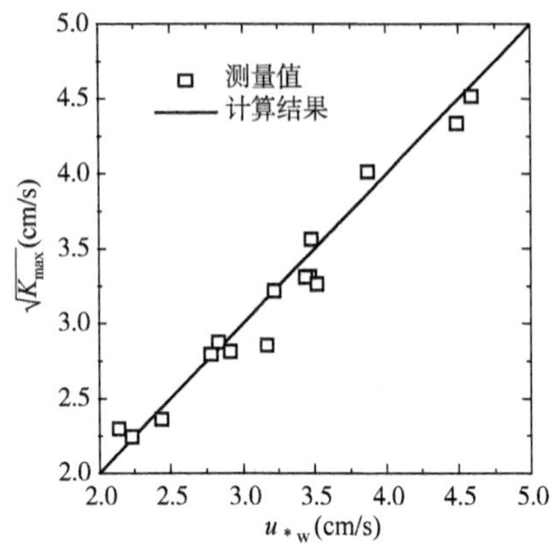

图 2-1 清水实验数据拟合值 $\sqrt{K_{max}}$ 和摩阻流速 u_{*w} 计算结果的比较

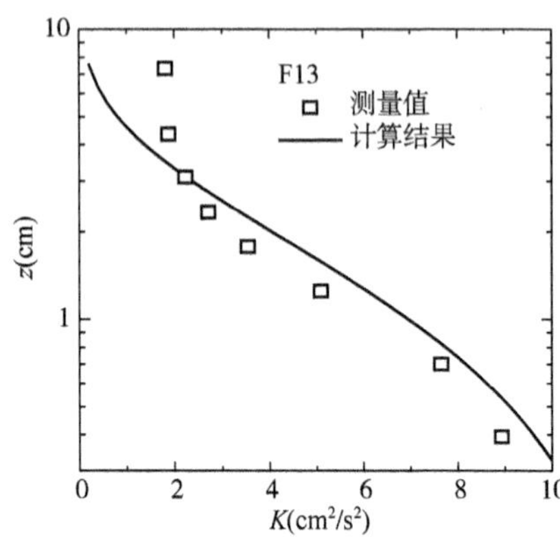

图 2-2 紊动强度计算结果与实测值的比较

Nezu 和 Nakagawa[12] 以明渠流为研究对象,给出如下关系:

$$(\overline{u'^2})^{\frac{1}{2}}=2.30u_{*c}\exp(-z/h) \tag{2-5}$$

$$(\overline{v'^2})^{\frac{1}{2}}=1.63u_{*c}\exp(-z/h) \tag{2-6}$$

$$(\overline{w'^2})^{\frac{1}{2}}=1.27u_{*c}\exp(-z/h) \tag{2-7}$$

可见,三个方向的分量对紊动强度的贡献沿水深成固定比例:

$$\overline{u'^2}/(2K)=0.55 \tag{2-8}$$

$$\overline{v'^2}/(2K)=0.28 \tag{2-9}$$

$$\overline{w'^2}/(2K)=0.17 \tag{2-10}$$

贡献大小依次为$\overline{u'^2}>\overline{v'^2}>\overline{w'^2}$。

通过分析 Lamb 实验数据可知,波浪边界层中紊动强度分量沿水深也呈固定比例(图 2-3)。其比例关系为:

$$\overline{u'^2}/(2K)=0.55 \tag{2-11}$$

$$\overline{v'^2}/(2K)=0.34 \tag{2-12}$$

$$\overline{w'^2}/(2K)=0.11 \tag{2-13}$$

可见,波浪边界层中三个方向的分量对紊动强度的贡献大小与明渠流中相似。

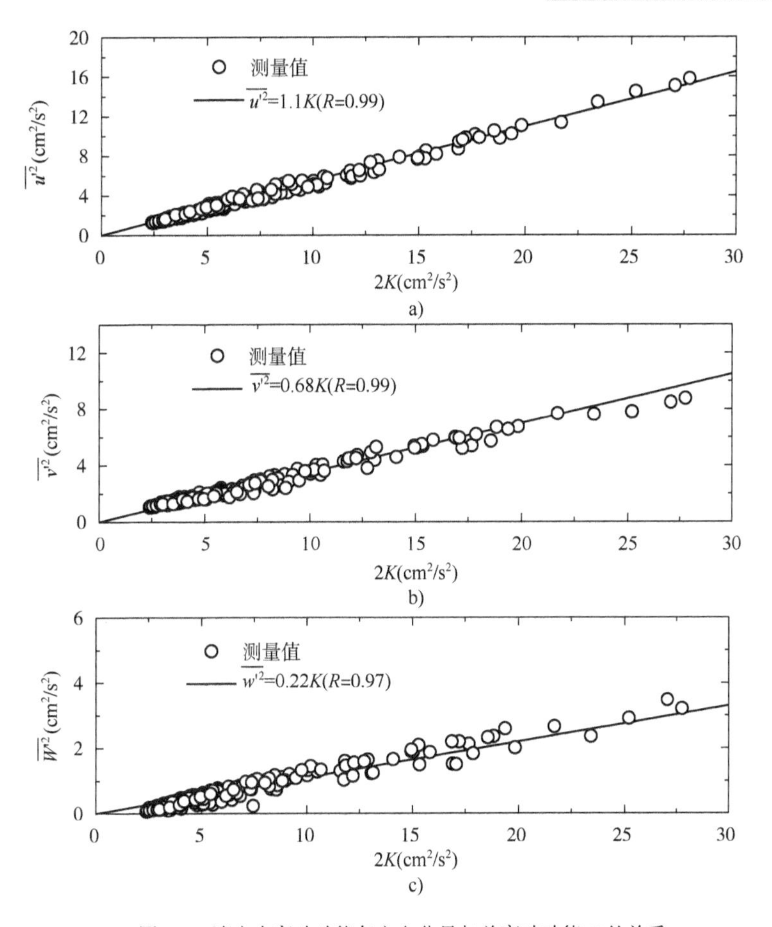

图 2-3　清水中紊动动能各方向分量与总紊动动能 K 的关系

2.1.2　高浓度含沙水体中紊动抑制现象

与上面分析方法相同,对 Lamb 等实验中 13 组有明显分层现象的高浓度水体的紊动强度进行分析。从$\sqrt{K_{max}}$拟合结果和式(2-1)计算可以明显看出,拟合值明显小于计算得到的摩阻流速 u_{*w}(图 2-4)。这说明,较高浓度泥沙的存在对紊动强度的发展的确有明显的抑制作用。

2.1.3　高浓度含沙水体中紊动强度分布

高浓度含沙水体中紊动强度分布和水体中含沙量大小直接相关,因此如何确定高浓度层厚度是确定水流紊动抑制程度的首要问题。从实验现象来看,高浓度泥沙经常伴随着泥沙分层现象，即在高浓度泥沙层上部，泥沙浓度陡然变小，上下两层水体颜色差别明显（图 2-5）。从运动形式上看，高浓度泥沙绝大部分属于悬移质。

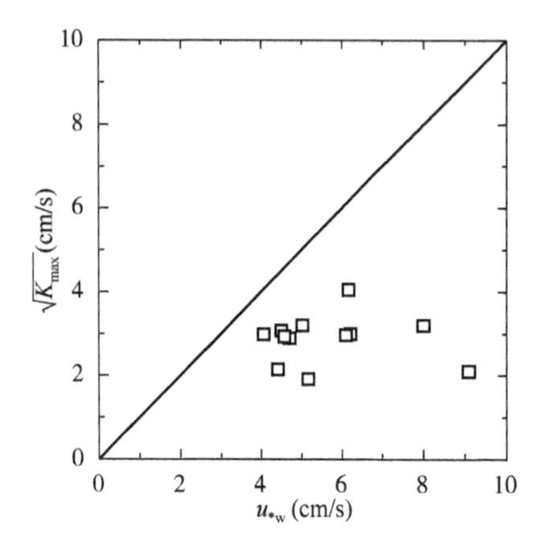

图 2-4　波浪作用下挟沙水流中拟合值 $\sqrt{K_{max}}$ 和摩阻流速 u_{*w} 计算值的比较

清水
5cm
高浓度泥沙
床面

图 2-5　Lamb 等实验中的高浓度泥沙[9]

以往一些研究将高浓度泥沙水体厚度定义为泥沙浓度等于 10kg/m³ 处的高度 δ_{10}[14-16]：

$$\delta_{10}=\{z|c(z)=10\ \mathrm{kg/m^3}\} \tag{2-14}$$

Lamb 和 Parsons[10] 的分析表明，δ_{10} 不能较好地反映高浓度层的实际高度。他们认为，泥沙浓度为 $0.1c_{bed}$ 处的高度能更合理地反映实际情况：

$$\delta_{LP}=\{z|c(z)=0.1c_{bed},0\leqslant a\leqslant h\} \tag{2-15}$$

式中，c_{bed} 为近床面泥沙浓度，取为测量最低点浓度值。此外，Traykovshi（2000）发现，高浓度层厚度与边界层厚度相关[16]：

$$\delta_{T}=A\ (f_w/8)^{\frac{1}{2}} \tag{2-16}$$

式中，f_w 为摩阻系数，采用 Grant 和 Madsen（1979）公式；A 为波浪底部水质点轨迹运动振幅。Vinzon 和 Mehta（1998）根据能量平衡理论认为：

$$\delta_{VM}=0.65\left[\frac{(A^3k_s)^{\frac{3}{2}}}{T^3\dfrac{\rho_s-\rho_0}{\rho_0}gC_{mv}\omega_s}\right]^{\frac{1}{4}} \tag{2-17}$$

式中，ρ_s 为泥沙密度；C_{mv} 为平均的体积浓度 T 为波浪周期；ρ_0 为水的密度；

ω_s 为泥沙沉降速度。式(2-16)和式(2-17)同样不能反映高浓度层的实际高度[10]。

根据高浓度悬沙在上部的泥沙浓度陡然变小的特点,本书认为,泥沙浓度垂线分布曲线曲率最大处,浓度变化最为明显,该位置到床面为高浓度泥沙层高度,即:

$$\delta_H=\left\{z\,|\max\left[\frac{c''(z)}{(1+c'(z)^2)^{\frac{3}{2}}}\right],0\leqslant z\leqslant h\right\} \tag{2-18}$$

以分层现象最为明显的第12组挟沙实验为例,比较各种定义的高浓度层高度,可见 δ_H、δ_{VM} 和 δ_{LP} 比较接近,而本文定义的 δ_H 在其他四种定义中间,更为合理(图2-6)。

从高浓度层内泥沙的平均浓度和相对摩阻流速(挟沙水流摩阻流速与清水摩阻流速的比值)的关系可见,平均浓度越大,相对摩阻流速越小,从而紊动强度也越小(图2-7)。根据这些测量值可以给出高浓度水流中摩阻流速表达式:

$$u'_{*w}=u_{*w}\exp\left(-\alpha_1\frac{\rho_s-\rho_0}{\rho_s\rho_0}C_m\right) \tag{2-19}$$

式中,ρ_s 和 ρ_0 分别为泥沙和水的密度;C_m 为高浓度层内泥沙平均浓度;α_1 为无量纲系数,本书取 $\alpha_1=70$。

将式(2-19)代入式(2-1)得:

$$\sqrt{K}=u_{*w}\exp\left(-\alpha_1\frac{\rho_s-\rho_0}{\rho_s\rho_0}C_m\right)\exp\left(-\frac{z}{\delta_w}\right) \tag{2-20}$$

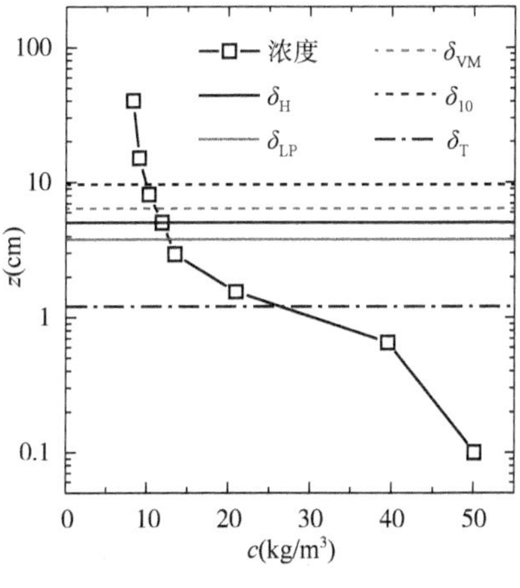

图2-6 各种高浓度层厚度定义的比较

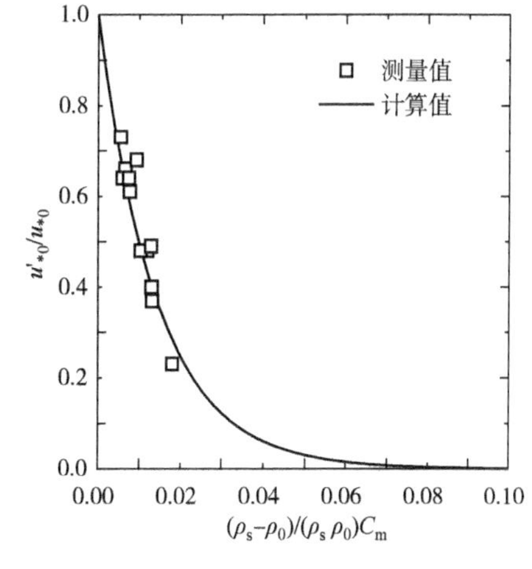

图2-7 摩阻流速和高浓度层平均浓度 C_m 的关系

以第 4 组泥沙实验为例可见,紊动强度计算结果与测量值吻合较好(图 2-8)。与清水中类似,距离床面 3cm 以上区域计算结果小于实测结果。

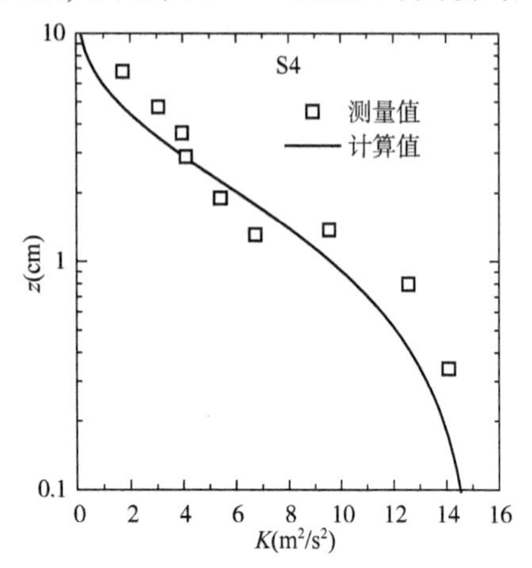

图 2-8 高浓度水体总紊动强度计算结果与实测值比较

前面分析了清水中波浪边界层内紊动强度分量沿水深也呈固定比例,那么浑水中是否也有相同的规律呢? Kobayashi 等[17]在研究破波带内泥沙运动时给出了肯定的回答,即:

$$\overline{u'^2}/(2K)=0.6 \tag{2-21}$$

$$\overline{v'^2}/(2K)=0.3 \tag{2-22}$$

$$\overline{w'^2}/(2K)=0.1 \tag{2-23}$$

Kobayashi 的实验中泥沙浓度不是很高,没有出现分层现象,那么对于波浪作用出现分层现象时,各方向紊动强度比例如何,也应该做进一步分析。同前面清水中分析步骤相同,由图 2-9 可见,高浓度水体中,边界层内紊动强度分量沿水深也呈固定比例,各方向上比例略有不同,即:

$$\overline{u'^2}/(2K)=0.53 \tag{2-24}$$

$$\overline{v'^2}/(2K)=0.38 \tag{2-25}$$

$$\overline{w'^2}/(2K)=0.09 \tag{2-26}$$

比较式(2-21)~式(2-26)可知,在高浓度泥沙条件下,各方向紊动强度分量在总紊动强度 K 中所占比例变化不大,x 方向分量变化最小,因为泥沙对紊动的抑制作用,挟沙水流中 z 方向分量所占比例略有下降。与图 2-3 比较可见,挟沙水流中垂向紊动动能与总紊动动能的线性关系没有清水中明显,其原因可能

与挟沙水流中垂向紊动强度在 x、y 方向分量小，易受泥沙颗粒影响，难以准确测量有关。此外，与明渠水流中分量比例相比，波浪条件下 z 方向分量所占比例明显减小，y 方向分量所占比例增大，x 方向分量所占比例变化较小。这可能与波浪作用下近底水流振荡运动抑制紊动发展有关。

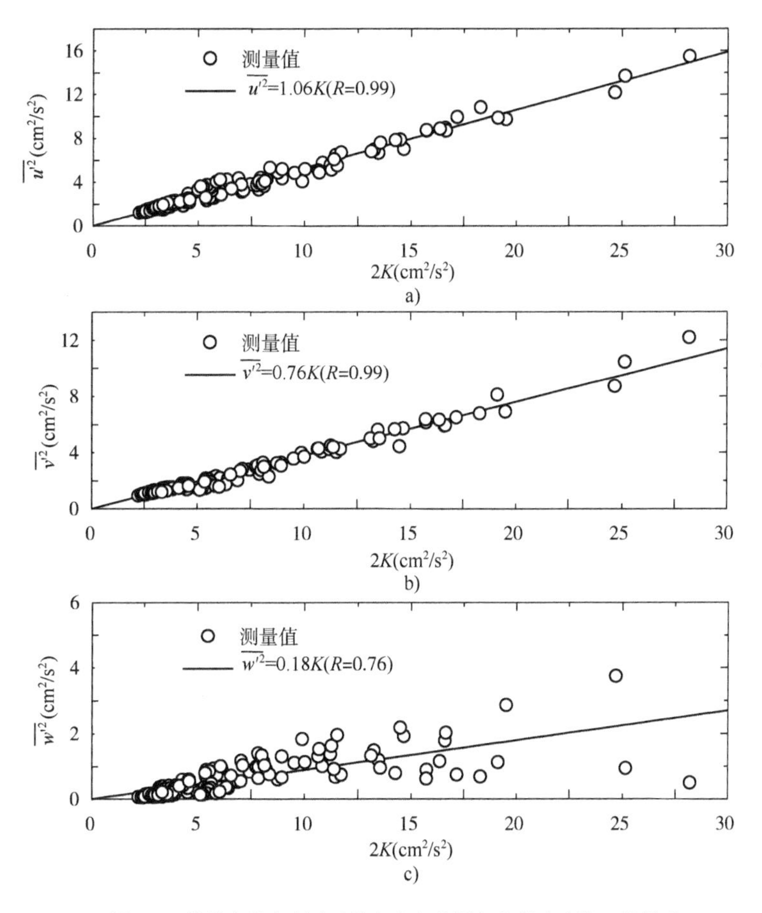

图 2-9　挟沙水流中紊动动能各方向分量与总紊动动能 K 的关系

2.2　悬沙浓度垂向分布规律

2.2.1　基于有限掺混长度理论的紊动扩散

根据普朗特的掺混长度理论，试设想有一个水团(或质团)在流场中做随机性运动，水团在运动过程中将保持起始点所具有的各种水流性质（如动量、热量、含沙量等），直到它在垂直于水流的方向经过一个距离 l 后终止行程并和当地水流相混合时，性质才发生急剧改变，失去原有特性而和当地的平均性质取得一致。假设水团起始点和终点平均性质的差别等于这一性质在终点的脉动，则这一距离 l 相当于旋涡在水流垂直方向的生命跨度，称为紊流的掺混长度[4]。以泥沙运动为例（图 2-10），根据质量守恒原理，当有水团以速度 w_m（称为掺混速度）从 $z-l/2$ 运动到 $z+l/2$ 位置时，必有相应体积的水团从 $z+l/2$ 运动到 $z-l/2$ 位置，可假设两个水团在垂向上的运动速度大小相同，则两个水团同时到达位置 z 处，单位时间内在垂直方向上通过单位面积的含沙量（即位置 z 处紊动扩散产生的泥沙通量）为：

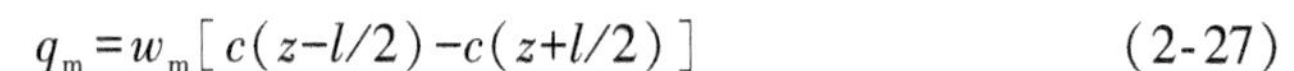

$$q_m = w_m [c(z-l/2) - c(z+l/2)] \tag{2-27}$$

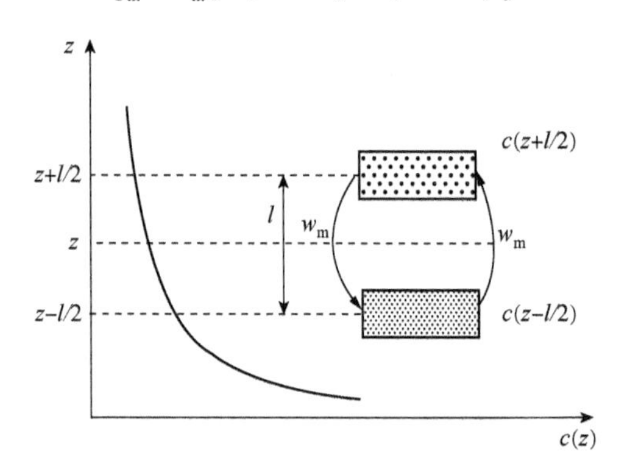

图 2-10　有限掺混长度理论示意图[19]

一般情况下，由于垂线方向泥沙浓度呈上小下大的分布特点，上下运动的水团将导致向上的泥沙净通量。按照扩散理论，平衡状态下这种紊动扩散由泥沙重力所平衡，即：

$$q_m - \omega_s c(z) = 0 \tag{2-28}$$

式中，ω_s 为泥沙颗粒的沉降速度。

由于紊流中流体质点（或质团、微团）的运动与分子运动一样具有随机性，并且水流中的动量、热量、含沙量等性质呈现出和分子扩散相似的现象，即各种量均呈现出从高含量处向低含量处运动的性质，因此，很多研究将成功解释分子扩散现象的菲克定律借用到紊流引起的扩散研究中[19]。以泥沙悬浮运动为例，可以认为单位时间内在垂直方向上由于紊动产生的泥沙通量与泥沙浓度梯度成比例，即：

$$q_{\mathrm{m}}=-\varepsilon_{\mathrm{Fick}}\frac{\mathrm{d}c}{\mathrm{d}z} \tag{2-29}$$

式中，$\varepsilon_{\mathrm{Fick}}$为泥沙扩散系数，角标 Fick 表示遵循菲克定律的形式，负号表示扩散方向和浓度梯度方向相反。

由式(2-28)和式(2-29)可以得到目前广泛应用的一维扩散方程：

$$\varepsilon_{\mathrm{Fick}}\frac{\partial c}{\partial z}+\omega_{\mathrm{s}}c=0 \tag{2-30}$$

考虑边界条件，将上式积分得：

$$c(z)=c(z_c)e^{-\int_{z_c}^{z}\frac{\omega_{\mathrm{s}}}{\varepsilon_{\mathrm{Fick}}}\mathrm{d}z} \tag{2-31}$$

式中，$c(z_c)$为参考点浓度；z_c 为参考点高度。由此可知，求解式(2-31)的关键在于建立合理的扩散系数表达式。

虽然紊流中流体质点的运动可以类比于分子的随机运动，但是两者还是有一定区别的。Taylor 用拉格朗日方法研究单个质点在均匀紊流中紊动扩散时，指出菲克定律只有在 $t/T_{\mathrm{L}}\to\infty$，即质点掺混所需时间时远远大于摆脱历史影响所需时间时才有效[18]：

$$\overrightarrow{q_{\mathrm{m}}}=-w'^2T_{\mathrm{L}}\cdot\mathrm{grad}c \tag{2-32}$$

式中，T_{L}为拉格朗日积分时间尺度(Lagrangian integral time scale)(表征流体质点摆脱历史影响所必须经历的时间的度量)；w'为扩散速度。该条件在空间上表现为：

$$l/L\to 0 \tag{2-33}$$

式中，掺混长度 $l\approx w'T_{\mathrm{L}}$(Taylor 称其为拉格朗日积分长度尺度，即 Lagrangian integral length scale，表征流体质点摆脱历史影响所必须经历的距离的度量)，L 为 t(掺混时间)时刻内分子运动的距离。该条件表明，掺混长度与质点的位置和平均流速无关。然而紊流中情况复杂，很多时候菲克定律不能严格满足，掺混长度既是位置又是流速场的函数，相对于研究对象的分布尺度并不是无穷小。为了区别于满足菲克定律的掺混长度，Nielsen 和 Teakle 将紊流中的掺混长度称为有限掺混长度[19]。

正如文献[4]中所述："动量交换更多地通过小尺度旋涡完成，而泥沙的扩散则主要是较大尺度紊动的交换作用。这样，虽然同样都是建立在掺混长度理论基础上，但流速分布比含沙量分布更为可靠一些。"因为旋涡尺度越大，掺混长度也越大，所以泥沙扩散更容易不满足扩散定律。旋涡运动和泥沙扩散是水流挟沙过程的两个方面，前者为后者提供动力条件，两者必然存在联系，也存在差异。因此,泥沙研究中通常用施密特数 S_c(Schmidt number, $S_c = v_T/\varepsilon$)或修正系数 $\beta(\beta = 1/S_c)$ 来修正紊动涡黏系数 $v_T = w_m l$ 的方法得到扩散系数 ε。然而,从已知的悬移质浓度垂线分布数据,利用传统的扩散方程反推扩散系数或 β,结果常常相互矛盾或没有规律性[4]。除去实验本身的误差外,泥沙扩散悬浮机理本身的不完善是造成相互矛盾结果的根本原因。刘大有基于一般两相流的双流体模型分析了传统扩散方程的不足,认为传统泥沙运动理论的缺陷,主要是因为引入菲克定律引起的,其次是扩散模型本身的近似[20,21]。倪晋仁和梁林讨论了传统扩散理论在描述泥沙颗粒垂线分布时的不足,并指出动理学在悬浮泥沙运动研究中的应用前景[5,24]。傅旭东和王光谦以两相流模型为基础,定量分析了传统泥沙扩散方程的内在误差[25]。这些研究工作都表明,从根本上完善泥沙扩散悬浮机理必须解决菲克定律局限性的问题。

为了避免菲克定律的局限性,Nielsen 和 Teakle 对式(2-27)进行泰勒展开得

$$q_m = -w_m l\left(\frac{dc}{dz} + \frac{l^2}{24}\frac{d^3c}{dz^3} + \cdots\right) = -w_m l\frac{dc}{dz}\left[\sum_{n=1}^{\infty}\left\{\frac{l^{(2n-2)}}{(2n-1)!\ 2^{(2n-2)}}\frac{\dfrac{d^{(2n-1)}c}{dz^{(2n-1)}}}{\dfrac{dc}{dz}}\right\}\right] \tag{2-34}$$

由式(2-28)和式(2-34)得:

$$w_m l\left(\frac{dc}{dz}+\frac{l^2}{24}\frac{d^3c}{dz^3}+\cdots\right)+\omega_s c = 0 \tag{2-35}$$

则表观扩散系数(满足菲克定律形式的扩散系数)应为:

$$\varepsilon_{Fick} = w_m l\left(1+\frac{l^2}{24}\frac{\dfrac{d^3c}{dz^3}}{\dfrac{dc}{dz}}+\cdots\right) \tag{2-36}$$

由此可见,挟沙水流中的扩散系数不仅与掺混长度 l、掺混速度 w_m 有关,而且与浓度的高阶导数也有关,传统扩散理论未能反映这一点。

为了更清楚地认识扩散与浓度高阶导数相关项的关系,考虑均匀紊流(homogenous turbulence flow)的情况。均匀紊流中,紊流在空间各点的统计特征值都一样,即不随坐标值改变。此时掺混长度 l 和掺混速度 w_m 为常数。可假设浓度分布具有如下形式[19]:

$$c(z) = c(z_c)\,e^{-(z-z_c)/L_c} \tag{2-37}$$

式中,L_c 称为泥沙浓度分布尺度;z_c 为参考浓度高度。将式(2-37)代入

式(2-34)可得：

$$q_{\mathrm{m}}=-w_{\mathrm{m}}l\frac{\mathrm{d}c}{\mathrm{d}z}\left[2\frac{L_{\mathrm{c}}}{l}\sinh\left(\frac{l}{2L_{\mathrm{c}}}\right)\right]=-w_{\mathrm{m}}l\frac{\mathrm{d}c}{\mathrm{d}z}\left[1+\frac{1}{24}\left(\frac{l}{L_{\mathrm{c}}}\right)^{2}+\cdots\right] \tag{2-38}$$

由式(2-38)可知，只有在 $l/L_{\mathrm{c}}\to 0$ 时紊动掺混过程才满足菲克定律，其在形式上才与式(2-29)一致。进一步结合式(2-28)和式(2-36)分别得：

$$L_{\mathrm{c}}=\frac{l}{2\sinh^{-1}\left(\dfrac{\omega_{\mathrm{s}}}{2w_{\mathrm{m}}}\right)}=\frac{lw_{\mathrm{m}}}{\omega_{\mathrm{s}}}\left[1+\frac{1}{24}\left(\frac{\omega_{\mathrm{s}}}{w_{\mathrm{m}}}\right)^{2}-\cdots\right] \tag{2-39}$$

$$\varepsilon_{\mathrm{Fick}}=\frac{\omega_{\mathrm{s}}l}{2\sinh^{-1}\left[\dfrac{\omega_{\mathrm{s}}}{2w_{\mathrm{m}}(z)}\right]}=w_{\mathrm{m}}l\left[1+\frac{1}{24}\left(\frac{\omega_{\mathrm{s}}}{w_{\mathrm{m}}}\right)^{2}+\cdots\right] \tag{2-40}$$

式(2-40)说明，即使在均匀紊流条件下，泥沙扩散系数也不只是仅与水流条件有关，还与泥沙的沉降速度有关。这样修正系数可表示为：

$$\beta=\left[1+\frac{1}{24}\left(\frac{\omega_{\mathrm{s}}}{w_{\mathrm{m}}}\right)^{2}+\cdots\right] \tag{2-41}$$

相似的，van Rijn 在研究明渠流中泥沙运动规律时，认为修正系数 β 与摩阻流速 u_* 和沉降速度有关[26]，即：

$$\beta=1+2\left(\frac{\omega_{\mathrm{s}}}{u_*}\right)^{2}\quad 0.1<\frac{\omega_{\mathrm{s}}}{u_*}<1 \tag{2-42}$$

式(2-41)和式(2-42)都反映出，表观扩散系数随泥沙沉降速度与某个特征速度比值的增大而增大。扩散是紊流中普遍存在的性质，均匀紊流中某些性质又常常可以推广到非均匀紊流中，因此不妨假设式(2-41)也适用于明渠水流，则此时掺混速度 w_{m} 是水深 z 的函数，修正系数 β 也应为 z 的函数。由此可见，至少在形式上式(2-41)更为合理。

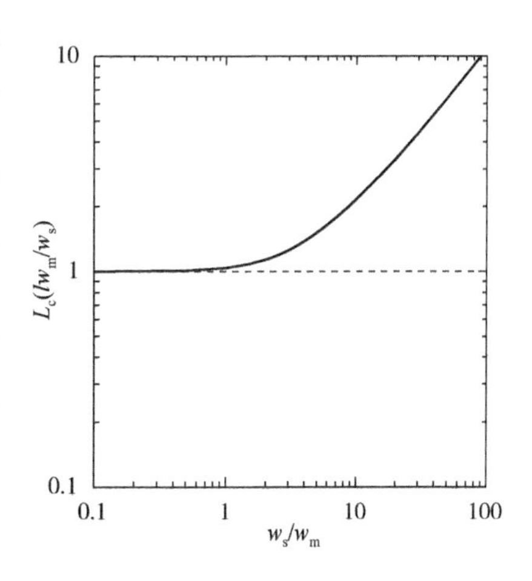

图 2-11 均匀紊流中有限掺混长度模型的 L_{c} 和菲克定律的 L_{c} 的比较[19]

下面通过浓度分布尺度 L_{c} 的比较，表明采用菲克定律可能带来的误差。按照菲克定律，浓度分布尺度应为 $lw_{\mathrm{m}}/\omega_{\mathrm{s}}$。如图 2-11所示，在 $\omega_{\mathrm{s}}/w_{\mathrm{m}}\leqslant 1$ 即沉降速度

小于或相当于扩散速度时,两种 L_c 非常接近,菲克定律适用;在 $\omega_s/w_m>1$ 时,两种 L_c 偏差越来越明显。

2.2.2 水流作用下悬沙浓度垂线分布规律

本研究的重点在于研究海岸河口地区的泥沙运动。海岸河口地区波浪、潮流和径流是泥沙运动的主要动力。潮流是海水质点在引潮力作用下的水平运动[13]。虽然潮流流速随潮位变化也呈周期性,但是在研究泥沙垂向分布时,相对于泥沙的响应时间,潮流的周期性可以忽略,近似为单向水流作用下的泥沙运动,因此这里首先采用有限掺混长度理论研究单向水流作用下悬移质含沙量的分布。

从式(2-35)可知,有限掺混扩散模型建立的关键是合理确定掺混速度 w_{mc} 和掺混长度 l_c(角标 c 表示水流条件,区别于波浪条件)。

下面首先确定掺混速度 w_{mc}。紊流中旋涡的运动对于水体主要表现为动量的交换,从而决定速度分布;而对于泥沙则起到使之产生紊动扩散的作用,从而决定浓度分布。泥沙和水体都是构成旋涡运动的实体,有近似相同的垂向运动速度。Ni 和 Wang[22] 根据 Hino[7] 和 Yalin[6] 的研究结果,指出泥沙对紊动强度的影响是轻微的,可以忽略。因此,可近似由水流垂向脉动强度确定泥沙的垂向扩散速度。

这里采用 Nezu 和 Nakagawa[12] 的明渠水流紊动强度分布公式来表示垂向掺混速度:

$$w_{mc} \approx \sqrt{\overline{v'^2}} = 1.27u_{*c}\exp(-z/h) \tag{2-43}$$

式中,v'为水体垂向脉动速度;u_{*c}为水流摩阻流速;h 为水深。

对于掺混长度,根据卡门紊流相似假说可知[4]:

$$l_c = \kappa\left|\frac{\mathrm{d}u/\mathrm{d}z}{\mathrm{d}^2u/\mathrm{d}z^2}\right| \tag{2-44}$$

式中,κ 为卡门常数;u 为水平方向流速。根据普朗特的掺混长度理论可知[4]:

$$\tau = \rho l_c^2\frac{\mathrm{d}u}{\mathrm{d}z}\left|\frac{\mathrm{d}u}{\mathrm{d}z}\right| \tag{2-45}$$

式中,τ 为剪切应力;ρ 为流体密度。由式(2-44)和式(2-45)可得:

$$\tau = \rho\kappa^2\frac{(\mathrm{d}u/\mathrm{d}z)^4}{(\mathrm{d}^2u/\mathrm{d}z^2)^2} \tag{2-46}$$

可见，只要能够确定剪切应力分布，就能根据式(2-46)确定 du/dz，进而根据式(2-44)得到掺混长度 l。

大量研究表明，明渠流中无论是清水还是挟沙水流，剪切应力都基本呈线性分布[4,12,12-29]，即：

$$\tau=\tau_0\left(1-\frac{z}{h}\right) \tag{2-47}$$

式中，$\tau_0=\rho u_{*c}^2$为床面剪切应力。因此可得掺混长度分布为：

$$l_c=2\kappa h\left[\left(1-\frac{z}{h}\right)^{\frac{1}{2}}-\left(1-\frac{z}{h}\right)\right] \tag{2-48}$$

另外，根据式(2-44)和式(2-48)可解得与文献[4]中式(7.33)相同的流速分布：

$$\frac{u_{max}-u}{u_{*c}}=-\frac{1}{\kappa}\left\{\left(1-\frac{z}{h}\right)^{\frac{1}{2}}+\ln\left[1-\left(1-\frac{z}{h}\right)^{\frac{1}{2}}\right]\right\} \tag{2-49}$$

式中，u_{max}为水面处的流速。这表明上述掺混长度分布表达式是合理的。

垂向上某一位置处的掺混长度实际上是该位置处可能出现的不同尺度紊动旋涡大小的平均量度。不同考察对象平均的结果不相同。对于水体而言，作为紊动的载体，几乎所有尺度的旋涡都参与动量传递，掺混长度是所有旋涡的平均量度，可称为水体掺混长度；对于泥沙而言，并不是所有旋涡都能携带泥沙，只有那些尺度足够大，能量足够高的旋涡才可以，这样反映泥沙扩散的掺混长度是那些尺度相对较大的旋涡的平均量度，可称为泥沙掺混长度[30]。单从泥沙粒径大小考虑，颗粒越大，所需的能够携带泥沙的旋涡的最小尺度也越大，则平均量度越大，掺混长度也越大。实际情况下这种平均可能更为复杂，和旋涡所能携带的泥沙量也相关，宏观上表现为与泥沙浓度相关。随着浓度的增大，泥沙对紊动的制约作用越来越明显，水体掺混长度随浓度增加而减小（卡门常数减小）[30]，由于泥沙以水体为载体，其掺混长度也必然随浓度增加而减小。此外，泥沙浓度分布通常上小下大，浓度梯度进一步起到抑制掺混的作用，这种抑制可能对泥沙本身影响更为明显[31]，导致泥沙掺混长度进一步减小。当泥沙浓度足够大，梯度抑制作用足够明显时，泥沙掺混长度将可能小于水体掺混长度。对于易于悬浮的细颗粒泥沙，由于其掺混长度本身与水体掺混长度接近，而且相同浓度时颗粒间相互作用更为明显，所以细颗粒泥沙更容易表现出泥沙掺混长度小于水体掺混长度的现象。以上情形的描述含有假设成分，但总体上讲与目前人们的认识还是一致的，即动量交换更多地通过小尺度旋涡来完成,而泥沙扩散则主要通过较大尺度紊动交换来实现[4]。

清水中,卡门常数 κ 不因流量、平均流速以及边界条件(包括几何尺寸和糙率)而变;挟沙水流中,卡门常数因挟沙量的大小及其沿垂线的分布而异[4]。挟沙水流中卡门常数变化规律的研究是以水体为考察对象,反映泥沙的存在对水流结构的影响。式(2-48)正是以水体为研究对象推导的掺混长度。当以泥沙为考察对象时,按照上面描述的情形,泥沙掺混长度应该有别于水体掺混长度,但因为水体和泥沙是同一过程的两个参与者,所以可假设这种差异通常局限在数量上,而分布形式上是一致的。于是,根据式(2-48)得到泥沙掺混长度分布:

$$l_c = 2\kappa_s h\left[\left(1-\frac{z}{h}\right)^{\frac{1}{2}}-\left(1-\frac{z}{h}\right)\right] \tag{2-50}$$

式中,κ_s 为泥沙掺混长度系数,须根据实验来确定。

式(2-35)、式(2-43)和式(2-50)构成了基于有限掺混长度概念的悬沙浓度分布模型。只考虑泰勒展开式(2-35)的前两项,可得描述含沙量垂线分布的方程为:

$$\frac{l_c^2}{24}\frac{d^3c}{dz^3}+\frac{dc}{dz}+\frac{\omega_s}{1.27u_{*c}}\frac{e^{\frac{z}{h}}}{l_c}c=0 \tag{2-51}$$

由于式(2-51)没有解析解,并且数值解易出现不稳定现象,Teakle 建议采用局部均匀近似法进行求解[32],即假设在局部区域水流为均匀紊流,采用均匀紊流的扩散系数式(2-40),分别用式(2-43)和式(2-50)计算 w_{mc} 和 l_c,再根据式(2-31)利用数值积分进行求解。局部均匀近似法结果与稳定解的比较如图 2-12所示。

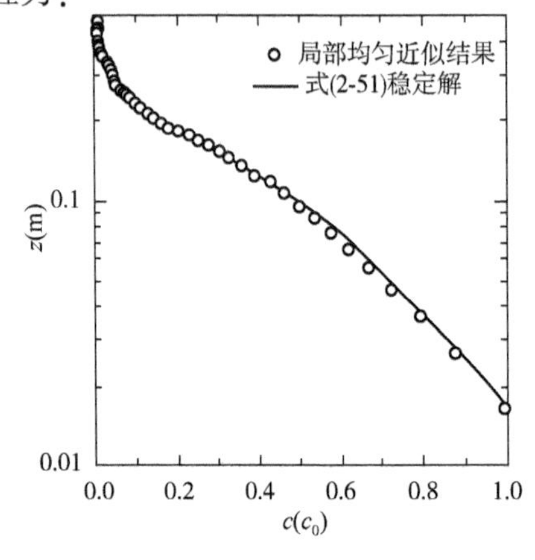

图 2-12 局部均匀近似法结果与稳定解的比较

泥沙粒径和浓度对泥沙掺混长度的影响详见文献[33],这里不再详细进行论述。

采用 Lyn[27]、Wang 和 Qian[34]实验数据对该模型进行验证。图 2-13 为模型计算结果和测量值的比较,结果显示该模型能够较精确地给出泥沙浓度垂线分布。假设泥沙扩散系数等于清水紊流的动量交换系数,即泥沙扩散系数在垂向上呈抛物线形式分布,则根据扩散方程式(2-30)可得著名的 Rouse 公式[35]。Rouse 公式在应用上获得了巨大成功,但也存在缺点。基于有限掺混长度概念的悬沙分布模型克服了传统模型中的一些不足,与 Rouse 公式计算结果比较,表观扩散系数能够更为真实地反映泥沙的扩散能力(图 2-14)。

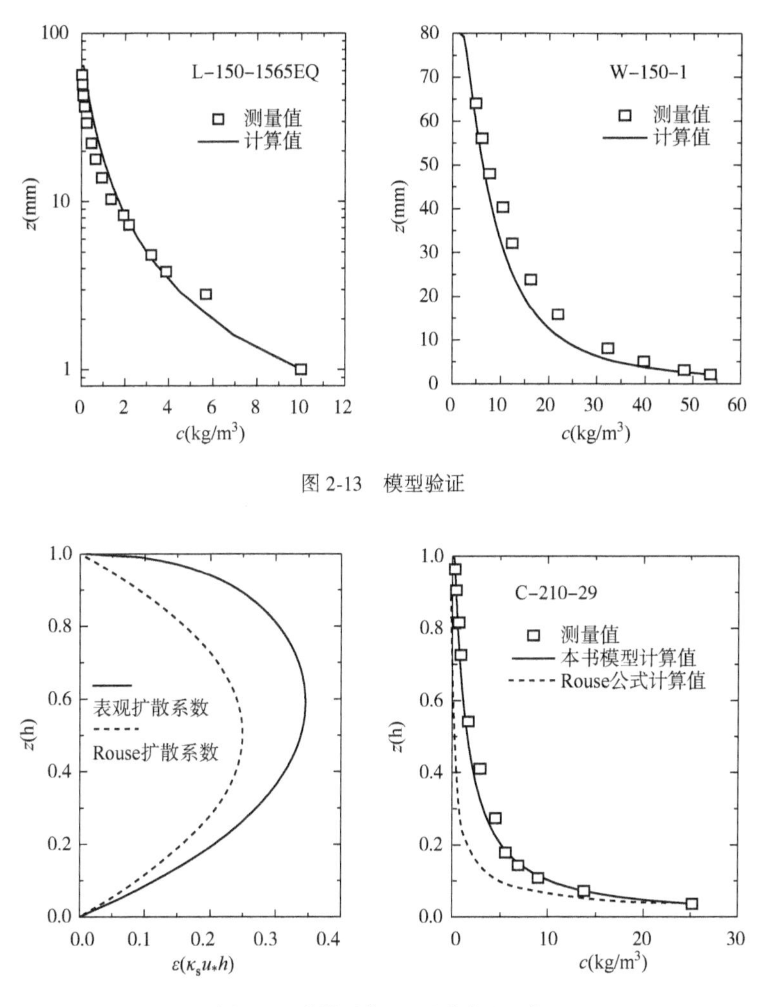

图 2-13 模型验证

图 2-14 扩散系数及悬沙分布的比较

2.2.3 波浪作用下悬沙浓度垂线分布规律

与单向水流运动情况相比,波浪有其独特的运动特性[13]:①波浪是非恒定的;②与单向水流相比,单向水流中边界层能够得到充分发展,而在全部水深上都存在黏性剪切应力(层流情况)或紊流剪切应力(紊流情况),水流流速沿深度方向的分布都受这种剪切应力的控制。对于周期性的振荡波浪水流,水流在较短的时间内正负交变,边界层得不到充分发展,只有在床面附近较薄的一层受到床面影响而存在剪切应力,形成近底边界层。超出此层以后的水流受壁面的影响可以忽略不计,剪切应力接近为零,因此可以作为无旋运动来对待,流速场可用势流函数来描述。为此,有关波浪作用下悬移质含沙量分布的研究,也应充分考虑上述波浪运动规律。

波浪作用下的泥沙起悬是由近床面波浪边界层的紊动作用所造成的。根据床面条件的不同,紊动作用可以划分为两种形式:当床面出现沙纹时,悬沙由沙纹背面形成的旋涡携带泥沙以泥沙云的形式周期性跃起而产生;当波浪强度较大,沙纹消失而床面产生层移运动时,床面有一薄层产生高强度输沙,泥沙则以猝发的形式跃起。不论是泥沙云还是猝发体,实质上都是携带泥沙的旋涡,只是不同条件下旋涡的产生方式不同而已,在数学模型中常表现为摩阻系数的不同。沙纹床面上的摩擦阻力除了表面摩阻外,还增加了形状阻力。这些挟沙旋涡一经脱离床面便开始形成泥沙的扩散,其自身的强度也开始减弱,这使床面边界层附近的水体含有大量的泥沙。

正如上面所述,由于波浪运动的短周期往复流性质,波浪边界层得不到充分发展,紊动强度随高度的增加衰减很快,以至于在边界层外可以忽略紊动的影响,直接采用势流理论来描述波浪水流的速度场。而泥沙浓度的衰减并没有紊动强度衰减那么快,甚至整个水体都会有泥沙存在。这说明,在紊动强度很弱的上部水体存在另外一种动力因素支持泥沙悬浮。Kennedy 和 Locher(1972)认为在上部水体波浪水质点的轨迹运动是支持泥沙悬浮的主要动力因素[37]。Kos'yan(1985)将波浪作用下泥沙悬浮的因素划分为三类:边界层中产生的紊动、垂向速度梯度产生的紊动和水质点垂向轨迹运动[38]。其中,边界层中产生的紊动随床面粗糙度的增加而增大,超出边界层范围后衰减很快;垂向速度梯度产生的紊动在整个水深都很小,可以忽略;水质点垂向轨迹运动在上部水体作用明显,在近床面范围内作用很小。下面在这些研究的基础上,根据控制泥沙悬浮因素的变化规律建立波浪作用下悬移质时均浓度垂向分布模型。

1)边界层内

与单向水流作用下相同,依据有限掺混长度理论建立模型的关键是合理确定掺混速度 w_{mw} 和掺混长度 l_w(角标 w 表示波浪条件)。依据 Nezu 和 Nakagawa[12] 的研究,Nielsen 和 Teakle[19] 认为波浪作用下的掺混速度可表示为:

$$w_{mw}(z)=w_{mw}(z'_0)\exp\left(-\frac{z-z'_0}{L_w}\right) \tag{2-52}$$

式中，z'_0 为床面（或沙纹峰顶）上的某一微小高度；L_w 为掺混速度分布尺度，Absi[39]建议掺混速度分布尺度等于边界层厚度 δ_w；$w_{mw}(z'_0)$ 与波浪摩阻流速 u_{*w} 成正比，即 $w_{mw}(z'_0)=\gamma u_{*w}$。为了与单向水流中公式一致，按照 Absi 的建议[39]可将掺混速度近似表示为：

$$w_m(z)=\gamma u_{*w}\exp\left(-\frac{z}{\delta_w}\right)\qquad(0\leqslant z\leqslant\delta_w)\tag{2-53}$$

式中，γ 根据 Nielsen 和 Teakle[19]的研究取为 0.4。本书根据 You[40]等的公式确定边界层厚度为：

$$\delta_w=\frac{2\kappa u_{*w}}{\omega}\tag{2-54}$$

式中，$\omega=2\pi/T$ 为角速度；T 为波浪周期。

边界层内的掺混长度为：

$$l_w(z)=\lambda' z\qquad(0\leqslant z\leqslant\delta_w)\tag{2-55}$$

式中，λ' 为系数，Nielsen 和 Teakle[19]以及 Absi[39]建议取为 1。

2）上部水体

在远离床面的上部水体，紊动作用基本消失，波浪水质点垂向运动成为悬浮泥沙的主要因素。当水质点垂向速度分量方向向上且大小超过泥沙颗粒沉降速度时，水体能够带动泥沙向上运动；当水质点垂向速度方向转为向下时，则加速泥沙的沉降。从时间平均的角度来看，向下运动的泥沙总量不可能超过向上运动的泥沙总量。因此，与紊动扩散一样，将存在一个向上的泥沙净通量。该净通量由泥沙重力所平衡。根据水质点运动轨迹特性，认为掺混长度与椭圆轨迹的垂向半径成比例，即：

$$l_w(z)=\lambda\int_0^{T/4}w\mathrm{d}t=\lambda\frac{H}{2}\frac{\sinh(kz)}{\sinh(kh)}\tag{2-56}$$

式中，H 为波高；k 为波数；λ 为系数，须根据实验来确定。

掺混速度定义为轨迹速度垂向分量的均方根值，即：

$$w_{mw}(z)=\left(\frac{1}{T}\int_0^T w^2\mathrm{d}t\right)^{\frac{1}{2}}=\frac{\pi H}{\sqrt{2}T}\frac{\sinh(kz)}{\sinh(kh)}\tag{2-57}$$

3）过渡层

如前所述，水体紊动在边界层外很快衰减，而泥沙浓度并没有这么剧烈的衰减变化，并且离边界层不远的范围内，水质点的垂向速度还比较小，不足以维持如此多的泥沙悬浮，因此在上部水体与边界层间必然存在一个过渡层，紊动对泥沙的作用在边界层外逐渐衰减,泥沙悬浮的因素由水流紊动逐渐过渡到水质点轨迹运动。考虑到依据现有实验数据难以精确确定过渡层范围和过渡方式,本书初步假设过渡层的上边界为 1/3 水深位置,掺混长度和掺混速度为线性过渡。

考虑边界条件:

$$w_{mw}(\delta_w)=\gamma u_{*w}\exp(-1) \tag{2-58}$$

$$w_{mw}(\delta_m)=\frac{\pi H}{\sqrt{2}T}\frac{\sinh(k\delta_m)}{\sinh(kh)} \tag{2-59}$$

$$l_w(\delta_w)=\lambda'\delta_w \tag{2-60}$$

$$l_w(\delta_m)=\lambda\frac{H}{2}\frac{\sinh(k\delta_m)}{\sinh(kh)} \tag{2-61}$$

可得过渡层掺混速度和掺混长度为:

$$w_{mw}(z)=\frac{z-\delta_w}{\delta_m-\delta_w}w_{mw}(\delta_m)+\frac{\delta_m-z}{\delta_m-\delta_w}w_{mw}(\delta_w)\qquad(\delta_w\leqslant z\leqslant\delta_m) \tag{2-62}$$

$$l_w(z)=\frac{z-\delta_w}{\delta_m-\delta_w}l_w(\delta_m)+\frac{\delta_m-z}{\delta_m-\delta_w}l_w(\delta_w)\qquad(\delta_w\leqslant z\leqslant\delta_m) \tag{2-63}$$

式中,$\delta_m=h/3$ 为过渡层上边界(或称为上部水体下边界)。

利用 Graaff(1988)的 C 系列[41]、Thorne 和 Williams(2002)[42]、赵冲久(2003)的 A-F[43]组实验结果对模型的预测能力进行检验,将最靠近床面的测量值作为参考浓度。实验条件见表 2-1,检验结果分别见图 2-15~图 2-17。

波浪悬沙实验基本参数 表 2-1

来　源	实验组数	水深 h(m)	波浪周期 T(s)	波高 H(m)	代表粒径(mm)	λ
Graaff(1988)[41]	39	0.3	1.7/2.3	0.04~0.14	0.079~0.352	0.22~4
Thorne & Williams(2002)[42]	11	4.5	4.92~5.1	0.617~1.299	0.25	0.4~2.5
赵冲久(2003)[43]	6	0.16/0.25	0.9~1.3	0.058~0.089	0.06	0.4~1.1

2.2.4 适用于高、低浓度泥沙条件的波流共同作用下悬沙浓度垂线分布规律

海岸河口地区,波浪和潮流是同时存在的。波浪和潮流共存时水流条件复杂,目前对流速分布已经有了较深入的研究,但水流紊动强度、剪切力分布等问

题还不是十分清楚，特别是在波流运动方向存在夹角的情况下，这些问题还有待进一步研究。海岸地区泥沙悬浮运动同时受波浪和潮流两种动力因素影响，这使得问题变得异常复杂。因此，研究者往往针对泥沙问题的特殊性，忽略某些次要因素，以简化问题的复杂程度。本节在前面研究的基础上按照 van Rijn 的模式建立同时适用高、低浓度泥沙条件的波流共同作用下悬沙时均浓度分布模型。

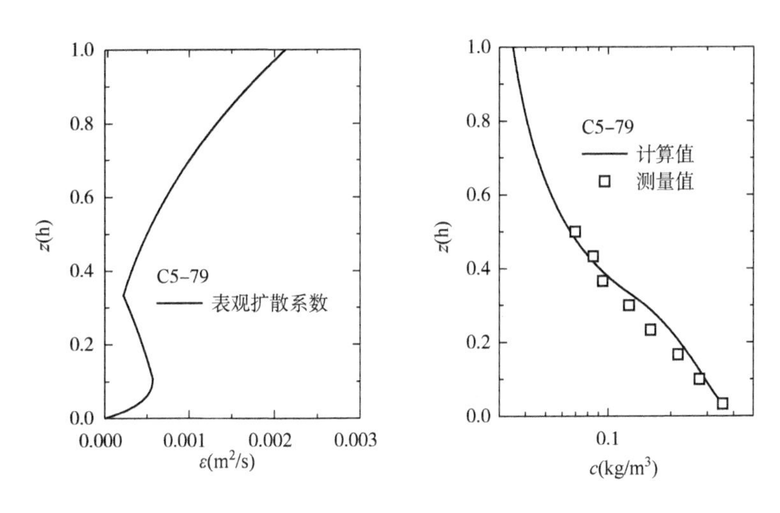

图 2-15 模型计算结果与 Graaff 实测值的比较（C5-79：$\lambda = 1.0$）

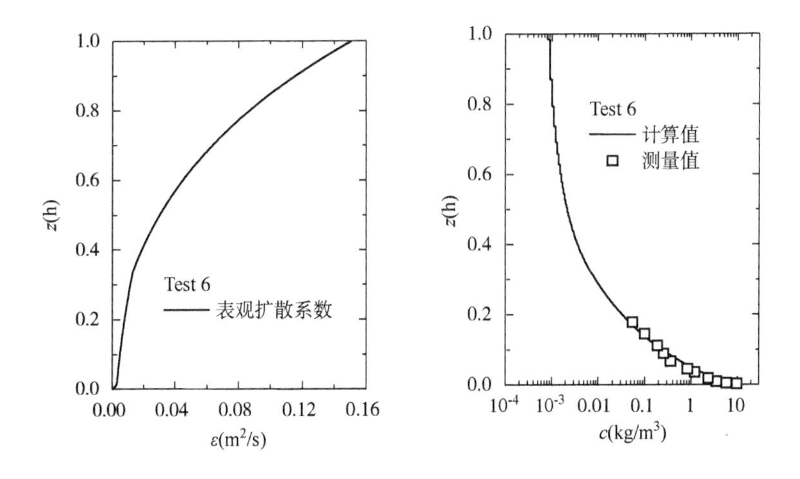

图 2-16 模型计算结果与 Thorne 和 Williams 实测值的比较（Test6：$\lambda = 0.9$）

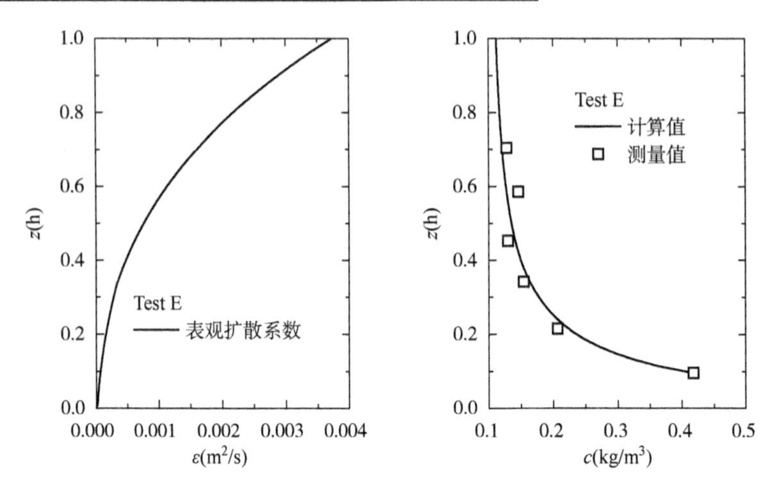

图 2-17　模型计算结果与赵冲久实测值的比较(Test E:$\lambda=0.7$)

依据 van Rijn[45](2007)在总结波流共同作用下泥沙运动研究时给出的模式,波流共同作用下扩散系数可表示为潮流和波浪单独作用时扩散系数的非线性叠加,即:

$$\varepsilon_{cw}=\phi_d\ [\varepsilon_c^2+\varepsilon_w^2]^{0.5} \tag{2-64}$$

式中,ε_c 和 ε_w 分别为单向水流和波浪单独作用时不考虑紊动制约因素的扩散系数。

根据前面对单向水流和波浪作用下悬移质浓度垂线分布的研究,ε_c 和 ε_w 可以分别由以下两式确定:

$$\varepsilon_c=\frac{\omega_s l_c}{2\sinh^{-1}\left(\frac{\omega_s}{2w_{mc}}\right)} \tag{2-65}$$

$$\varepsilon_w=\frac{\omega_s l_w}{2\sinh^{-1}\left(\frac{\omega_s}{2w_{mw}}\right)} \tag{2-66}$$

式中,l_c 和 w_{mc}分别按式(2-50)和式(2-43)计算;l_w 按式(2-55)、式(2-56)和式(2-63)计算;w_{mw}按式(2-53)、式(2-57)和式(2-62)计算。

当流强波弱时,由于流速较大,波浪水质点轨迹运动在水流运动方向会产生明显的变形,从而削弱波浪水质点运动对泥沙的掺混作用。因此,当流强波弱时有必要对波浪扩散系数 ε_w 进行修正,即增加限定条件:

$$\varepsilon_w(z>h/3)=\{\varepsilon_w(h/3)\mid\varepsilon_w(h/3)\leqslant 0.7\varepsilon_c(h/3)\} \tag{2-67}$$

式(2-67)表示,当1/3水深处波浪扩散系数小于0.7倍的潮流扩散系数时,即流强波弱时,波浪在上部水体($z>h/3$)中的扩散系数为常数。

另外,波流共存时,水流的掺混长度受波浪的影响,泥沙粒径对掺混长度的影响可能没有纯流时那样明显,因此对掺混长度系数也进行适当修正,增加限制条件:

$$\kappa_s=\begin{cases}a[\ln(C_{mean})-\ln(0.001)]+\kappa_{s.001} & (\kappa_s\leqslant 0.4)\\ 0.4 & (\kappa_s>0.4)\end{cases} \tag{2-68}$$

由式(2-64)结合式(2-31)以及参考浓度即可求得悬沙浓度分布。因为该模型涉及公式较多,下面集中列出模型中的主要公式:

波流共同作用下的总扩散系数:

$$\varepsilon_{cw}=\phi_d\,(\varepsilon_c^2+\varepsilon_w^2)^{0.5} \tag{2-69}$$

$$\phi_d=\phi_{fs}\,[1+(c_V/c_{gel,s})^{0.8}-2\,(c_V/c_{gel,s})^{0.4}] \tag{2-70}$$

水流作用下扩散系数相关公式:

$$\varepsilon_c=\frac{\omega_s l_c}{2\sinh^{-1}\left(\dfrac{\omega_s}{2w_{mc}}\right)} \tag{2-71}$$

$$l_c=2\kappa_s h\left[\left(1-\frac{z}{h}\right)^{\frac{1}{2}}-\left(1-\frac{z}{h}\right)\right] \tag{2-72}$$

$$\kappa_s=\begin{cases}a[\ln(C_{mean})-\ln(0.001)]+\kappa_{s.001} & (\kappa_s\leqslant 0.4)\\ 0.4 & (\kappa_s>0.4)\end{cases} \tag{2-73}$$

$$w_{mc}=1.27u_{*c}\exp(-z/h) \tag{2-74}$$

波浪作用下扩散系数相关公式:

$$\varepsilon_w=\frac{\omega_s l_w}{2\sinh^{-1}\left(\dfrac{\omega_s}{2w_{mw}}\right)} \tag{2-75}$$

$$\varepsilon_w(z>h/3)=\{\varepsilon_w(h/3)\mid\varepsilon_w(h/3)\leqslant 0.7\varepsilon_c(h/3)\} \tag{2-76}$$

$$l_w(z)=\lambda' z \qquad (0\leqslant z\leqslant\delta_w) \tag{2-77}$$

$$l_w(z)=\frac{z-\delta_w}{\delta_m-\delta_w}l_w(\delta_m)+\frac{\delta_m-z}{\delta_m-\delta_w}l_w(\delta_w) \qquad (\delta_w<z<\delta_m) \tag{2-78}$$

$$l_w(z)=\lambda\,\frac{H}{2}\,\frac{\sinh(kz)}{\sinh(kh)} \qquad (z\geqslant\delta_m) \tag{2-79}$$

$$w_{mw}(z)=w_{mw}(z'_0)\exp\left(-\frac{z-z'_0}{L_w}\right)\qquad(0\leqslant z\leqslant\delta_w)\tag{2-80}$$

$$w_{mw}(z)=\frac{z-\delta_w}{\delta_m-\delta_w}w_{mw}(\delta_m)+\frac{\delta_m-z}{\delta_m-\delta_w}w_{mw}(\delta_w)\qquad(\delta_w<z<\delta_m)\tag{2-81}$$

$$w_{mw}(z)=\frac{\pi H}{\sqrt{2}T}\frac{\sinh(kz)}{\sinh(kh)}\qquad(z\geqslant\delta_m)\tag{2-82}$$

2.3 理论模型验证

下面用 van Rijn[46,47]等(1993,1995)和 Chen[48](1992)进行的波流共同作用下的悬沙实验数据对上面建立的模型进行检验。表 2-2列出了实验的相关参数,其中 θ 为波浪和潮流的夹角。因为实验中没有给出潮流摩阻流速,这里根据实验测得的水深平均流速 U_m 按式(2-83)进行计算:

$$u_{*c}=\frac{\kappa U_m}{\ln\left(\frac{h}{z_0}\right)-1}\tag{2-83}$$

式中,z_0 为流速等于零处距床面的距离,可由下式确定:

$$z_0=\frac{k_s}{30}\tag{2-84}$$

实 验 基 本 参 数　　表 2-2

组　次	h(m)	H(m)	T(s)	θ(°)	U_m(m/s)	D_{50}(μm)
T200,10,40[46]	0.51	0.098	2.6	0	0.45	205
T10,19,90[47]	0.43	0.093	2.24	90	0.117	100
T14,20,60[47]	0.42	0.131	2.3	60	0.235	100
Test A[48]	0.25	0.065	1.76	180	0.08	180

本章所建立模型从理论上较好地反映了实际物理现象,但在实际应用中是否依然具有优越性和更高的精度,需要进一步验证。下面通过与 van Rijn 模型计算结果的比较进行说明。本章所建立的模型与 van Rijn 模型的主要区别在于扩散系数 ε_c 和 ε_w 的形式不同。van Rijn 认为,流和波单独作用时扩散系数形式如图 2-18所示[26,45,49]。

van Rijn 将潮流扩散系数表示为[26]:

$$\varepsilon_c=\kappa u_{*c}z\left(1-\frac{z}{h}\right)\qquad(z\leqslant0.5h)\tag{2-85}$$

$$\varepsilon_{c}=0.25\kappa u_{*c}h \qquad (z>0.5h) \tag{2-86}$$

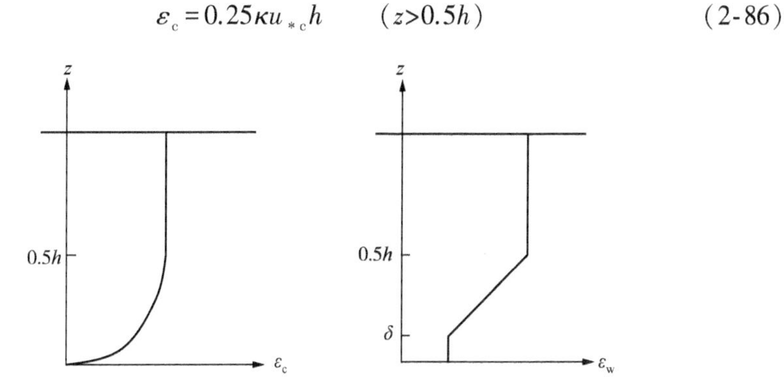

a)流扩散系数示意图　　b)波浪扩散系数示意图

图 2-18　van Rijn 模型潮流和波浪扩散系数示意图[45]

将波浪扩散系数表示为[45,49]：

$$\varepsilon_{w}=\varepsilon_{w,bed}=\alpha_{1}\beta\delta u_{w} \qquad (z\leqslant\delta) \tag{2-87}$$

$$\varepsilon_{w,max}=\alpha_{2}\frac{hH}{T} \qquad (z\geqslant 0.5h) \tag{2-88}$$

$$\varepsilon_{w}=\varepsilon_{w,bed}+(\varepsilon_{w,max}-\varepsilon_{w,bed})\left(\frac{z-\delta}{0.5h-\delta}\right) \qquad (\delta<z<0.5h) \tag{2-89}$$

式中，α_1、α_2 为常系数；β 为修正系数，按照式(2-42)计算；δ 为波浪边界层高度。各个参数的计算公式不详细列出，请参考相关文献[26,45,49]。

图 2-19～图 2-22 显示了本章模型中扩散系数分布形式和悬沙浓度垂向分布计算结果。当流强波弱时，总扩散系数在形状和大小上与流单独作用时的扩散系数接近，波浪作用对总扩散系数的增加贡献很小(图 2-19)；当波强流弱时，总扩散系数在形状和大小上与波浪单独作用时的扩散系数接近，潮流作用对总扩散系数的增加贡献很小(图 2-20)；波流强度相当时，在靠近水面附近，依然以波浪作用贡献为主，而在底部两者的贡献都很重要(图 2-21、图 2-22)。

此外，图中还显示了 van Rijn 模型泥沙浓度计算结果。比较可见，本模型与实测值吻合更好，具有更高的精度和适用范围。这说明，本章所建立模型不仅从理论上更为完善，实际应用中也有更好的表现。综上所述，该模型能够较好反映波流共同作用下悬沙浓度分布规律。

此外，本研究还利用 Lamb[9,10] 等震荡流高浓度泥沙实验数据进行了验证(图 2-23)。从结果来看，该模型能够可靠地反映近底高浓度泥沙垂线分布特征。

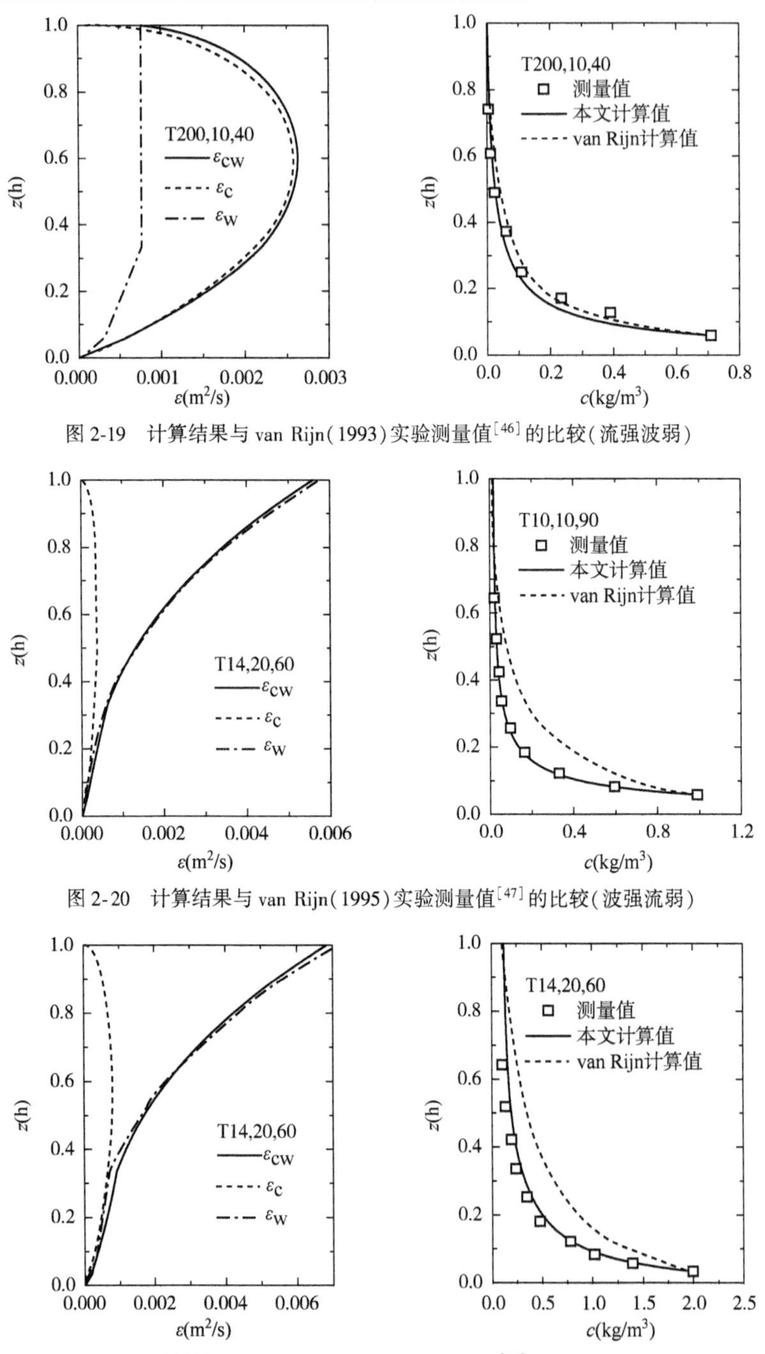

图 2-19 计算结果与 van Rijn(1993)实验测量值[46]的比较(流强波弱)

图 2-20 计算结果与 van Rijn(1995)实验测量值[47]的比较(波强流弱)

图 2-21 计算结果与 van Rijn(1995)实验测量值[47]的比较(波流相当)

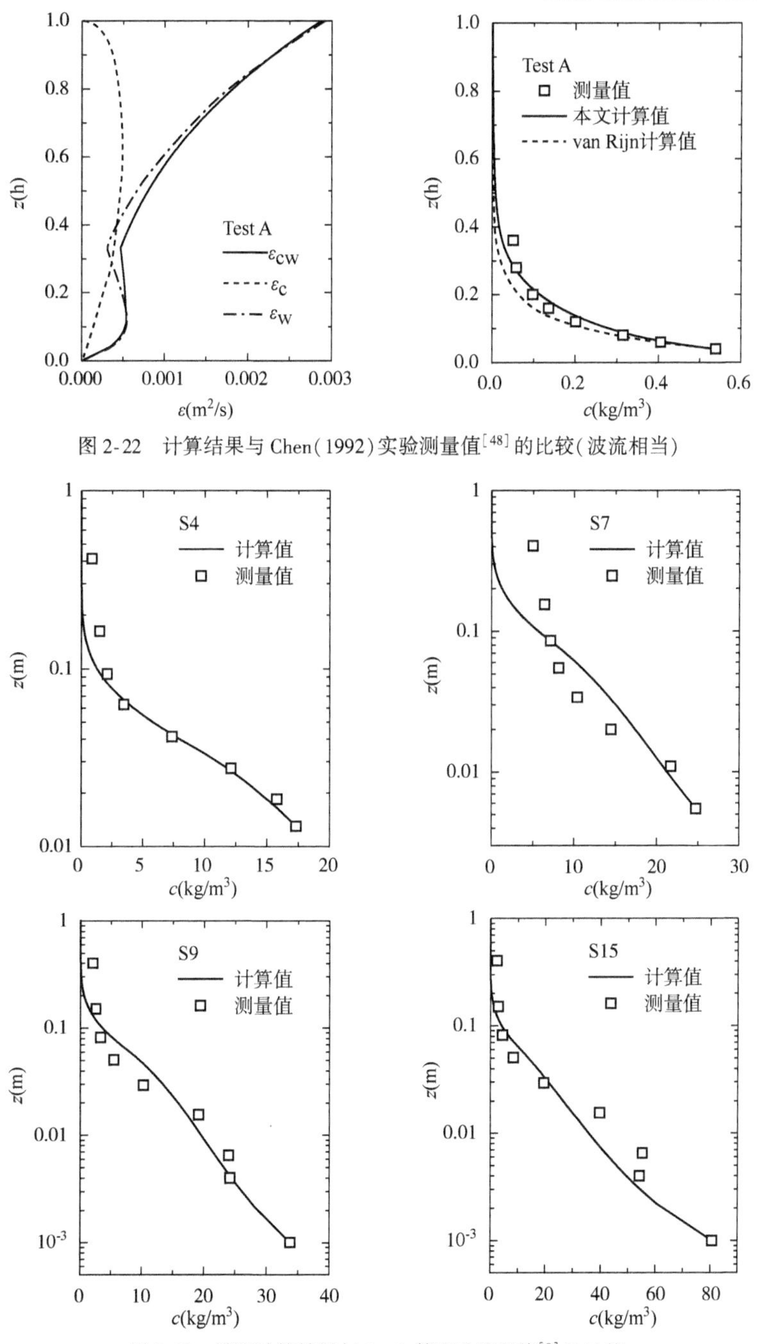

图 2-22 计算结果与 Chen(1992)实验测量值[48]的比较(波流相当)

图 2-23 模型计算结果与 Lamb 等实验测量值[9]的比较

本章参考文献

[1] 张瑞瑾,谢鉴衡,等.河流泥沙动力学[M].北京:水利电力出版社,1988.

[2] BAGNOLD R A.Some flume experiments on large grains but little denser than the transporting fluid and their implications[C].Proceedings of institute of civil Engineers,1955,4(2),174-205.

[3] WIJETUNGE J J,SLEATH J F A.Effects of sediment transport on bed friction and turbulence[J].Journal of water,port,coastal,and ocean engineering,1998,124(4):172-178.

[4] 钱宁,万兆惠.泥沙运动力学[M].北京:科学出版社,1983.

[5] 倪晋仁,梁林.水沙流中的泥沙悬浮[J].泥沙研究,2000(1):7-12.

[6] YALIN M S. Mechanics of sediment transport [M]. New York: Pergamon Press,1972.

[7] HINO M.Turbulent flow with suspended particles[J].Journal of hydraulic engineering,1963,89(4):165-185.

[8] KOVACS AE. Prandtl's mixing length concept modified for equilibrium sediment-laden flows [J]. Journal of hydraulic engineering, 1998, 124 (8): 803-812.

[9] LAMB M P, D'ASARO E, PARSONS J D. Turbulent structure of high-density suspensions formed under waves[J].Journal of geophysical research,2004,109(C12).

[10] LAMB M P,PARSONS J D.High-density suspension formed under waves[J]. Journal of sedimentary research,2005,75(3):386-397.

[11] ABSI R. Modeling turbulent mixing and sand distribution in the bottom boundary layer[C]//Coastal dynamics 2005 Proceedings,2005.

[12] NEZU I,NAKAGAWA H.Turbulence in open channel flows[M].IAHR Monograph,Balkema,Rotterdam,1993.

[13] 陈士荫,顾家龙,吴宋仁.海岸动力学[M].北京:人民交通出版社,1995.

[14] TROWBRIDGE J H,KINEKE G C.Structure and dynamics of fluid muds on the Amazon continental shelf[J].Journal of geophysical research, 1994, 99(C1):865-874.

[15] KINEKE G C, STERNBERG R W, TROWBRIDGE J H, et al. Fluid-mud processes on the Amazon continental shelf[J]. Continental shelf research,

1996,16(105):667-696.

[16] TRAYKOVSKI P,GEYER W R,IRISH J D,et al.The role of wave-induced density-driven fluid mud flows for cross-shelf transport on the Eel River continental shelf[J].Continental shelf research,2000,20(16):2113-2140.

[17] KOBAYASHI N,ZHAO H Y,TEGA Y.Suspended sand transport in surf zones [J].Journal of geophysical research,2005,110(C12).

[18] TAYLOR G I.Diffusion by continuous movements[J].Proceeding of the london maxhematicol society,1921,20:196-212.

[19] NIELSEN P,TEAKLE IAL.Turbulent diffusion of momentum and suspended particles:a finite-mixing-length theory[J].Physics of fluids,2004,16(7):2342-2348.

[20] 刘大有.从二相流方程出发研究平衡输沙—扩散理论和泥沙扩散系数的讨论[J].水利学报,1995(4):62-67.

[21] 刘大有.现有泥沙理论的不足和改进—扩散模型和菲克定律适用性的讨论[J].泥沙研究,1996(3):40-45.

[22] NI J R,WANG G Q.Vertical sediment distribution[J].Journal of hydraulic engineering,1991,117(9):1184-1194.

[23] 倪晋仁,惠遇甲.悬移质浓度垂线分布的各种理论及其间关系[J].水利水运科学研究,1988(1):83-95.

[24] 倪晋仁,梁林.水沙流中的泥沙悬浮[J].泥沙研究,2000(1):13-19.

[25] 傅旭东,王光谦.传统泥沙扩散方程的误差分析[J].泥沙研究,2004(4):33-38.

[26] van RIJN L C.Sediment transport,part Ⅱ:Suspended load transport[J].Journal of hydraulic engineering,1984,110(11):1613-1641.

[27] LYN D A.A similarity approach to turbulent sediment-laden flows in open-channels[J].Journal of fluid mechanics,1988,193:1-26.

[28] MUSTE M,PATEL V C.Velocity profiles for particles and liquid in open-channel flow with suspended sediment[J].Journal of hydraulic engineering,1997,123(9):742-751.

[29] YANG S Q,TAN S K,LIN S Y.Velocity distribution and dip-phenomenon in smooth uniform open channel flows[J].Journal of hydraulic engineering,2004,130(12):1179-1186.

[30] AZIZ N M,BHATTACHARYA S K,PRASAD S N.Suspended sediment con-

centration profiles using conservation laws[J].Journal of hydraulic research, 1992,30(4):539-554.

[31] ELATA C,IPPEN A T.The dynamics of open channel flow with suspensions of neutrally buoyant particles[R].Hydrodynamics Lab.,MIT,1961.

[32] TEAKLE I A L.Coastal boundary layer and sediment transport modeling[D]. Brisbane:Queensland University,2006.

[33] 严冰,张庆河.基于有限掺混长度概念的悬沙浓度垂线分布研究[J].泥沙研究,2008,(1):9-16.

[34] WANG X K,QIAN N.Turbulence characteristics of sediment-laden flow[J]. Journal of hydraulic engineering,1989,115(6):781-800.

[35] 王兴奎,邵学军,王光谦,等.河流动力学[M].北京:科学出版社,2004.

[36] 武汉水利水电学院.河流泥沙工程学[M].北京:水利出版社,1981.

[37] KENNEDY J F,LOCHER F A.Sediment suspension by water waves [A]// Waves on beaches and resulting sediment transport. New York: Academic Press,1972.

[38] KOS'YAN R D.Vertical distribution of suspended sediment concentrations of seawards of the breaking zone[J].Coastal engineering,1985,9(2):171-187.

[39] ABSI R.On the effect of sand grain size on turbulent mixing[C]//30th International Conference on Coastal Engineering,ASCE,2006:3019-3029.

[40] YOU Z J,WILKINSON D L,NIELSEN P.Velocity distribution of waves and currents in the combined flow [J]. Coastal engineering, 1991, 15 (5-6): 525-543.

[41] Graaff J V.Sediment concentration due to wave action[D].Delft,Netherland Delft University of Technology,1988.

[42] THORNE P D,WILLIAMS J J,DAVIES A G.Suspended sediments under waves measured in a large-scale flume facility[J].Journal of geophysical research,2002,107(C8):3178.

[43] 赵冲久.近海动力环境中粉沙质泥沙运动规律的研究[D].天津:天津大学,2003.

[44] 曹祖德,焦桂英,赵冲久.粉沙质海岸泥沙运动和淤积分析计算[J].海洋工程,2004,22(1):59-65.

[45] van Rijn L C.Unified view of sediment transport by currents and waves:suspended transport[J].Journal of hydraulic engineering,2007,133(6):668-689.

[46] van RIJN L C,NIEUWJAAR M W C,et al.Transport of fine sands by currents and waves[J].Journal of waterway,port,coastal and ocean engineering,1993,119(2):123-143.

[47] van RIJN L C,HAVINGA F J.Transport of fine sands by currents and waves[J]. Journal of waterway, port, coastal and ocean engineering, 1995, 121(2):123-133.

[48] CHEN Z W.Sediment concentration and sediment transport due to action of waves and a current [D]. Delft, Netherland Delft University of Technology,1992.

[49] van RIJN L C.Sedimentation of dredged channels by currents and waves[J]. Journal of waterway, port, coastal and ocean engineering, 1986, 112(5):541-559.

3 有限掺混与制紊机制下泥沙输移三维数值模拟技术

本章是“理论研究—关键技术—系统集成—工程应用”研究主线上的第二环节——“关键技术”,以第 2 章理论研究为基础,遵循兼顾先进与可靠、积极稳妥地采纳先进技术与成熟技术等原则开展泥沙输移三维数值模拟技术研发工作。

3.1 控制方程

以往常选取一种粒径泥沙代表整个研究区域泥沙特性。这对于粒径分布差异不显著的情况或者特定区域内问题是合理的,但是对于某些情况,如河口区域、三角洲区域,其底质粒径分布往往差异大,泥沙物理特性难以用单一代表粒径描述,采用多组分的悬沙输移控制方程是更为适宜的。因此,本章数值模式的控制方程采用多组分形式的泥沙对流扩散方程:

$$\begin{aligned}&\frac{\partial c^{(l)}}{\partial t}+u_x\frac{\partial c^{(l)}}{\partial x}+u_y\frac{\partial c^{(l)}}{\partial y}+\left[u_z-\omega_s^{(l)}\right]\frac{\partial c^{(l)}}{\partial z}\\&=\frac{\partial}{\partial x}\left[\varepsilon_x^{(l)}\frac{\partial c^{(l)}}{\partial x}\right]+\frac{\partial}{\partial y}\left[\varepsilon_y^{(l)}\frac{\partial c^{(l)}}{\partial y}\right]+\frac{\partial}{\partial z}\left[\varepsilon_z^{(l)}\frac{\partial c^{(l)}}{\partial z}\right]\end{aligned}\tag{3-1}$$

式中,$c^{(l)}$为第 l 组分的悬沙浓度;u_x、u_y和 u_z分别为 x、y 和 z 方向的流速分量;$\omega_s^{(l)}$ 为第 l 组分的悬沙沉降速度;$\varepsilon_x^{(l)}$ 和 $\varepsilon_y^{(l)}$ 为水平向泥沙紊动扩散系数;$\varepsilon_z^{(l)}$ 为垂向泥沙紊动扩散系数。

为后续离散方便起见,将上式改写为矢量形式:

$$\frac{\partial c^{(l)}}{\partial t}+\nabla\cdot\left[Uc^{(l)}\right]-\nabla\cdot\left[K\nabla c^{(l)}\right]=0\tag{3-2}$$

式中,$\nabla=\mathbf{i}\frac{\partial}{\partial x}+\mathbf{j}\frac{\partial}{\partial y}+\mathbf{k}\frac{\partial}{\partial z}$;$U=\left[u_x,u_y,u_z-\omega_s^{(l)}\right]^{\mathrm{T}}$;$K=\begin{bmatrix}\varepsilon_x^{(l)}&0&0\\0&\varepsilon_y^{(l)}&0\\0&0&\varepsilon_z^{(l)}\end{bmatrix}$。

3.1.1 边界条件

1)自由表面边界条件

在自由表面上,认为无外界泥沙输入,即悬沙浓度梯度为零。

$$\varepsilon_z^{(l)}\frac{\partial c^{(l)}}{\partial z}=0 \tag{3-3}$$

2)底部边界条件

泥沙和水体交界的底床面上,当水流作用较强时,泥沙会在水流作用下被冲刷起悬至上层水体中;当水流作用较弱时,水体中的悬浮泥沙会有一部分重新落淤到底床面上。床面边界条件[1]可以表示为:

$$\varepsilon_z^{(l)}\frac{\partial c^{(l)}}{\partial z}=E^{(l)}-D^{(l)} \tag{3-4}$$

式中,$E^{(l)}$为第l组分泥沙的冲刷率;$D^{(l)}$为第l组分泥沙的淤积率。

冲刷率表示为:

$$\begin{cases} E^{(l)}=E_0^{(l)}(1-P_{\mathrm{b}})F_{\mathrm{b}}^{(l)}\left[\dfrac{\tau_{\mathrm{b}}}{\tau_{\mathrm{e}}^{(l)}}-1\right] & (\tau_{\mathrm{b}}>\tau_{\mathrm{e}}^{(l)}) \\ E^{(l)}=0 & (\tau_{\mathrm{b}}<\tau_{\mathrm{e}}^{(l)}) \end{cases} \tag{3-5}$$

式中,$E_0^{(l)}$为第l组分泥沙的床面冲刷强度;P_{b}是床面泥沙孔隙率;$F_{\mathrm{b}}^{(l)}$为第l组分泥沙所占比例;τ_{b}是床面剪切应力;$\tau_{\mathrm{e}}^{(l)}$是第l组分泥沙的临界冲刷应力。

泥沙的沉积作用由以下方程控制:

$$D^{(l)}=\omega_{\mathrm{s}}^{(l)}c^{(l)} \tag{3-6}$$

上式无限定条件,表示泥沙沉降一直存在。

3.1.2 底部切应力

1)纯流作用下底部切应力

纯流作用下底部切应力可以表示为:

$$\tau_{\mathrm{b}}=\sqrt{\tau_{\mathrm{b}x}^2+\tau_{\mathrm{b}y}^2} \tag{3-7}$$

$$(\tau_{\mathrm{b}x},\tau_{\mathrm{b}y})=C_{\mathrm{d}}\,(u_{x\mathrm{b}}^2+u_{y\mathrm{b}}^2)^{\frac{1}{2}}(u_{x\mathrm{b}},u_{y\mathrm{b}}) \tag{3-8}$$

式中,$u_{x\mathrm{b}}$,$u_{y\mathrm{b}}$为水体底部水平向流速;C_{d}为底摩阻系数。根据对数边界层理论,底摩阻系数可以表示为[2]:

$$C_d = \max\left[\left(\frac{\kappa}{\ln(z_r/z_0)}\right)^2, 0.0025\right] \tag{3-9}$$

式中，κ 为 Karman 常数，取 0.41；z_r 为底层网格单元高度的一半；z_0 为底部粗糙率，一般取 0.001~0.01m[3]。

2）波流共同作用下底部切应力

波流共同作用下的底部剪切应力计算对波流共同作用下的泥沙起动、悬浮运动的准确模拟具有重要意义。波流共同作用时，由于波流运动形式不同且相互存在非线性作用，本书采用 Styles 和 Glenn 的底部边界层模型[4]，进行迭代求解，过程如下。

①根据沙纹高度 η 和沙纹长度 λ 计算底部沙纹陡度。

$$\frac{\eta}{\lambda} = \exp\left\{-0.095\left[\ln\left(\frac{d_0}{\eta}\right)\right]^2 + 0.442\ln\left(\frac{d_0}{\eta}\right) - 2.28\right\} \tag{3-10}$$

式中，$d_0 = u_b T/\pi$；u_b 为波浪底部水质点流速；T 为波浪周期；η、λ 的计算参考 Wiberg 和 Harris 提供的方法。

②计算粗糙度。

$$z_0 = \max(z_{0N} + z_{0ST} + z_{0BF},\quad z_{0\min}) \tag{3-11}$$

$$z_{0N} = 2.5D_{50}/30 \tag{3-12}$$

$$z_{0ST} = \alpha D_{50} a_1 \frac{T_*}{1 + a_2 T_*} \tag{3-13}$$

$$z_{0BF} = a_r \eta^2/\lambda \tag{3-14}$$

式中，$T_* = \tau_{wc}/\tau_{ce}$；$\tau_{wc}$ 为波流共同作用下的底部剪切力；τ_{ce} 为底部临界剪应力；$\alpha = 0.056$；$a_1 = 0.068$；$a_2 = 0.0204\ \ln(100D_{50}{}^2) + 0.0709\ \ln(100D_{50})$[5]；$a_r$ 在 0.3~3之间取值[6]，Grant 和 Madsen[7] 建议取值 $\alpha_r = 27.7/3$，Nielsen[8] 建议取值 $\alpha_r = 0.267$，黏性泥沙无沙纹存在，在计算黏性泥沙时应忽略此项；$z_{0\min} = 5\times10^{-5}$m。

③初始化纯流和纯波浪作用下的底部剪切力。

$$\tau_c = \frac{(u^2 + v^2)\kappa^2}{\ln^2(z/z_0)} \tag{3-15}$$

$$\tau_w = 0.5 f_w u_b^2 \tag{3-16}$$

$$f_w = \begin{cases} 0.3 & (A_b/k_b \leqslant 0.2) \\ \exp[-8.82 + 7.02\ (A_b/k_b)^{-0.078}] & (0.2 < A_b/k_b \leqslant 100) \\ \exp[-7.30 + 5.61\ (A_b/k_b)^{-0.109}] & (A_b/k_b > 100) \end{cases} \tag{3-17}$$

式中，z_0为底部粗糙度；κ 为卡门常数；f_w为波浪摩阻系数；A_b为波浪轨道偏移幅度；$k_b=30z_0$。

④将上述剪切力作为初始值用于三层涡黏模型中。

$$
\begin{aligned}
&K=\kappa u_{*c}z && (z>z_2) \\
&K=\kappa u_{*wc}z_1 && (z_1<z\leqslant z_2) \\
&K=\kappa u_{*wc}z && (z_0\leqslant z\leqslant z_1)
\end{aligned}
\tag{3-18}
$$

式中，z_1为波浪边界层与水流边界层之间的过渡层的厚度加上 z_0；$z_2=z_1u_{*wc}/u_{*c}$；$u_{*wc}=\sqrt{\tau_{wc}}$；$u_{*c}=\sqrt{\tau_c}$。

通过迭代求解涡黏模型，可以得到 τ_c、τ_w、τ_{wc}。

⑤上一步计算得到的 τ_{wc}并不能直接用于泥沙输移中，而需要根据 τ_{wc}进一步计算水体作用于泥沙颗粒表面的表观剪切力 τ_{sfm}。

$$
\tau_{sfm}=\tau_{wc}\left[1+0.5C_{dBF}\frac{\eta}{\lambda\kappa^2}\left(\ln\frac{\eta}{(z_{0N}+z_{0ST})}-1\right)^2\right]^{-1}
\tag{3-19}
$$

式中，在无分离流动中 $C_{dBF}\approx0.5$。

⑥求得用于泥沙输移的底部剪切力 τ_{sf}。

$$
\tau_{sf}=\tau_{sfm}\left(1+8\frac{\eta}{\lambda}\right)
\tag{3-20}
$$

需要指出的是，当有泥沙存在时，会对底部切应力形成一定程度的改变，详见3.4节。

3.1.3　泥沙扩散系数

1）水平扩散系数

在悬沙数学模型中，泥沙紊动水平扩散系数一般取为常数[9]或者采用与水流水平涡黏系数成正比的形式，范围通常为 $10^{-2}\sim10^2\mathrm{m^2/s}$。

2）垂向扩散系数

在河口海岸区域，垂向尺度远小于水平向尺度，垂向扩散系数的影响远大于水平扩散系数[10]。因此，合理地计算垂向扩散系数对于悬沙输移模拟的准确性有极为重要的影响。

在海岸地区，泥沙运动通常受潮流和波浪作用的影响。其中，潮流对于泥沙输移有重要作用；波浪对于泥沙起悬有重要作用，当波浪进入浅水区域，随着水深的减小，波浪底部剪切应力越来越大，泥沙起悬量相应增多，泥沙运动也越来越显著，波浪在浅水区域发生破碎后形成的紊动将使得泥沙运动更为剧烈。

因此,合理描述波浪以及波流共同作用下的垂向扩散系数也极为重要。

本模型采用的泥沙垂向扩散系数详见2.2节。

利用2.2节的相关公式,三维悬沙输移控制方程变为:

$$\begin{aligned}&\frac{\partial c^{(l)}}{\partial t}+u_x\frac{\partial c^{(l)}}{\partial x}+u_y\frac{\partial c^{(l)}}{\partial y}+[u_z-\omega_s^{(l)}]\frac{\partial c^{(l)}}{\partial z}\\&=\frac{\partial}{\partial x}\left[\varepsilon_x^{(l)}\frac{\partial c^{(l)}}{\partial x}\right]+\frac{\partial}{\partial y}\left[\varepsilon_y^{(l)}\frac{\partial c^{(l)}}{\partial y}\right]+\frac{\partial}{\partial z}\left[\phi_d\varepsilon_z^{(l)}\frac{\partial c^{(l)}}{\partial z}\right]\end{aligned} \tag{3-21}$$

3)泥沙浓度垂线分布

一般认为,当悬浮泥沙达到一定量时将抑制水体紊动的产生,进而影响泥沙本身的悬浮。基于普朗特的掺混长度理论的泥沙浓度垂线分布包括以下三方面:

(1)水流作用下悬沙浓度垂线分布,请参见2.2.2节。

(2)波浪作用下悬沙浓度垂线分布,请参见2.2.3节。

(3)波流共同作用下悬沙浓度垂线分布,请参见2.2.4节。

3.1.4 泥沙沉速

(1)黏性细颗粒泥沙

黏性细颗粒泥沙沉降的形成既有化学原因(属于胶体化学性质,主要为电化学性质),又有物理原因(布朗运动、不等速沉降、水流紊动)。国内外学者对沉速进行了大量研究,提出的沉速计算公式因考虑影响因素以及研究方法的不同而不同,计算沉速公式通常涉及絮凝沉降段和制约沉降段。影响悬浮泥沙絮凝沉降速度的因素很多,主要有泥沙浓度、水流紊动、盐度、含离子浓度、电解质浓度、阳离子化合价、颗粒粒径、絮团强度、分形结构、泥沙组成、絮团形成时间、pH值、有机质等。本研究针对长江口黏性细颗粒泥沙沉降规律,主要考虑含沙浓度、盐度、水流紊动、温度因素,公式基本形式为:

$$\omega_s=f(C,G,S)\omega_0 \tag{3-22}$$

式中,ω_0为单颗粒泥沙静水沉降速度;ω_s为泥沙沉降速度。

综合Deflt3D、Hwang[11]以及Van Leussen[12]相关研究,构建黏性细颗粒泥沙沉降速度公式如下:

$$\begin{cases}\omega_s=\dfrac{\omega_{max}}{2}\left[1-\cos\left(\dfrac{\pi S}{S_{max}}\right)\right]+\dfrac{\dfrac{ac^n}{(b^2+c^2)^m}\dfrac{1+B_1G}{1+B_2G^2}}{2}\left[1+\cos\left(\dfrac{\pi S}{S_{max}}\right)\right] & (S<S_{max})\\ \omega_s=\omega_{max} & (S\geqslant S_{max})\end{cases} \tag{3-23}$$

式中，ω_{max}为最大絮凝沉速；S 为盐度(PSU)；S_{max}为最佳絮凝盐度，这里取为 8‰；c 为泥沙浓度；$G=\sqrt{\varepsilon/v}$，ε 和 v 分别为紊动能量耗散率和水体运动黏滞性系数；a、b、n、m、B_1 和 B_2 为系数，根据泥沙特性确定，本研究分别取为417.0086、8、1.824、1.045、0.04 和 0.0005。温度对泥沙沉速的影响，主要通过不同温度条件下运动黏滞系数差异导致的单颗粒泥沙静水沉降速度差异来体现。

(2)非黏性泥沙

通常含沙量对泥沙沉降速度会产生制约作用，含沙量越大，制约作用越强，群体沉速越小。

为了反映含沙量对泥沙沉速的影响，需要确定群体沉降速度公式，目前应用较为广泛的公式包括 Richardson-Zaki 公式[13]和 Winterwerp 公式[14]，由于后者主要是针对黏性泥沙而提出的，所以本书针对非黏性泥沙采用 Richardson 和 Zaki[13]提出的群体沉降速度公式：

$$\omega_s=\omega_{s0}(1-c_v)^n \tag{3-24}$$

式中，ω_{s0}为在静水中的泥沙颗粒沉降速度；c_v为悬沙体积浓度；n 为沉降速度制约系数。

对于上式中制约系数的确定，众多学者对其进行了研究。Richardson 和 Zaki 认为其与颗粒雷诺数有关，随着颗粒雷诺数的减小而增大，且其取值范围为[2.39,4.65]。Cheng[15]提出了一个与雷诺数和悬沙体积浓度有关的公式：

$$n=\frac{\ln\left(\dfrac{2-2c_v}{2-3c_v}\right)+1.5\ln\left\{\dfrac{\sqrt{25+\left[\dfrac{(1-c_v)(2-3c_v)^2}{4+4\Delta c_v}\right]^{2/3}(R^{4/3}+10R^{2/3})}-5}{\sqrt{25+R^{4/3}+10R^{2/3}}-5}\right\}}{\ln(1-c_v)} \tag{3-25}$$

式中，$\Delta=\dfrac{\rho_s-\rho}{\rho}$；$\rho_s$ 和 ρ 分别为泥沙和水的密度；$R=(\sqrt{25+1.2d_*^2}-5)^{1.5}$，$d_*=\left(\dfrac{\Delta g}{\nu^2}\right)^{1/3}d$；$g$ 为重力加速度；ν 为运动黏滞系数；d 为泥沙颗粒粒径。Baldock 等[16]指出式(3-24)无法准确反映由于水体黏性变化所引起的泥沙沉速的差别，同时使用粒径在 0.2~1.0mm 的自然沙，通过物理模型试验，并拟合试验数据得到：

$$n=4.4\left(\frac{d_{50,ref}}{d_{50}}\right)^{0.2} \tag{3-26}$$

式中，$d_{50,ref}=0.2$mm；d_{50}为悬沙中值粒径。

综上所述,本模型将利用式(3-25)和式(3-26)来计算非黏性泥沙群体沉降速度。

3.1.5 地形冲淤变化

地形冲淤强度:

$$z_{\mathrm{b}} = \int_0^T \frac{F}{\gamma_{\mathrm{s}}} \mathrm{d}t \tag{3-27}$$

式中,F 为底床局部泥沙净通量;γ_{s} 为泥沙干容重;z_{b} 为计算时间 T 内单位长度上的冲淤强度。

3.2 数值离散方法

模型采用非结构化的有限体积法数值方法,从平面上看,计算区域被分成诸多不重合的非结构的三角形单元。每个三角形网格由三个节点、一个中心和三条边组成,如图 3-1 所示。在三角形中心定义的是矢量,如流速 u、v;在节点上定义的是标量,如潮位 ζ 和含沙量 c。中心上的变量通过三条边的净通量进行计算,节点上的变量则通过与该点相连的三角形中心和边的中心线的净通量进行计算。

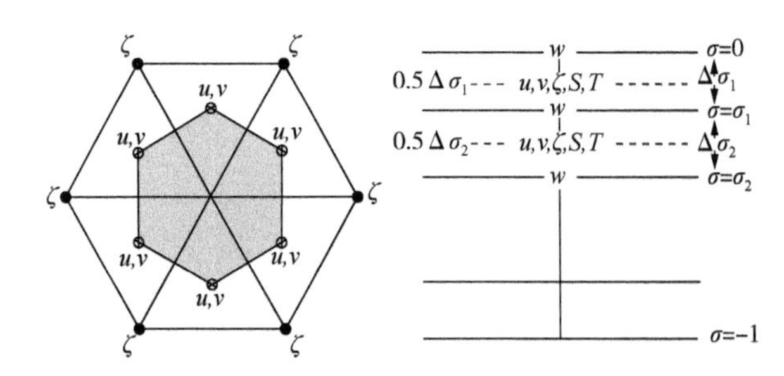

图 3-1 变量定义示意图

从垂向上看,垂向采用 σ 坐标分层,除了垂向流速 w 是定义在垂向两个 σ 层的接触面上,其他的变量均定义在单元体中心。

以连续性方程为例,在上述规定下,给定的控制体 TCE 内,方程可写成:

$$\iint \frac{\partial \zeta}{\partial t} \mathrm{d}x\mathrm{d}y = -\iint \left[\frac{\partial (\bar{u}D)}{\partial x} + \frac{\partial (\bar{v}D)}{\partial x} \right] \mathrm{d}x\mathrm{d}y = -\oint_{s'} \bar{v}_n D \mathrm{d}s' \tag{3-28}$$

式中，$\bar{v}_n$代表与边垂直的速度分量；s'是围绕控制体的闭合轨迹。方程可采用改进的四阶 Runge-Kutta 时间步格式进行离散，具体过程为：

$$\zeta_j^{n+1,0}=\zeta_j^n \tag{3-29}$$

$$R_\zeta^{n+1,0}=R_\zeta^n=\sum_{m=1}^{NT(j)}\left[(\Delta x_{2m-1}\bar{v}_m^n-\Delta y_{2m-1}\bar{u}_m^n)D_{2m-1}^n+(\Delta x_{2m}\bar{v}_m^n-\Delta y_{2m}\bar{u}_m^n)D_{2m}^n\right] \tag{3-30}$$

$$\zeta_j^{n+1,k}=\zeta_j^{n+1,0}-\alpha^k\frac{\Delta t R_\zeta^{k-1}}{2\Omega_j^\zeta} \tag{3-31}$$

$$\zeta_j^{n+1}=\zeta_j^{n+1,4} \tag{3-32}$$

式中，$k=1,2,3,4$；$(\alpha^1,\alpha^2,\alpha^3,\alpha^4)=(1/4,1/3,1/2,1)$；上标 n 代表第 n 个时间步；Ω_j^ζ 是由三角形形心与边线中点的连线构成的区域。$\bar{u}_m^n=\overline{u[NT(m)]}^n$ 和$\bar{v}_m^n=\overline{v[\mathrm{NT}(m)]}^n$ 中的 NT 代表与该节点 j 相邻的三角形单元数；Δt 代表时间步，且 $\Delta x_{2m-1}=x_{2m}-x_{2m-1}$。

详细内容参考文献[17]，在此不进行详述。

3.3 模型精度与稳定性

3.3.1 精度

所建立数学模型为二阶数值精度。

3.3.2 稳定性

高阶（二阶及以上）数值格式通常会在存在间断以及梯度变化剧烈处产生数值振荡，导致数值格式的不稳定[18]。为了确保高阶数值格式的稳定性以及抑制数值振荡，引入斜率限制器用于确保高阶数值格式的非线性稳定性（如总变差稳定性），同时保证格式的局部守恒性和高精度[19]。斜率限制器用于时间推进后所求得的变量，且目前模型中是全计算区域均使用。

斜率限制器的概念出现在 van Leer[20] 关于 MUSCL（monotonic upstream-centered scheme for conservation laws）格式的研究工作中。斜率限制器最早用于一维问题中，用以确保高阶有限差分格式的总变差递减（TVD）特性。比较典型的具有总变差递减特性的斜率限制器包括单调中心差分（MC）限制器[20]和改进后的 MC 限制器[21]。这类限制器能较好地应用于一维问题，但是 Goodman 和

Leveque[22]证明在二维问题中,TVD 特性的限制器会使得数值格式精度降为一阶。甚至在一维问题中,如果解存在极值,也会导致极值解附近的精度下降[23]。

学者们为克服斜率限制器的上述不足,又引入总变差有界(TVB)特性的格式[24,25]。总变差有界即数值解的总变差维持在某个范围,而不需要像总变差递减格式要求总变差减小,这样就不会损失极值附近数值解的高阶精度。

在本研究中,计算淤积率和更新沉积物浓度采用具有二阶计算精度的 SLIP (symmetric limited positive)格式[26],能够比较准确地计算浓度的局部剧烈变化。将垂向各层的沉积通量分解为对流通量 conv 和耗散通量 diss:

$$\mathrm{conv}_k = \frac{1}{4}(w_{s,k} - w_{s,k-1})(C_k + C_{k-1}) \tag{3-33}$$

$$\mathrm{diss}_k = \frac{1}{4}(w_{s,k} - w_{s,k-1})[C_k - C_{k-1} - \lim(C_{k+1} - C_k, C_{k-1} - C_{k-2})] \tag{3-34}$$

式中,k 为垂向 σ 层。令 $a = C_{k+1} - C_k$,$b = C_{k-1} - C_{k-2}$,则:

$$\lim(a,b) = \frac{1}{2}(a+b)(1-R) \tag{3-35}$$

式中,

$$R = \left| \frac{a-b}{|a|+|b|} \right|^q \tag{3-36}$$

式中,指数 q 的取值为:

$$q = \begin{cases} 0, \text{一阶迎风格式} \\ 1, \text{Min mod 限制器} \\ 2, \text{VanLeer 限制器} \end{cases} \tag{3-37}$$

对于表层和底层沉积通量的计算,采用如下边界条件:

$$k = \begin{cases} 1, & C_{-1} = C_0 = -C_1 \quad w_{s,-1} = w_{s,0} = -w_{s,1} \\ kb-1, & C_{k+2} = C_{k+1} = C_k \quad w_{s,k+2} = w_{s,k+1} = w_{s,k} \end{cases} \tag{3-38}$$

式中,kb 为垂向 σ 分层总层数。

3.4 泥沙对水流的反作用

泥沙对水流的影响是复杂的,涉及垂向水流结构、紊动能量、底部剪切力等多方面因素。本研究主要通过以下两方面反映泥沙对水流的反作用。

3.4.1 泥沙对水体密度的影响

通常情况下,状态方程中的水体密度只设为水体温度和水体盐度的函数,即 $\rho=\rho(S,T)$。然而,在模拟水体中悬浮泥沙运动时,泥沙的存在亦会对水体的密度产生影响。因此,本模型在 UNESCO 状态方程的基础上,扩展泥沙对水体层化的影响,此时状态方程如下:

$$\rho[S,T,c^{(l)}]=\rho(S,T)+\sum_{l=1}^{l_{sed}}c^{(l)}\left[1-\frac{\rho(S,T)}{\rho_s^{(l)}}\right] \tag{3-39}$$

式中,$\rho_s^{(l)}$ 为第 l 组分的泥沙密度(kg/m^3)。

3.4.2 底部高浓度泥沙减阻

高浓度近底泥沙能够抑制水体紊动已经得到了很多研究证实,在潮流作用下水体紊动来源于床面,则泥沙的存在必定会影响床面紊动强度、水流流速以及床面剪切力。摩阻流速是连接水流流速和床面剪切力的物理量,反映紊动强度的大小。第 2 章定量分析了高浓度泥沙对水体紊动的影响[式(2-19)]。这里利用式(3-40)通过摩阻流速反映泥沙对床面剪切力的影响。

$$\tau_{\mathrm{b}}=\rho C_{\mathrm{d}}|u_{\mathrm{b}}|u_{\mathrm{b}} \tag{3-40}$$

式中,u_{b} 为近底层流速;C_{d} 为底部摩阻系数。对于无泥沙水流,近底部流速根据对数律可表示为:

$$|u|=\frac{u_*}{\kappa}\ln\frac{z}{z_0} \tag{3-41}$$

式中,$u_*=\sqrt{\tau_{\mathrm{b}}/\rho}$ 为摩阻流速;κ 为 von Karman 常数,取为 0.4;z 为距底床的高度;z_0 为床面粗糙高度。将近底层中心高度 z_{b} 处的流速 u_{b} 代入上式,并根据式(3-40),可得到摩阻系数的表达式为:

$$C_{\mathrm{d}}=\left[\frac{\kappa}{\ln(z_{\mathrm{b}}/z_0)}\right]^2 \tag{3-42}$$

当水体中存在高浓度泥沙时,底部悬沙的分层效应会改变底部边界层的动力特性,对于层化的流体的流速分布遵循[27]:

$$|u|=\frac{u_*}{\kappa R}\ln\frac{z}{z_0} \tag{3-43}$$

式中,R 可认为是减阻系数,表示为:

$$R=\frac{1}{1+AR_f} \tag{3-44}$$

式中,$A=5.5$ 为经验参数;R_f 为通量 Richardson 数。则根据式(2-86)和式(2-89),得到考虑减阻效应后的摩阻系数为:

$$C_{\mathrm{d}}=\left[R\frac{\kappa}{\ln(z_{\mathrm{b}}/z_0)}\right]^2 \tag{3-45}$$

式(3-44)中,R_f 可根据梯度 Richardson 数 R_i 计算而得[28]:

$$R_f=0.725\left[R_i+0.186-\sqrt{R_i^2-0.316R_i+0.0346}\right] \tag{3-46}$$

$$R_i=\frac{N_G^2}{N_P^2} \tag{3-47}$$

式中,N_P^2 和 N_G^2 参照式(2-32)和式(2-33)计算。

$$N_P^2=\left(\frac{\partial u}{\partial z}\right)^2+\left(\frac{\partial v}{\partial z}\right)^2 \tag{3-48}$$

$$N_G^2=\left(g\frac{\partial \rho}{\partial z}\right)/\rho_0 \tag{3-49}$$

根据以上分析可知,当泥沙浓度为零时,泥沙不改变水流流态;泥沙浓度越大,对紊动的制约作用越强,摩阻流速越小,则床面剪切力也越小,泥沙越容易沉降,越容易产生泥沙淤积。

3.5 理想化算例验证

考虑到水槽实验具有可控性高、能够提供较多测量数据等优点,利用 van Rijn 航道淤积实验数据[29]进行模型验证。该实验采用中值粒径为 0.1mm 的泥沙,属于粉沙质海岸泥沙的范畴。

3.5.1 实验设置

van Rijn(1986)用中值粒径为 0.1mm 近似均匀的泥沙进行了航道淤积的水槽实验[29]。水槽入水口平均流速约为 0.18m/s,并在入水口侧生成波高 0.08m,周期为 1.5s 的入射波。为了保持泥沙的平衡状态,在上游以 0.0167kg/(s · m)的速度注入泥沙,保证航道前床面泥沙不冲不淤。实验初,航道深度为 0.125m,底宽1.5m,两侧坡度 1 : 12,航道外水深 0.255m(图 3-2)。在航道内外共设置 5 个观测点,对流速和泥沙浓度垂线分布进行测量。

实验期间发现,床面上有沙纹存在,沙纹高度约为 0.01~0.02m,长度约为 0.05~0.08m。实验还对采集的悬沙进行了粒径分析,悬沙粒径在 0.08~0.11mm

范围内。水体温度 17℃,泥沙沉降速度在 0.01～0.005m/s 范围内。实验持续 10h,最后对航道内淤积情况进行了测量。

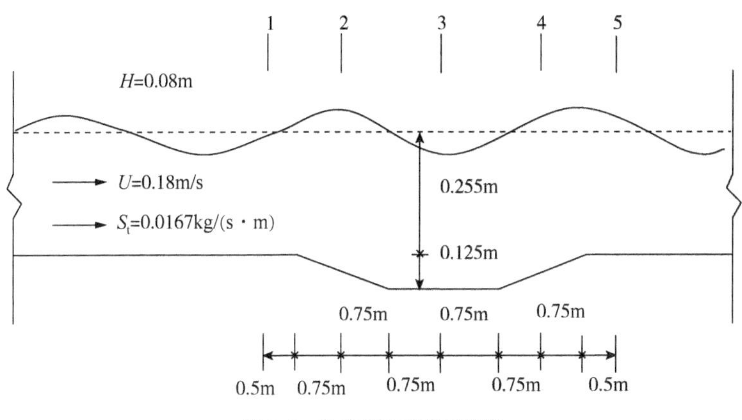

图 3-2　航道淤积实验示意图

3.5.2　数值模拟及结果分析

数值模拟的相关设置如下:上游边界和两侧边界设置为固边界,右侧边界设置为开边界;临上游边界的网格设置为源网格,水流出流量设置为 $0.02m^3/s$,以使航道前平均流速达到 0.18m/s,来沙量设置为 0.0167kg/s/m;开边界上不设置水位变化;与 van Rijn 计算方法相同[29],不考虑波浪在跨越航道时的变化,整个计算区域内设置相同的波浪条件,波高 0.08m,周期 1.5s;床面泥沙粒径设置为 0.1mm,悬沙沉降速度为 0.007m/s,沉降概率取为 0.5;水平方向,共 698 个单元,1477 个节点,节点间距约为 0.25m;垂向采用均匀分层,取为 15 层;计算时间间隔为 0.5s。

航道淤积实验在航道内外共设置了 5 个测量点(图 3-2)。实验初始阶段,对流速和泥沙浓度垂线分布进行了测量。数值模拟需要一定的时间才能达到稳定状态,因此取 $t=0.5h$ 的计算结果与测量值进行比较。

图 3-3 比较了各测点水平流速计算值和测量值。可见,在 0.6 倍水深以下,各测点计算结果与实测结果吻合均较好,说明本章采用的三维并行水动力泥沙数学模型能够合理地进行水动力计算。在 0.6 倍水深以上,计算流速随着高度的增加继续增大,而实测值反而有减小的趋势。这与水动力模型中没有考虑波流相互作用有关,也与水动力模型中没有考虑尾流影响等因素有关。比较各测点计算值和测量吻合程度可见,在航道外两个测点(1 和 5)吻合程度均高于航

道内三个测点(2~4)的吻合程度。其原因可能是当水流进入航道后,受地形突然改变的影响,紊流结构发生了复杂的变化,目前所采用的紊流模型尚难以完全准确描述。不论哪种原因,从航道内流速计算值和测量值相差程度来看都不大,在可以接受的范围内。

航道外 1 和 5 两个测点实测最大流速分别为 0.21m/s 和 0.22m/s,航道内 2、3 和 4 三个测点实测最大流速分别为 0.18m/s、0.15m/s 和 0.16m/s。模型计算结果也呈现出同样的趋势,1~5 测点计算流速最大值分别为 0.24m/s、0.2m/s、0.18m/s、0.2m/s 和 0.25m/s。

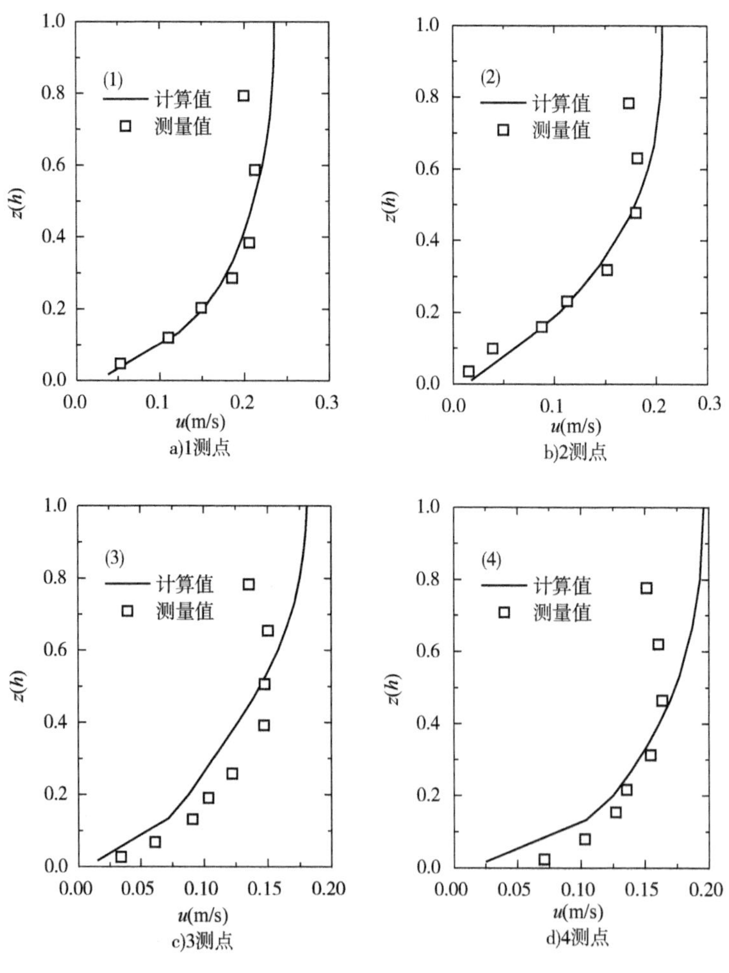

图 3-3

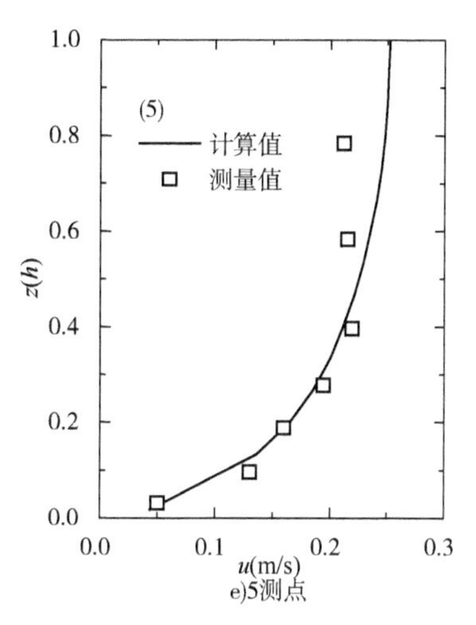

e)5测点

图 3-3 各观测点水平流速计算值和测量值的比较

为了进一步直观分析航道对流速的影响。图 3-4 显示了航道内水流水平流速沿程变化。由图可见,水流在穿越航道过程中,水平流速先逐渐减小,在航道中间位置处达到最小值,然后又逐渐增大。图 3-5 显示了航道内垂向断面的流速场,可以明显地看到,当水流进入航道后沿航道左边坡有向下的流速分量,在航道底部转为近似水平运动,随后沿右边坡有向上的流速分量。

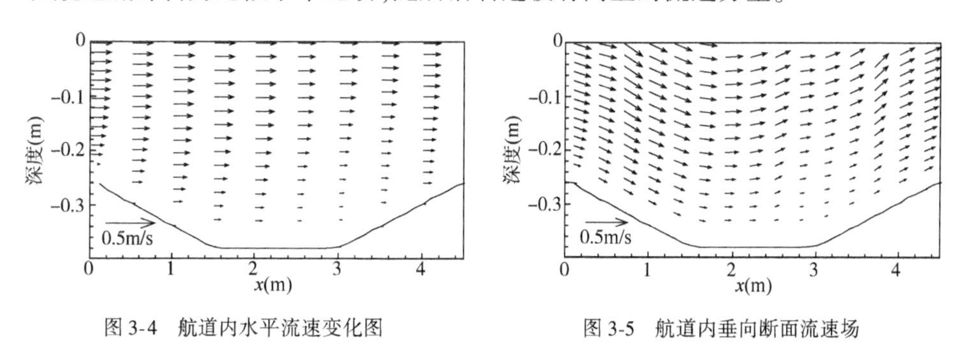

图 3-4 航道内水平流速变化图

图 3-5 航道内垂向断面流速场

图 3-6 比较了各测点泥沙浓度垂线分布的计算值和测量值。总体来看,计算结果和测量值吻合较好,说明采用第三章建立的波流共同作用下的悬沙垂向分布模型能够得到较为可靠的结果。比较各测点计算值和测量值吻合程度可知,在航道外浅滩上两个测点(1 和 5)的吻合程度均高于航道内三个测点(2~4)的吻合程度。这与前面水平流速计算值和测量值吻合程度比较的结果是一致的,含沙量差异也受到流速差异的影响。

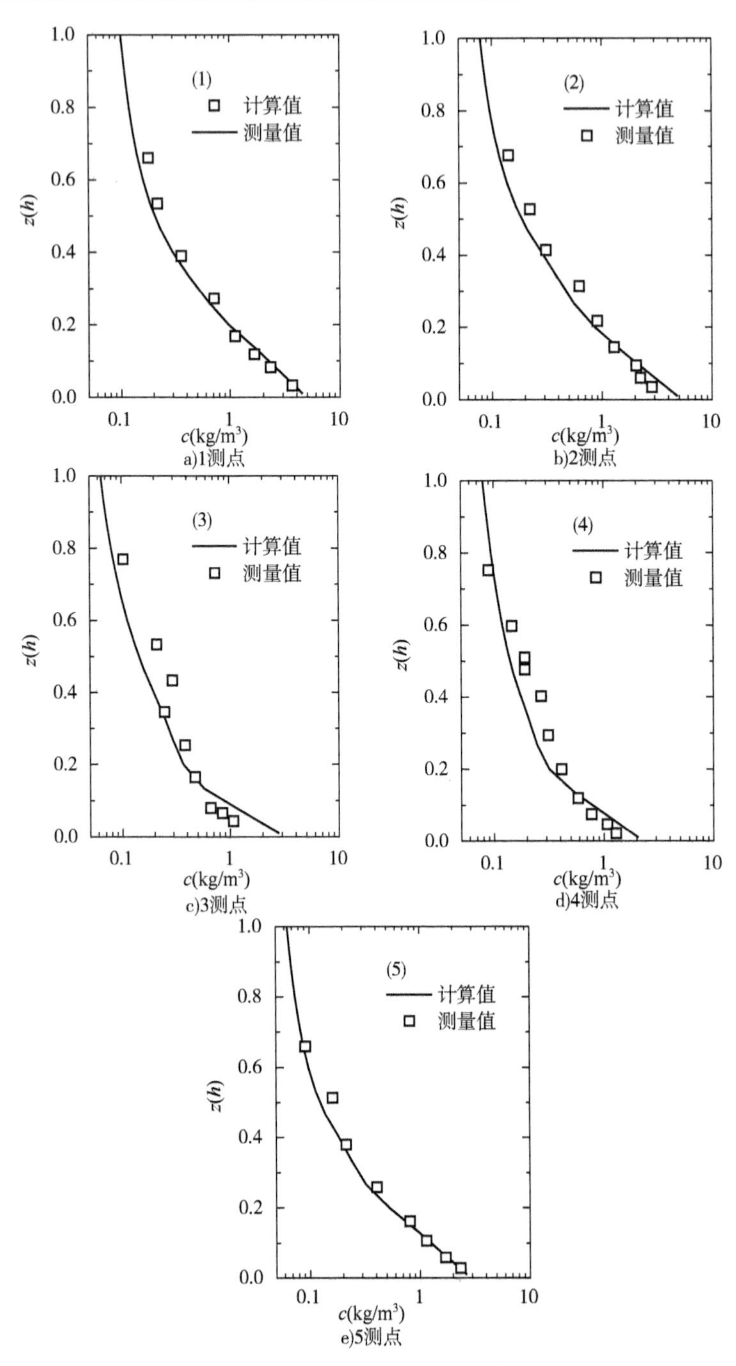

图 3-6　浓度垂线分布计算值和测量值的比较

比较各测点底部最大浓度可见，航道前 1 测点和航道左边坡上 2 测点底部浓度接近，航道内 3 测点底部浓度较前两点明显减小，在右边坡的 4 测点底部浓度比 3 测点还略小，而航道外 5 测点底部浓度又有增大的迹象。0.6 倍水深以上位置，各测点泥沙浓度变化不大，在 0.06~0.2kg/m^{3}范围内。这大致可以说明，泥沙在随水流穿越航道的过程中，底部泥沙逐渐落淤到航道床面上，导致悬沙浓度逐渐减小的事实。

图 3-7 显示了航道内垂向断面泥沙场。可清楚地看到，泥沙随水流进入航道后，底部泥沙开始沉降，在左边坡坡角附近，底部泥沙浓度达到最大，而后随着沿程泥沙的沉降，底部浓度开始减小。图 3-7 中绿色部分大致代表了泥沙浓度为3~4kg/m^{3}的水体，航道底部这种浓度较高的水体厚度明显高于右边坡位置处的厚度，这表明在航道底部将有较多的泥沙淤积。而在左边坡坡角附近含沙量最高，这暗示着此处淤积厚度最大。比较左右边坡坡顶附近泥沙浓度，右侧泥沙浓度明显小于左侧，而左右两侧水流条件相当，因此右侧可能形成冲刷。

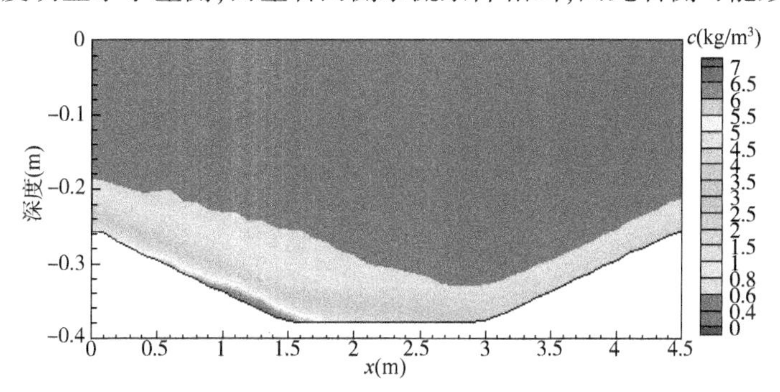

图 3-7　航道内垂向断面泥沙场

图 3-8 显示了波流动力连续作用 10h 后模型模拟和实测的地形冲淤情况。可见，计算结果与实测值基本吻合。说明本章建立的泥沙模型较为真实地反映了地形冲淤变化。计算结果也基本证实了前面的推测：在左边坡坡角处淤积厚度最大，约为 0.09m；航道底部有明显的淤积，淤积厚度约为 0.06m；右边坡坡顶附近形成冲刷。

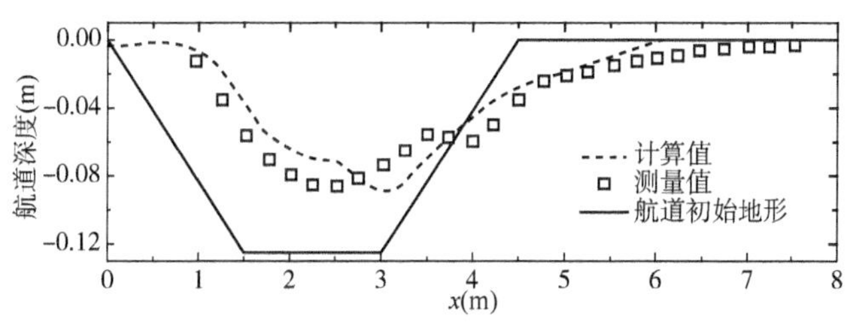

图 3-8　10h 后航道淤积深度

综上所述,本研究所组建的模型对 van Rijin 航道淤积实验进行了较为准确的复演,进一步揭示了悬移质泥沙在航道内的运动状态,直观地反映了底部泥沙对航道淤积的重要影响。

本章参考文献

[1] 韩其为,何明民.论非均匀悬移质二维不平衡输沙方程及其边界条件[J].水利学报,1997,1:1-10.

[2] ZHANG Y L,BAPTISTA A M,MYERS E P.A cross-scale model for 3D baroclinic circulation in estuary-plume-shelf systems: I. Formulation and skill assessment [J].Continental shelf research,2004,24(18):2187-2214.

[3] BLUMBERG A F,MELLOR G L.A description of a three-dimensional coastal oceancirculation model[A]//Three dimensional coastal ocean models[M]. American Geophysical Union,Washington,1987.

[4] STYLES R,GLENN S M.Modeling stratified wave and current bottom boundary layers on the continental shelf[J].Journal of geophysical research,2000,105 (C10):24119-24139.

[5] WIBERG P L,RUBIN D M.Bed roughness produced by saltating sediment[J]. Journal of geophysical research,1989,94(C4):5011-5016.

[6] SOULSBY R L.Dynamics of Marine Sands[M].London:Thomas Telford,1997.

[7] GRANT W D,MADSEN O S.Movable bed roughness in unsteady oscillatory flow [J].Journal of geophysical research,1982,87(C1):469-481.

[8] NIELSEN P.Coastal bottom boundary layers and sediment transport[M].New Jersey:World Scientific,1992.

[9] 蒋建华,苏纪兰.甬江建闸前后冲淤特性的初步数值模拟[J].海洋学报,1995,17(1):121-129.

[10] LIN B L,FALCONER R A.Numerical modelling of three-dimensional suspended sediment for estuarine and coastal waters[J].Journal of hydraulic research,1996; 34(4):435-456.

[11] Hwang K N.Erodibility of fine sediment in wave dominated environments[D]. Gainesville:University of Florida,1989.

[12] van LEUSSEN W.Estuarine macroflocs and their role in fine-grained sediment transport[D].Amarica:Utrecht University (NL),1994.

[13] RICHARDSON J F,ZAKI W N.Sedimentation and fluidization: part I[J].

Transactions of the institution of chemical engineers,1954,32:35-53.

[14] WINTERWERP J C.On the flocculation and settling velocity of esturine mud [J].Continental shelf research,2002,22(9):1339-1360.

[15] CHENG N S.Effect of concentration on settling velocity of sediment particles [J].Journal of hydraulic engineering,1997,123(8):728-731.

[16] BALDOCK T E,TOMKINS M R,NIELSEN P,et al.Settling velocity of sediment at high concentrations[J].Coastal engineering,2004,51:91-100.

[17] CHEN C S,LIU H D.An unstructured grid,finite-volume,three-dimensional, primitive equations ocean model:application to coastal ocean and estuaries[J]. Journal of atmospheric and oceanic technology,2003,20(1):159-186.

[18] BURBEAU A,SAGAUT P,BRUNEAU C H.A problem-independent limiter for high-order Runge-Kutta discontinuous Galerkin methods[J].Journal of computational physics,2001,169(1):111-150.

[19] COCKBURN B,SHU C W.Runge-Kutta discontinuous Galerkin methods for convection-dominated problems[J].Journal of scientific computing,2001,16 (3):173-261.

[20] van LEER B.Towards the ultimate conservative difference scheme:Ⅱ.Monotonicity and conservation combined in a second-order scheme[J].Journal of computational physics,1974,14:361-370.

[21] OSHER S.Convergence of generalized MUSCL schemes[J].SIAM journal of numerical analysis,1985,22(5):947-961.

[22] GOODMAN J,Leveque R.On the accuracy of stable schemes for 2D scalar conservation laws[J].Mathematics of computation,1985,45(171):15-21.

[23] OSHER S,Chakravarthy S.High resolution schemes and the entropy condition [J].SIAM journal of numerical analysis,1984,21(5):955-984.

[24] HARTEN A,OSHER S.Uniformly high-order accurate nonoscillatory schemes [J].SIAM Journal of numerical analysis,1987,24(2):279-309.

[25] HARTEN A,OSHER S,ENGQUIST B,et al.Some results on uniformly high-order accurate essentially nonoscillatory schemes[J].Applied numerical mathematics,1986,2(3-5):347-377.

[26] JAMESON A.Analysis and design of numerical schemes for gas dynamics,Ⅰ: artificial diffusion,upwind biasing,limiters and their effect on accuracy and multigrid convergence[J].International journal of computational fluid dynamics,

1995,4 (3-4):171-218.

[27] WANG X H. Tidal-induced sediment resuspension and the bottom boundary layer in an idealized estuary with a muddy bed[J]. Journal of physical oceanography,2002,32(11):3113-3131.

[28] MELLOR G,YAMADA T.A hierarchy of turbulence closure models for planetary boundary layers[J]. Journal of the atmospheric sciences, 1974, 31(7): 1791-1806.

[29] van RIJN L C.Sedimentation of dredged channels by currents and waves[J]. Journal of waterway, port, coastal and ocean engineering, 1986, 112(5): 541-559.

4 基于“天河一号”的全动力过程泥沙输移数值模拟系统

4.1 全动力过程泥沙输移模拟的需求与瓶颈

数值模拟技术随着数值方法和计算机技术的不断进步逐渐由概化、粗放化、趋势性、理论性研究向精细化、定量化、过程性研究发展,作为与理论研究、物理模型试验研究、现场观测研究等研究手段并行的研究方法,其在各行各业研究领域中占据越来越重要的地位和作用。在我国海岸河口重大工程需求的牵引下,对泥沙输移数值模拟技术也提出更高的要求,探究复杂环境下泥沙运移过程和细节、揭示泥沙运动时空特征等,使得泥沙输移数值模拟向系统化发展,需要多种模型的紧密配合。

海岸河口基本的动力因素主要包括潮汐(潮流)、波浪、径流和大气。其中,潮汐(潮流)、波浪、径流为水动力要素,大气是更为宏观层面的动力要素。以往数值模拟研究中,常“以点代面”,用某测站实测值或概化值代表整个计算区域,如风、径流因素等;或者“以定常代历时”,用某一定常场代表计算区域时空变化过程,如风、波浪因素等。在这些概化过程中,很多细节难以得到真实反映,也忽略了某些因素的影响,例如以上简化方法难以反映气压变化对水动力的影响,而气压是风暴潮模拟中十分重要的影响因素。因此,精细化、过程化的泥沙输运数值模拟首先要求全面包含各种动力因素和要素,同时也要求作为驱动力的各因素必须是精细化和过程化的。

当前,在大气模型、波浪模型以及水流模型均较为成熟的条件下,实现全动力过程泥沙输移三维数值模拟,满足工程研究实践要求,还需要面对和解决以下问题。

4.1.1 大计算量问题

全动力过程泥沙输移三维数值模拟对计算量的需求是巨大的,普通桌面式以及小型服务器式计算机难以满足需求。计算量的增加主要体现在以下几方面。

1)维度增加对计算量的需求

相比二维,仅三维泥沙模型本身的计算量就成倍增加;同时要求水流模型也必须是同等网格尺度的三维模型,计算量又在泥沙模型计算量上成倍增加。当前主流的大气模型也都是三维模型,其计算量非普通计算机能够完成。

2)网格精度增加对计算量的需求

精细化数值模拟要求所有模型网格必须达到一定精度,特别是对于某些工程问题,其复杂的固边界条件以及空间尺度,要求网格空间精度达到米级。网格尺度的缩小,一方面带来计算节点的增加,另一方面要求采用更小的计算时间步长。这都会导致计算量成几何式增加。

3)复杂模式对计算量的需求

精细化数值模拟不仅仅是空间网格尺度精细的要求,还要求反映更详细和准确的物理过程,这要求各个模型要选取相对复杂的模式和参数计算方法。例如,水流模型的湍流闭合方程,不宜采用零方程模型、一方程模型,需要采用双方程模型或者更为复杂的二阶矩模型。模式和重要参数计算方法复杂程度的增加,同样也会增加对计算量的需求。

4.1.2 计算效率问题

全动力过程泥沙输移三维数值模拟应用于工程研究实践,要求满足工程研究计算方案组次多、受其他工作节点限制研究周期短的特点,因此对数值模拟的效率提出更高的挑战。除了需要提高计算速度外,还需要具备充足的计算资源,满足同时开展多项计算的需求。

4.1.3 大存储量问题

三维空间维度、精细的网格精度要求、大量计算方案组次、多种模型等方面都对计算结果的存储量提出高要求。例如,单就中等规模三维潮流泥沙模型计算结果文件约 100GB 而言, 10 个算例就达到 TB 级别。随着计算组次的增多,再加上大气、波浪等模型的结果数据,对存储提出了较高的要求。虽然现在存储技术不是瓶颈问题,但其经济成本随着容量的增大而增加,需要考虑的主要是存储在研究成本中所占的比例,只有经济合理的费效比,才能促进全动力过程泥沙输运三维数值模拟系统在工程研究中的利用和推广。

4.1.4 大后处理量问题

计算完成后下一步工作是对结果数据进行分析。仅就大小为 100G 的单个结果文件看,普通桌面系统的内存就难以应付,更难以满足高效率处理的需求。因此,大后处理量及高处理效率对计算机、后处理软件和处理策略的高要求是提升整个研究效率的重要方面。

4.1.5 多模型自动化无缝联合运行问题

实现全动力过程数值模拟要求每一种动力都必须通过相应的数学模型计算来完成。工程研究中方案比选常需要批量化计算,这要求多个模型能够在同一计算平台上实现自动化无缝联合运行。这需要解决模型自动联合运行、数据类型差异、系统环境需求差异、模型间数据传递等问题。

4.2 全动力过程模拟技术的实现

全动力主要包括大气、波浪、潮汐(潮流)和径流四方面。这里分别通过三个模型构建动力过程:大气运动过程利用 WRF 模型模拟,波浪运动过程利用 SWAN 模型模拟,潮汐(潮流)和径流利用 FVCOM 模型模拟。其中需要根据第 3 章第 4 节泥沙对水流的反作用内容对 FVCOM 模型的水动力部分进行改进。

4.2.1 大气模型

采用新一代天气研究与预报 WRF 模型来模拟台风风场。WRF 模式系统是由美国大气研究中心(NCAR)、美国大气海洋局(NOAA)等研究部门及大学的科学家共同参与开发研究的新一代中尺度预报模式与同化系统。WRF 具有可移植、易维护、可扩充、高效率等诸多特性。WRF 模式系统应用广泛,可用于数值天气预报的研究与业务化、数据同化、小规模的气候模拟以及大气—海洋模式的耦合和理想个例的数值模拟研究等。

主要使用的是 WRF 模型中由 NCAR 开发的高级研究动力框架 ARW。WRF-ARW 是一个完全可压的非静压模式;采用地形跟随的静压坐标;控制方程组写为通量形式;水平网格采用 Arakawa C 网格,提高了高分辨率模拟的准确性;时间积分采用三阶 Rungc-Kutta 时间分裂积分计算组次。下面介绍 WRF-ARW 的控制方程组。

WRF-ARW 动力框架积分采用完全可压的非静压欧拉通量形式的方程组。模式方程采用地形追随的质量垂直坐标。地形追随的静压垂直坐标 η 定义为:

$$\eta=(p_{\mathrm{h}}-p_{\mathrm{ht}})/\mu \tag{4-1}$$

式中,$\mu=p_{\mathrm{hs}}-p_{\mathrm{ht}}$;$p_{\mathrm{h}}$ 为气压的静力平衡分量;p_{hs} 和 p_{ht} 分别为地形表面和模式顶的气压。这种传统形式的 σ 坐标被广泛地应用于许多静压大气模式中。

在地形追随的静压垂直坐标系中,$\mu(x,y)$ 代表模型格点(x,y)处单位面积空气柱的质量。与此坐标相对应的保守量的通量形式可写作:

$$\boldsymbol{V}=\mu\boldsymbol{v}=(U,V,W),\ \Omega=\mu\bar{\eta},\ \Theta=\mu\theta \tag{4-2}$$

式中，$\boldsymbol{v}=(u,v,w)$为速度向量；$\bar{\eta}$ 为 η 坐标的垂直速度；θ 为位温。控制方程组中出现的非保守量包括位势 $\phi=gz$、大气压强 p 和空气比容 $\alpha=1/\rho$ 等。

利用以上的变量，通量形式的欧拉方程组可写成如下的形式：

$$\partial_t U+(\nabla\cdot \boldsymbol{V}u)-\partial_x(p\phi_n)+\partial_n(p\phi_x)=F_{\mathrm{U}} \tag{4-3}$$

$$\partial_t V+(\nabla\cdot \boldsymbol{V}v)-\partial_y(p\phi_n)+\partial_n(p\phi_y)=F_{\mathrm{V}} \tag{4-4}$$

$$\partial_t W+(\nabla\cdot \boldsymbol{V}w)-g(\partial_\eta p-\mu)=F_{\mathrm{W}} \tag{4-5}$$

$$\partial_t \Theta+(\nabla\cdot \boldsymbol{V}\theta)=F_{\Theta} \tag{4-6}$$

$$\partial_t \mu+(\nabla\cdot \boldsymbol{V})=0 \tag{4-7}$$

$$\partial_t \phi+\mu^{-1}[(\boldsymbol{V}\cdot\nabla\phi)-gW]=0 \tag{4-8}$$

方程组满足静力平衡的诊断关系：

$$\partial_\eta \phi=-\alpha\mu \tag{4-9}$$

和气体状态方程：

$$p=p_0\left(R_{\mathrm{d}}\theta/p_0\alpha\right)^{\gamma} \tag{4-10}$$

式(4-3)～式(4-10)中下标 x、y 和 η 代表对它们的偏微分；而

$$\nabla\cdot \boldsymbol{V}a=\partial_x(Ua)+\partial_y(Va)+\partial_\eta(\Omega a),\boldsymbol{V}\cdot\nabla a=U\partial_x a+V\partial_y a+\Omega\partial_\eta a$$

式中，a 为任意变量；$\gamma=c_{\mathrm{p}}/c_{\mathrm{v}}=1.4$ 为干空气的定压比热和定容比热之比；R_{d} 为干空气气体常数；p_0 为参考压强(通常取为$10^5\mathrm{Pa}$)；方程右边项 F_{U}、F_{V}、F_{W} 和 F_{Θ} 为由模型物理、湍混合、球面投影和地球旋转等导致的强迫项。

4.2.2 波浪模型

为了模拟风作用下波浪场，这里采用SWAN模型。其控制方程为动谱平衡方程：

$$\frac{\partial}{\partial t}N+\frac{\partial}{\partial x}C_x N+\frac{\partial}{\partial y}C_y N+\frac{\partial}{\partial\sigma}C_\sigma N+\frac{\partial}{\partial\theta}C_\theta N=\frac{S}{\sigma} \tag{4-11}$$

式中，σ 为波浪的相对频率(在随水流运动的坐标系中观测到的频率)；θ 为波向(各谱分量中垂直于波峰线的方向)；C_x、C_y 分别为 x、y 方向的波浪传播速度，C_σ、C_θ 分别为 σ、θ 空间的波浪传播速度；N 为动谱密度；S 为能量平衡方程中的源项。

式(4-11)左端第一项表示动谱密度随时间的变化率，第二项和第三项分别表示动谱密度在地理坐标空间中传播时的变化，第四项表示由于水深变化和潮流引起的动谱密度在相对频率 σ 空间的变化，第五项表示动谱密度在谱分布方向 θ 空间的传播(即由水深变化和潮流引起的折射)。式(4-11)右端 $S(\sigma,\theta)$ 是以动谱密度表示的源项，包括风能输入、波与波之间的非线性相互作用和由于底摩擦、白浪、水深变浅引起的波浪破碎等导致的能量耗散，并假设各项可以线

性叠加。式(4-11)中的传播速度均采用线性波理论计算。

$$C_x=\frac{\mathrm{d}x}{\mathrm{d}t}=\frac{1}{2}\left[1+\frac{2kd}{\sinh(2kd)}\right]\frac{\sigma k_x}{k^2}+U_x \tag{4-12}$$

$$C_y=\frac{\mathrm{d}y}{\mathrm{d}t}=\frac{1}{2}\left[1+\frac{2kd}{\sinh(2kd)}\right]\frac{\sigma k_y}{k^2}+U_y \tag{4-13}$$

$$C_\sigma=\frac{\mathrm{d}\sigma}{\mathrm{d}t}=\frac{\partial\sigma}{\partial d}\left[\frac{\partial d}{\partial t}+\vec{U}\cdot\nabla d\right]-C_g\vec{k}\cdot\frac{\partial\vec{U}}{\partial s} \tag{4-14}$$

$$C_\theta=\frac{\mathrm{d}\theta}{\mathrm{d}t}=\frac{1}{k}\left[\frac{\partial\sigma}{\partial d}\frac{\partial d}{\partial m}+\vec{k}\cdot\frac{\partial\vec{U}}{\partial m}\right] \tag{4-15}$$

式中,$\vec{k}=(k_x,k_y)$为波数;d 为水深;$\vec{U}=(U_x,U_y)$为流速;s 为沿 θ 方向的空间坐标;m 为垂直于 s 的坐标,算子$\partial/\partial t$ 定义为:$\frac{\mathrm{d}}{\mathrm{d}t}=\frac{\partial}{\partial t}+\vec{C}\cdot\nabla_{x,y}$。

通过数值求解式(4-11),可以得到风浪从生成、成长直至风后衰减的全过程;也可以描述在给定恒定边界波浪时,波浪在近岸区的折射和浅水变形。

4.2.3 水流动力模型

潮汐(潮流)和径流因素利用 FVCOM(Finite Volume Coastal Ocean Model)模型模拟。该模型主要由美国马萨诸塞大学海洋科技研究所开发,水平方向采用非结构化三角形网格,垂直方向采用 σ 坐标变换,数值方法采用有限体积法,能够很好地应用于具有复杂地形、边界和建筑物的河口海岸水域,较好地保证了质量、动量、盐度和热量在数值离散时的守恒性。

1)控制方程

FVCOM 基于自由表面的三维原始控制方程,能够考虑波浪对水流作用的动量方程为:

$$\frac{\partial u}{\partial t}+u\frac{\partial u}{\partial x}+v\frac{\partial u}{\partial y}+w\frac{\partial u}{\partial z}-fv=-\frac{1}{\rho_0}\frac{\partial p}{\partial x}+\frac{\partial}{\partial z}\left(K_\mathrm{m}\frac{\partial u}{\partial z}\right)-\frac{1}{\rho_0 h}\left(\frac{\partial S_{xx}}{\partial x}+\frac{\partial S_{xy}}{\partial y}\right)+F_\mathrm{u} \tag{4-16}$$

$$\frac{\partial v}{\partial t}+u\frac{\partial v}{\partial x}+v\frac{\partial v}{\partial y}+w\frac{\partial v}{\partial z}+fu=-\frac{1}{\rho_0}\frac{\partial p}{\partial y}+\frac{\partial}{\partial z}\left(K_\mathrm{m}\frac{\partial v}{\partial z}\right)-\frac{1}{\rho_0 h}\left(\frac{\partial S_{yx}}{\partial x}+\frac{\partial S_{yy}}{\partial y}\right)+F_\mathrm{v} \tag{4-17}$$

$$\frac{\partial p}{\partial z}=-\rho g \tag{4-18}$$

式中,x、y、z 分别为笛卡尔坐标系下东西方向、南北方向以及垂向的坐标;u、v 分别为水平方向的东分量速度和北分量速度;w 为垂向速度;g 为重力加速度;t 为时间;ρ_0 为水体参考密度;ρ 为水体密度;p 为静水压力;f 为科氏参数;K_m 为垂向涡黏系数;S_{xx}、S_{xy}、S_{yx}和 S_{yy}为波浪辐射应力张量;F_u 和 F_v 分别为水平动量扩散系数;h 为水深。

连续性方程为:

$$\frac{\partial u}{\partial x}+\frac{\partial v}{\partial y}+\frac{\partial w}{\partial z}=0 \tag{4-19}$$

垂向采用σ 坐标变换:

$$\sigma=\frac{z-\zeta}{H+\zeta}=\frac{z-\zeta}{D} \tag{4-20}$$

式中,ζ 为自由表面;H 为海床相对于基准面的距离。因此,$D=H+\zeta$ 为总水深,σ 坐标的变化范围为[-1,0]。

2)紊流闭合模型

水动力方程中的垂向涡黏系数通过紊流模型获得。本模型选用目前三维水动力模式中应用广泛的 Mellor-Yamada 2.5 阶模式,该模式考虑了紊动动能和混合长的局部变化率、紊流能量的水平和垂直输送以及紊流能量的垂直扩散作用。控制方程如下:

$$\frac{\mathrm{d}q^2}{\mathrm{d}t}=\frac{\partial}{\partial x_j}\left(\varepsilon_{q,j}\frac{\partial q^2}{\partial x_j}\right)+\frac{2\varepsilon_{q,z}}{H^2}\left(\frac{\partial u_i}{\partial \sigma}\right)^2+\frac{2g\varepsilon_{\mathrm{sali},z}}{\rho_0 H}\frac{\partial \rho}{\partial \sigma}-\frac{2q^3}{B_1 l} \tag{4-21}$$

$$\frac{\mathrm{d}q^2 l}{\mathrm{d}t}=\frac{\partial}{\partial x_j}\left(\varepsilon_{q,j}\frac{\partial q^2 l}{\partial x_j}\right)+\frac{E_1 l\varepsilon_z}{H^2}\left(\frac{\partial u_i}{\partial \sigma}\right)^2+E_1E_3 l\,\frac{g\varepsilon_{\mathrm{sali},z}}{\rho_0 H}\frac{\partial \tilde{\rho}}{\partial \sigma}-[1+E_2\ (l/kL)^2]\frac{q^3}{B_1} \tag{4-22}$$

式中,$q^2/2$ 为紊动能量;l 为紊动长度尺度;$\varepsilon_{q,j}=[\varepsilon_{q,x},\varepsilon_{q,y},\varepsilon_{q,z}H^{-2}]$为紊动能量的扩散系数;$\frac{\partial \tilde{\rho}}{\partial \sigma}\equiv\frac{\partial \rho}{\partial \sigma}-\frac{1}{v_s^2}\frac{\partial p}{\partial \sigma}$;$v_s$为声速;$E_1$、$E_2$、$E_3$、$B_1$为常系数;$H$ 为平均水深;k 取 0.4;L 为中间参数。

3)定解条件

(1)自由水面边界条件

在 $z=\zeta(x,y,t)$时,应满足如下边界条件:

$$K_m\left(\frac{\partial u}{\partial z},\frac{\partial v}{\partial z}\right)=0 \tag{4-23}$$

$$w=\frac{\partial \zeta}{\partial t}+u\,\frac{\partial \zeta}{\partial x}+v\,\frac{\partial \zeta}{\partial y} \tag{4-24}$$

(2)底部边界条件

在 $z=-H(x,y,t)$时,应满足如下边界条件:

$$K_m\left(\frac{\partial u}{\partial z},\frac{\partial v}{\partial z}\right)=\frac{1}{\rho_0}(\tau_{bx},\tau_{by}) \tag{4-25}$$

$$w=-u\frac{\partial H}{\partial x}-v\frac{\partial H}{\partial y} \tag{4-26}$$

式中，$(\tau_{bx},\tau_{by})=C_d\sqrt{u^2+v^2}(u,v)$ 是 x、y 方向的底摩擦系数。

(3)侧边界条件

侧边界条件可分为闭边界与开边界两种。

闭边界条件：岸线或建筑物边界可视为闭边界，即边界不透水，水质点沿切向可自由滑移，则其边界条件可表示为：

$$\frac{\partial\vec{u}}{\partial\vec{n}}=0 \tag{4-27}$$

式中，$\vec{u}$ 为水平速度矢量；$\vec{n}$ 为固壁边界的外法线方向。

开边界条件：在开边界处强加自由表面水位。

(4)动边界条件

对于动边界的处理，FVCOM 将干湿网格技术引入三维非结构网格的模式，在 σ 坐标的底层加入黏性边界层厚度(h_C)，并定义干湿网格判断标准如下：

对于格点，$D=H+\zeta+h_B>h_C$ 为湿点，$D=H+\zeta+h_B\leqslant h_C$ 为干点；

对于三角形网格，$D=H+\min(h_{B,i},h_{B,j},h_{B,k})+\max(\zeta_i,\zeta_j,\zeta_k)>h_C$ 为湿网格；$D=H+\min(h_{B,i},h_{B,j},h_{B,k})+\max(\zeta_i,\zeta_j,\zeta_k)\leqslant h_C$ 为干网格。

上式中，h_B 为岸线高度；i、j、k 分别为三角形的三个顶点编号。

4)温、盐度输运方程

温、盐度输运方程为：

$$\frac{\partial T}{\partial t}+u\frac{\partial T}{\partial x}+v\frac{\partial T}{\partial y}+w\frac{\partial T}{\partial z}=\frac{\partial}{\partial z}\left(K_h\frac{\partial T}{\partial z}\right)+F_T \tag{4-28}$$

$$\frac{\partial S}{\partial t}+u\frac{\partial S}{\partial x}+v\frac{\partial S}{\partial y}+w\frac{\partial S}{\partial z}=\frac{\partial}{\partial z}\left(K_h\frac{\partial S}{\partial z}\right)+F_S \tag{4-29}$$

式中，T 为温度；S 为盐度；K_h 为垂向扩散系数；F_T 为温度水平扩散项；F_S 为盐度水平扩散项。

4.2.4 各动力模型的耦合与相互作用

大气、波浪、水流间的相互作用通过不同模型之间数据交换和迭代计算来实现。从图 4-1 中可见，大气模型 WRF 提供了 10m 高处的风场数据(U_{10},V_{10})给波浪模型和海洋模型，同时还为海洋模型提供了表面风压力(Stress_U,Stress_V)、热通量(Net_Heat)、大气压(Air_pressure)、降雨量(Precipitation)。波浪模型 SWAN

将其考虑风场影响后计算得到的结果,包括有效波高(Hs)、波向(Dir)、破波周期(Rtp)、波长(Wlen)、底轨速度(Ubot)和底波周期(TMbot)提供给海洋模型FVCOM。海洋模型FVCOM在综合考虑了WRF风场和SWAN波浪场提供的数据后进行模拟计算,并将得到的水位(Zeta)和流速(U_a,V_a)数据反馈给波浪模型,为SWAN进一步计算波浪场更新数据。最后,使用波浪模型和海洋模型分别为泥沙模型提供考虑相互影响的波浪场和潮流场,计算波流共同作用下的底部切应力和垂向扩散系数等参数,最终实现全动力过程驱动的泥沙输运模拟。

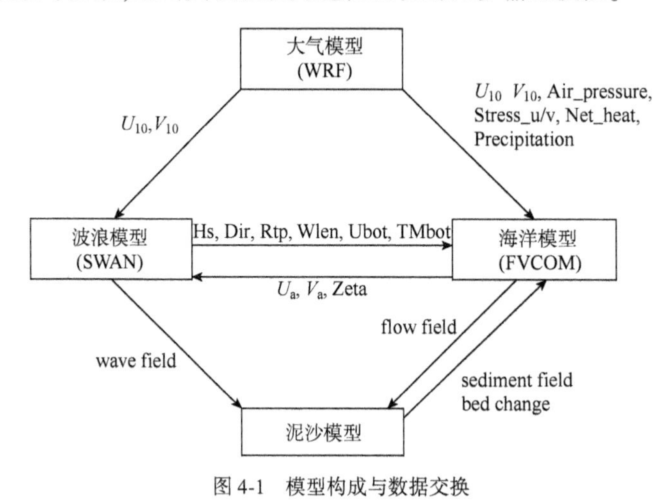

图4-1 模型构成与数据交换

4.3 我国超级计算机的发展与普及

全动力过程模拟与三维空间计算对计算量和计算效率要求极高,以往研究采用桌面计算系统以及普通服务器系统难以满足需求。近些年并行计算技术以及我国超级计算机的发展与普及应用为这一需求提供了支撑条件。

并行计算技术从20世纪70年代开始快速发展,到80年代出现了蓬勃发展和百家争鸣的局面,90年代体系结构框架趋于统一。2000年以来,受重大挑战计算需求的牵引和微处理器及商用高速互联网络持续发展的影响,高性能并行机得到了前所未有的大踏步发展。

在2010年11月世界超级计算机TOP 500排名中,我国"天河一号"超级计算机首次位列世界第一,这标志着我国自主研制超级计算机的综合技术水平进入世界领先行列。此后,"天河二号"超级计算机自2012年起已在TOP 500榜单上连续六度位列世界第一(每半年更新一次排名)。2016年由中国自主芯片制造的“神威—太湖之光”(图4-2)取代“天河二号”登上世界第一的宝座,其每秒最高能够进行9万3千兆次浮点运算,是排名第二的“天河二号”的三倍,是排名第三的美国橡树岭国家实验室泰坦超级计算机的五倍。至此,在TOP 500排名中,我国拥有超级计算机达167台,首次超过美国(165台),排名第三的日本仅为29台。TOP 500委员会给出这样的评价:“在超级计算机发展史上,没有一个国家能像中国这样取得如此巨大、快速的进步。”

a)“天河一号”

b)“天河二号”

c)“神威—太湖之光”

图4-2 TOP500排名第一的我国超算系统

本研究团队自2012年起开始利用“天河一号”开展水沙数值模拟研究工作,解决了多项基金和工程研究问题,不断提升和完善所用模型,积累了大量经验。

4.4 基于“天河一号”的模拟系统构建与优化

海岸河口全动力过程泥沙输移模拟具有尺度大、时间跨度长等特点,采用基于网格离散式的CFD计算方法存在着计算量大、计算周期长的问题,这也限制了整个数值模拟的计算精度、计算规模和应用能力。因此,将现有计算程序与高性能计算技术相结合,充分利用超算平台的计算能力,提升程序计算效率及精度是必经之路。课题组将三个模型同时部署在“天河一号”超算平台,构建全动力过程泥沙输移模拟系统,解决了程序优化编译、程序间数据交换、大数据存储、高效后处理、远程操作等技术问题,为研究工作的开展奠定了基础。

4.4.1 “天河一号”超级计算平台的优势与特性

“天河一号”超级计算机作为国家超级计算天津中心的主业务计算机,自2010年开始对外服务以来,取得了广泛的应用。截至目前,累计服务科研、企业、政府机构用户数已超过1000家,主要用户遍布全国近三十个省、自治区、直辖市,应用涉及生物医药、基因技术、航空航天、天气预报与气候预测、海洋环境模拟分析、航空遥感数据处理、新材料、新能源、脑科学、天文等诸多领域。“天河一号”上每天运行的研发任务数超过1400项;累计支持国家、省部级重大项目超过1200项,涉及项目资金超过10亿元。支撑国家级、省部级奖励成果和包括Nature、Science在内的出版成果超过1500项。在支撑国家科技创新方面发挥了重要的作用。

可以说,“天河一号”超级计算机作为我国首台千万亿次超级计算机,不仅实现我国超级计算机性能上世界第一的突破,同时在异构计算机体系架构、高速互联通信、自主飞腾CPU芯片、自主操作系统等多个领域实现了技术创新突破,2014年底由于技术创新和应用创新,“天河一号”取得了国家科技进步特等奖。

“天河一号”高效能计算机系统,采用新型的CPU+GPU异构体系架构、自主的高速互联通信等世界领先的核心关键技术,具备超级计算能力、海量存储与处理能力、云计算能力及技术支持能力。其峰值性能达4700万亿次,持续性能2566万亿次(LINPACK实测值),计算处理系统包含7168个计算节点,每个计算节点包含2个CPU和1个GPU,内存总容量262TB,持续升级后存储总容量接近10PB,互连通信系统链路单向带宽80Gbps,具体参数如表4-1所示。

“天河一号”超级计算机配置 表4-1

内　容	配　置
处理器	14336 Intel X5670 CPUs(2.93GHz 6core)+7168 NVIDIA M2050 GPUs+2048 FT CPUs
内存	262TB in total
连接方式	Proprietary high-speed interconnecting network
存储容量	4PB
机柜容量	120 Compute, 14 Storage, 6 Communication

“天河一号”硬件系统主要由计算处理系统、互连通信系统、输入输出系统、监控诊断系统与基础架构系统组成，如图4-3所示。

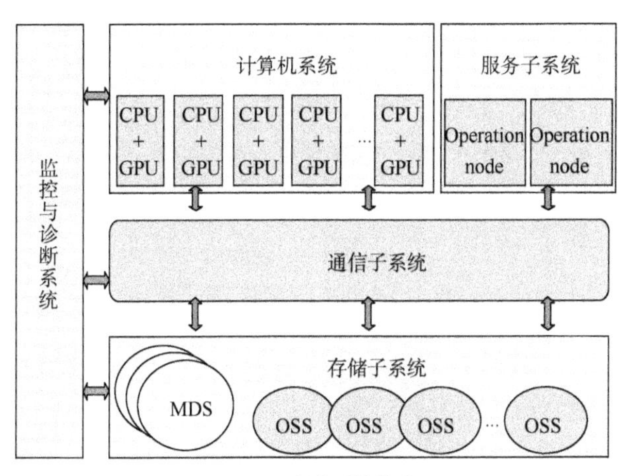

图4-3　硬件系统构成

软件系统主要由操作系统、编译系统、并行程序开发环境和科学可视化系统组成，如图4-4所示。输入输出系统采用Lustre全局分布共享并行I/O结构；操作系统采用64位LINUX；编译系统支持C、C++、Fortran77/90/95、Java语言，支持OpenMP、MPI并行编程，支持异构协同编程框架，可高效发挥CPU和GPU的协同计算能力。

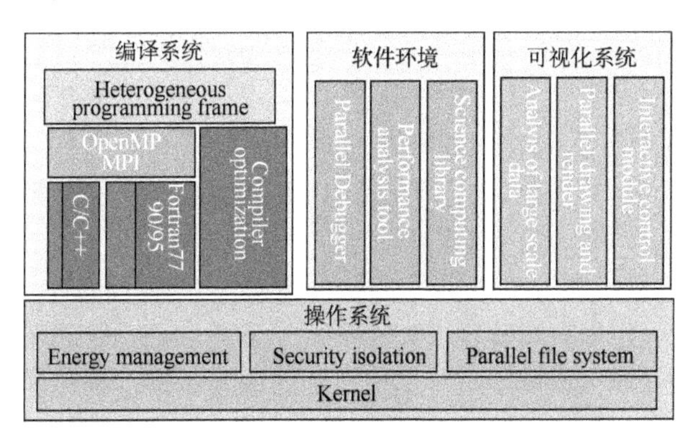

图4-4　软件系统构成

“天河一号”超级计算机的最主要特征是异构性，这种异构性表现在整个超级计算系统由分散且完整独立的计算单元组成，每个计算单元可能是同构处理单元，也可能是异构处理单元，同时都有自己的操作系统。每个计算单元在系统中称为一个节点,这些节点组成一个资源池,每个资源具有不同的特性,表现在不同处理类型和处理器上,各资源间的通信结构也不一定相同,因为网络拓扑结构及通信延迟不一定相同。这种异构环境可以为用户提供极大的灵活性,也可以更好地支撑海岸河口泥沙输移数值计算程序的高效运行。依托“天河一号”超级计算机的软硬件环境,联合“天河超级计算应用技术创新团队”构建全动力过程泥沙输移数值模拟系统,充分发挥“天河一号”的计算能力及在河口海岸工程中的应用能力,优化全动力过程泥沙输移数值模拟系统运行模式,提升模拟系统运行效率。

4.4.2 模拟系统构建

全动力过程泥沙输移数值模拟系统主要由大气模型、波浪模型、水动力模型等求解应用组成,这些求解应用都是以源代码的形式提供给使用人员进行编译使用,因而需要在“天河一号”平台上对所使用的程序进行编译以生成求解应用。本模拟系统主要涉及三大求解应用程序及一个通信中间件应用程序的编译部署,三大求解应用程序包括 WRF、SWAN 及 FVCOM,通信中间件为所开发的处理模型间数据交换的应用。

由于天河平台采用 64 位 LINUX 操作系统,本模拟系统所有的求解应用都需要采用 Linux 环境下用来构建和管理程序工程的命令工具进行编译部署。本课题组采用 GNU MAKE 工具来进行不同模型求解应用的编译工程管理,通过修改编写 WRF、SWAN 及 FVCOM 作为通信中间件的 Makefile 文件来完成整个模拟系统的应用编译部署,分别在各个应用的 Makefile 中按照 MAKE 工具语法指定所使用的编译器及编译选项,编写程序文件编译规则及流程,采用 make 指令进行应用的编译。同时在天河系统上测试了不同编译器及编译选项下大气模型、波浪模型、水动力模型的计算效率,以此选择匹配最优的编译器及编译优化选项。

考虑本模拟系统涉及多个求解应用的部署,编译时涉及不同应用 Makefile 文件的编写及修改,每修改程序文件或系统环境发生变化时就需要到对应的应用目录进行编译,非常不利于整个模拟系统的部署迁移及程序开发。本课题组基于 LINUX SHELL 脚本语言开发了全动力过程泥沙输移数值模拟系统自动化部署脚本,将不同应用的 Makefile 配置统一利用 SHELL 部署脚本进行修改,利用该部署脚本可实现本模拟系统不同应用的自动化编译部署,可极大地简化整个模拟系统的部署编译配置流程,便于提升开发过程模拟系统的重复部署效率。

在计算作业管理及任务调度方面，本模拟系统采用天津超算中心基于“天河一号”和 SLURM 自主开发的任务调度系统，该调度系统可结合静态及动态调度算法，使整个任务调度满足计算任务时间跨度最小的调度目标，从而使得整个计算业务系统能够高效运行。本课题组根据天河作业调度系统提交方式编写计算作业任务提交脚本，通过提交脚本完成批量作业的任务划分及自动化提交，同时对于任务的划分还考虑到节点之间的可并行性，根据不同节点的处理能力来指派任务，从而在时间上最优化地分配处理单元，能够达到整个模拟系统的高效运行。

4.4.3 模型系统运行与优化

1)全动力过程模拟的自动化

全动力过程的模拟涉及中尺度大气模型(WRF)、风浪模型(SWAN)、三维水动力模型(FVCOM)的计算数据耦合及交互，在天河平台上由于采用分布式计算，每个模型的计算都在独立的计算节点上完成，模型间的数据交互及计算迭代无法直接通过共享内存的方式在内存中直接实现。通过对模型耦合结构及数据交换的分析，将数据交换分为通过文件交换及内存交换两种形式，其中内存交换涉及计算节点间的通信结构设计，这主要体现在对计算模型源码的修改，基于天河自主 MPI 通信模式完成数据的自动交换，同时根据计算流程阻塞对应求解应用，待完成数据接收后继续计算。

通过文件交换的形式，由于涉及不同模型应用，无法自动地实现自动化，往往需要人为根据不同模型的计算需求进行人工操作，这样极大降低了模型的耦合计算效率。因此，依托天河计算平台，根据数据流在不同模型间的数据传输需求及流程，基于 LINUX SHELL 脚本语言定制化开发了全动力过程模拟的自动化运行脚本，通过脚本编写实现不同模型作业任务状态判断及数据生成状态检测，按照数据流动规则及全动力过程的迭代顺序，自动化启动模型应用计算，实现整个全动力过程模拟的自动化执行，减少人工干预，提升计算效率。

2)模型系统运行的容错机制

全动力过程模拟涉及多个计算模型的数据耦合及计算迭代，任何模型的计算任务出错都将导致整个全动力过程模拟的中断，这种计算任务出错除由于计算模型参数的配置不当导致外，还可能由于模型以外计算环境的变化导致，这种情况只需根据上一次保存的计算结果进行续算即可。因此本课题组根据不同的计算作业任务出错内容制定相应的处理方法，建立模拟系统的容错机制，通过编写作业任务运行状态监测脚本对作业计算过程进行监控，实现在出现非软件参数配置层面错误时的作业任务自动重启动,减少人工干预,提高算例的执行成功率。

同时利用"天河一号"超级计算机的计算资源监控平台,可实现对节点的性能、存储和通信等方面指标进行监控,了解所应用计算节点的运行状态,确保程序计算过程的完整性及持续性。

3)数据存储方式优化

结合全动力过程泥沙输移模拟中磁盘数据存储量大、数据 I/O 频繁的特征,充分利用"天河一号"高性能计算环境所采用的数据访存技术,如数据缓存调度、文件系统条带化、动态存储扩展与配置等存储技术,及数据高速缓存、冗余阵列配置和线下备份等层次式管理策略,高效实现大存储量数据的应用和管理,降低数据I/O对计算任务的时间消耗。

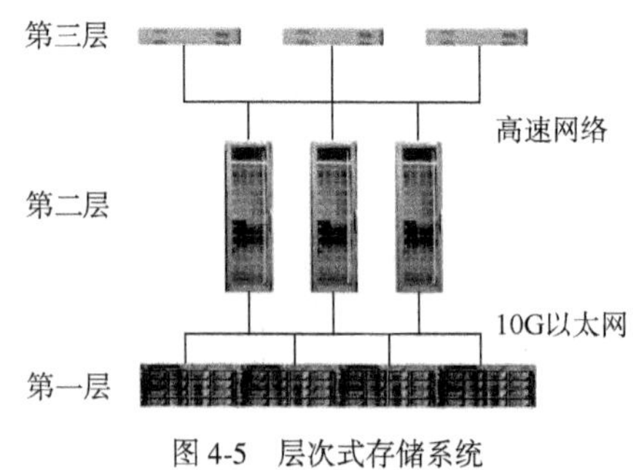

图 4-5　层次式存储系统

天津超算中心通过长期的服务,根据计算用户的存储需求,围绕"天河一号"超级计算机采用高效的多层次式和动态可扩展的海量存储技术,建立了三级存储系统用户数据的存储安全及高效访问,如图 4-5所示。

上述一级存储功能为实现海量数据的存储,支持大规模数据的长期静态存储;主要实现技术是采用相对独立的大容量存储节点,采用双副本的形式,多路径索引存储节点,多点备份。二级存储功能为存储待处理的数据,并提供数据的高速访问服务;采用基于 Lustre 的文件系统,通过天河等高速通信网,直接连接至超级计算机,实现对数据的快速访问和处理。三级存储功能为针对频繁访问数据提供超高速存储访问服务;充分利用设备的内存和高速 Cache 资源提供高速访问能力。

4)高效数据交换

针对全动力过程的模拟涉及的大气模型、波浪模型、水动力模型等计算数据耦合及交互的需求,开发各模型间数据通信中间件,实现数据通信统一接口,采用文件或内存通信两种方式实现所需数据在各个模型间的流动,这样可以有效地降低模型间数据通信的网络复杂度,提升整个数据通信网络的可扩展性,并可使模型开发人员不必再关心模型间的底层数据通信方式,而只需专心于模型的开发,提高模型开发研究效率。

同时,采用基于流域特征的任务分解方式,可以充分利用"天河一号"超级

计算机的分布式计算资源,针对基于物理概念的数值模拟方法的特点将一个大的任务区域分解成若干个子任务区域,然后对其进行并行求解。各子任务对应于一个相对独立的小流域,减少相互之间的信息交互,降低通信开销,同时将各个并行任务比较均衡地分布到不同的节点并行计算,使各节点的利用率最大。

对于基于区域分解的网格类数值模拟算法,区域边界数据交换效率将是制约程序并行效率提高的关键因素,尤其在大规模计算涉及跨节点并行时表现更为突出。本模型系统依托"天河一号"超级计算机所采用的由国防科技大学自主研制的天河高速互联网,可以有效地提升计算应用跨节点并行时的数据通信效率。由于结点之间的处理机只能依靠消息传递方式进行通信,因此对于基于消息传递的并行计算程序,本模拟系统采用天河自主 MPI 应用库,充分利用天河高速互联网络的通信能力,减少应用并行计算过程中的数据通信开销,提升计算程序的并行效率及可扩展性。

5)模型系统精度与效率的最优策略

全动力过程泥沙输移数值模拟系统涉及中尺度大气模型(WRF)、风浪模型(SWAN)、三维水动力模型(FVCOM)的计算及耦合,其中一个突出的特点就是每个模型针对的区域求解精度即所采用的计算网格尺度往往存在着较大的差别,每个模型的计算网格尺度都将影响整个全动力模拟系统的计算效率及精度,精细网格将降低模拟系统的计算效率,大尺度网格将降低模拟系统的求解精度,因而在模拟过程中必须找到求解效率与模型精度的最佳结合点。

对于此,本课题组充分利用"天河一号"大规模计算资源的优势,基于 LINUX SHELL 脚本语言开发了自动化模型区域求解精度选择脚本,该脚本主要实现了作业配置参数自动修改及计算任务自动循环提交,采用控制变量法逐步调整大气模型、风浪模型和泥沙模型的区域求解网格尺度,以获得给定求解精度下的各个模型的最优网格尺度,最终得到模型系统精度与计算效率的最优策略。

6)基于 Internet 的计算任务部署与管理

"天河一号"超级计算机的使用目前已经完全实现了基于 Internet 的网络化应用,用户可通过 SSH 服务登录到天河平台进行即时操作,同时天河平台也可以为用户提供更顶层的可视化云主机来进行数据的前后处理操作。通过 Internet 与天河平台进行通信的数据均采用了 VPN 进行数据加密,以保障用户数据的安全性。

本课题组基于"天河一号"的所有研发及计算任务均通过 SSH 服务连接至天河平台远程操作完成,包括整个全动力过程泥沙输移模拟系统的开发、构建、自动化运行以及作业任务的提交查看和结果后处理等。应用过程中可通过SSH服务向天河一号提交执行所开发的模拟系统应用脚本指令，天河系统接收到脚本运行请求后，会在登录节点上运行提交脚本，并根据脚本内容及需求向“天河一号”计算节点提交计算作业，天河一号的作业管理系统接收到作业请求后，会在作业队列中生成该作业；作业由作业管理系统调度完成，并且作业本身会调用SLURM并行程序对模型进行计算，所有作业信息均可通过SSH服务连接至天河平台进行查看及管理。采用基于Internet的计算任务部署与管理策略可以极大地降低对开发人员工作环境的要求，充分利用“天河一号”超级计算机的计算资源，使超级计算机的使用更加便捷，不再有地域的限制，可以使开发人员随时随地利用大规模计算资源进行模型开发及测试。

5 滨州港航道骤淤研究

5.1 项 目 概 况

5.1.1 项目背景

滨州港位于山东省滨州市套尔河口外，陆上距离黄骅港约 15km，海上最近处离黄骅港堤头仅 10km 左右。目前滨州港（图 5-1）已建成 3 万吨级航道，航道总长约 17.5km，0+000～0+946 段航道走向 203.60°～23.60°，0+946～17+500 段航道走向 244.50°～64.50°，航道有效宽度 120m，设计底高程-10.4m。

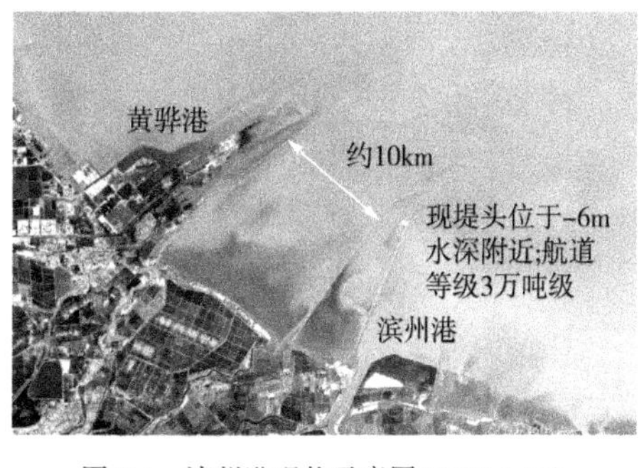

图 5-1 滨州港现状示意图(2016.3.26)

拟建滨州港 5 万吨级航道（图 5-2）自规划大宗干散货作业区南端起始，轴线方位角 216.22°～36.22°，至规划液体散货作业区北端后向东偏转 28.28°，后沿轴线方位角 244.50°～64.50°至外海，总长约31.2km，航道通航宽度 200m，航道通航底高程-12.0m。

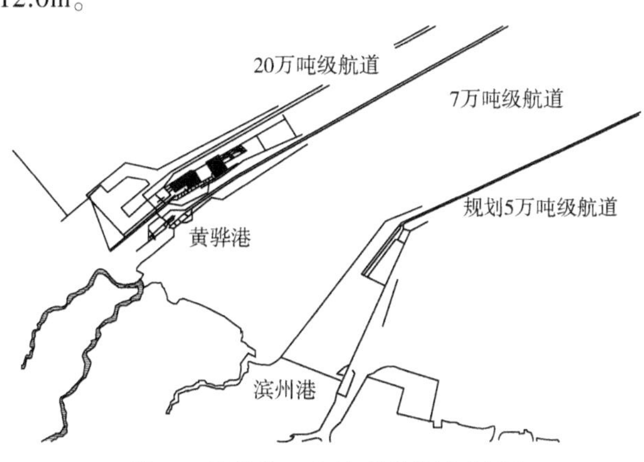

图 5-2 滨州港 5 万吨级航道位置示意图

滨州港位于典型粉沙质海岸,泥沙淤积问题,尤其是大风天形成的近底高浓度泥沙造成的骤淤问题是港口建设和发展的重要问题。其北侧紧邻的黄骅港建港较早,经历了严重的航道淤积,一度影响港口的正常运营。滨州港航道提升必须对泥沙淤积,特别是骤淤进行论证,对防沙堤的减淤效果进行评估,确定合理的堤头位置、堤顶高程等。

5.1.2 研究内容

(1)通过模型试验反演工程海区的水流状态,探究港区、航道的水流特征,定量分析不同方案航道流速、航道横流等内容。

(2)对不同堤头位置方案航道大风骤淤情况进行计算和分析,确定堤头位置。

(3)对不同堤高方案航道大风骤淤情况进行计算和分析,确定堤高布置形式。

(4)综合分析,给出推荐方案,对推荐方案的年淤积情况进行计算和分析。

5.1.3 研究意义

滨州港区位处典型粉沙质海岸,其泥沙运动极为活跃,海床泥沙易起易沉,航道骤淤问题显著。无风浪天气下,含沙量相对较低,航道淤积不强,但在大风作用下的一次性骤淤不容忽视;随风浪增强,近底部水体含沙量和骤淤强度均有较大提高。但不同大风条件所形成的水动力过程及其造成淤积的原因始终未得到明确、合理解答。

通过对滨州港航道骤淤问题的研究,探明不同大风条件下水动力过程,阐明航道骤淤原因,可为方案设计以及最终方案决策提供技术支撑和科学依据。

5.2 技术难点与特点

本项目研究的技术难点(特点)概括起来有三个方面:

(1)典型风暴潮发生时,大风过程的准确复演,即风场的准确计算。只有风场得到准确计算,才可为下一步风浪场及流场的计算提供正确外部动力条件。

(2)典型风暴潮发生时,增减水过程的复演,即风场与潮汐边界的联合驱动对潮波和流场的综合影响。只有准确、合理的流场解析,才能正确地驱动泥沙运移及运移量,进而直接影响骤淤问题的解析。

(3)典型风暴潮过程中,在滨州港海域水流结构的准确模拟及近底泥沙输移过程复演基础上,才能合理地预报及分析不同方案下的航道淤积。

5.3 模型建立与验证

5.3.1 模型建立

全动力过程的模型组成参见4.2节。

1)计算模式

为了充分考虑边界影响以及节省计算时间,采用大、小模型嵌套的计算模式,大模型主要用来调试外海潮汐边界。FVCOM模型在平面上采用三角形网格形式,因此可以通过局部加密网格实现重点区域精细计算,也可以通过稀疏网格概化非重点区域,减少计算量。

2)计算范围

为了合理考虑风的影响,大模型区域囊括整个黄海和渤海,并向南至浙江宁波(北纬29.5°),大模型外海开边界西起浙江宁波(东经122°),东至韩国(东经128°);小模型区域为东营海域。

3)计算域的确定和网格剖分

大、小模型采用三角形网格剖分计算域。大模型网格空间步长3000m,模型水深采用最新海图资料。

小模型水深资料采用2012年航保部最新版海图(1:150000)、2011年航保部最新版海图(1:35000)和工程水域实测CAD水深图。模型相邻网格节点最大空间步长为3000m,在工程附近水域进行局部加密,最小空间步长为35m。小模型计算区域及网格划分见图5-3。

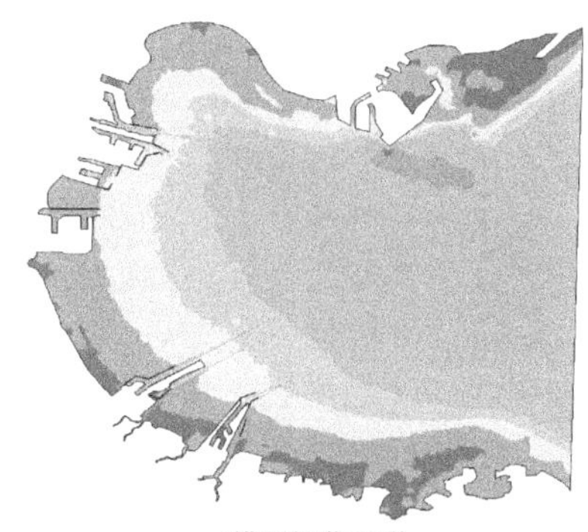

a)模型概化地形

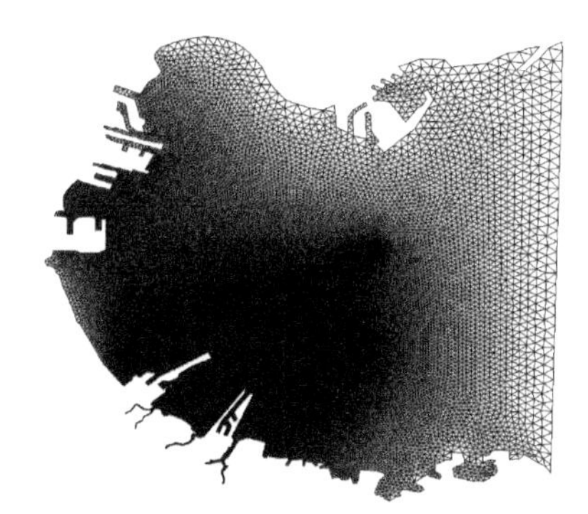

b)模型网格划分

图5-3 模型计算范围及网格划分

5.3.2 大气数学模型验证

采用2015年11月1日~10日大风资料对风场进行验证,本次大风以ENE风为主,9级以上大风8h,8级以上风持续48h,7级以上风持续54h。图5-4给出了该大风几个典型时刻的风场情况,图5-5给出了临近滨州的黄骅港气象站风速、风向验证情况。

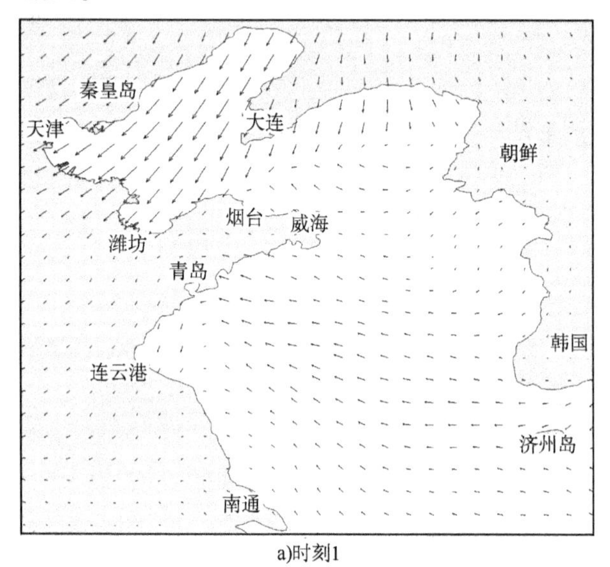

a)时刻1

b)时刻2

图 5-4

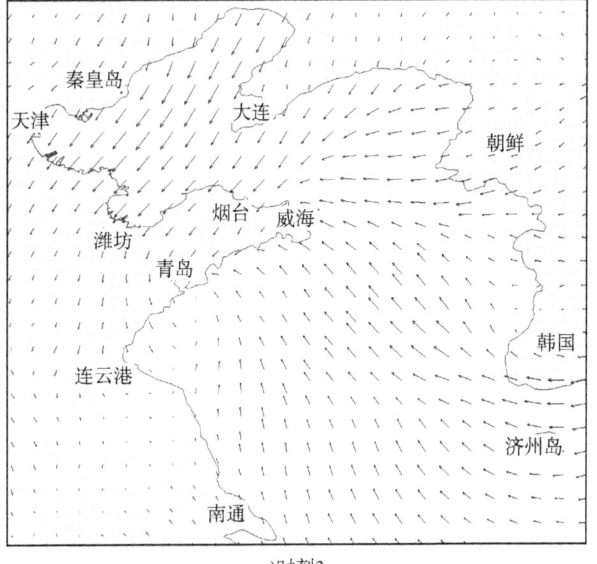

c)时刻3

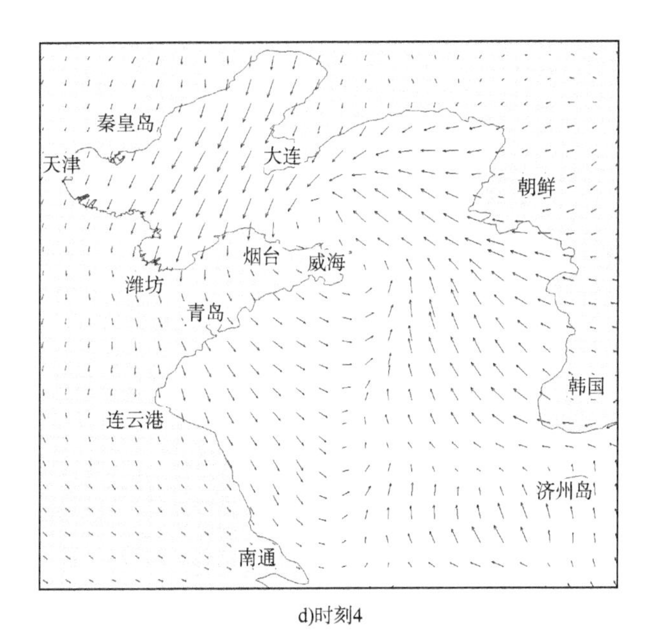

d)时刻4

图 5-4　2015 年 11 月 1 日 ~10 日大风风场

由图可见,本次计算与实测风速、风向结果符合良好,各测站的计算与实测流速在连续的变化过程中都比较接近,可为进一步计算分析提供动力条件。

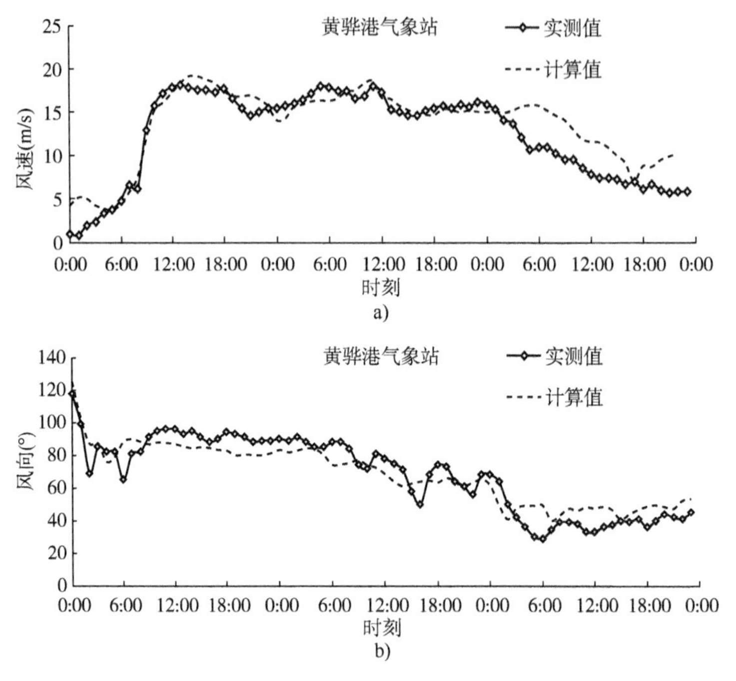

图 5-5 2015 年 11 月 1 日～10 日大风风场验证

5.3.3 波浪数学模型验证

本研究中参考临近的黄骅港波浪资料进行验证。图 5-6 给出了 2015 年 11 月大风形成的波浪场几个典型时刻的波高分布情况,图 5-7～图 5-11 中分别以 2003 年 10 月、2007 年 5 月、2008 年 9 月、2009 年 11 月和 2015 年 11 月大风为例,示意了模拟 $H_{1/3}$波高时间过程与实测值的验证情况(波浪测站位于黄骅港口门外约-7m的滩面)。

从整体来讲,所模拟波高反映了现场风浪的生成与发展主要规律,证明了所建风浪模型的有效性。可用所建波浪数学模型为泥沙数学模型的波浪输入条件。

5.3.4 潮流数学模型验证

采用 2014 年最新水文全潮资料对潮流场进行验证。水文全潮测站位置示意图见 5-12,图 5-13 给出了上述全潮测量中 3 个测站的大中小潮潮位验证情况,图 5-14给出了 9 个测站的流速、流向实测值与计算值比较情况。

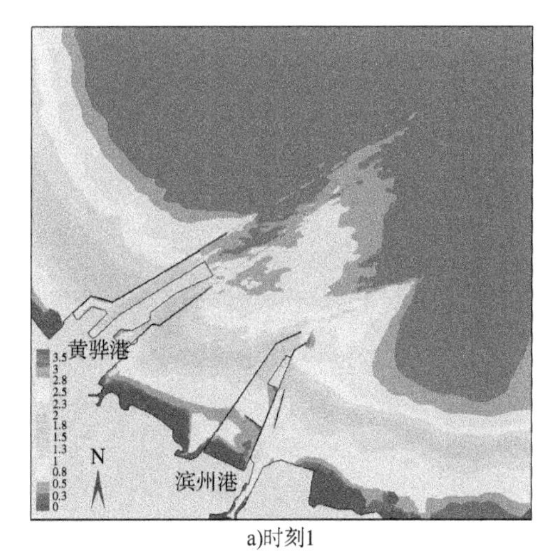

a)时刻1

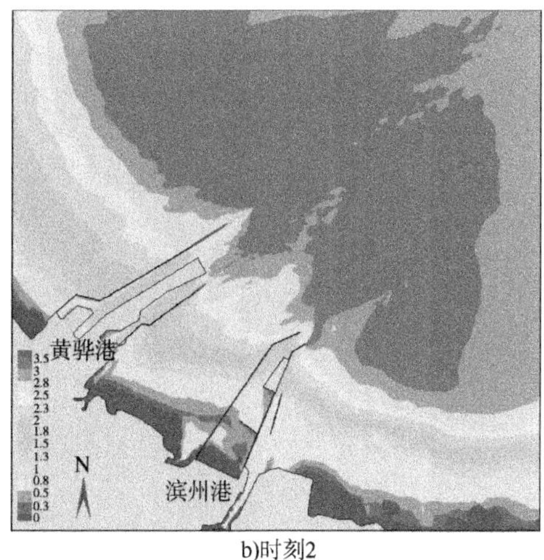

b)时刻2

图 5-6　2015 年 11 月 1 日 ~10 日大风形成的波浪场

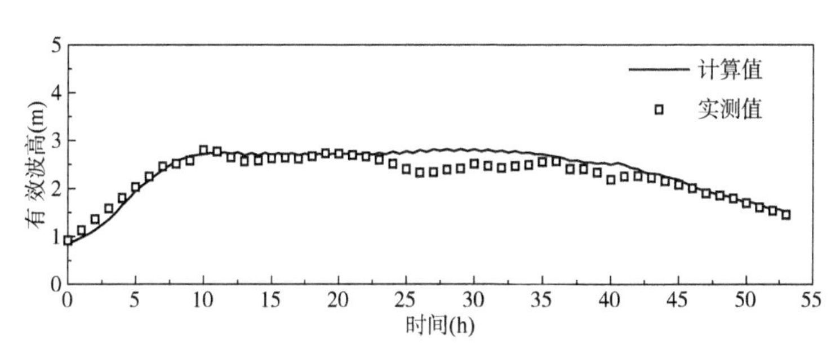

图 5-7　2003 年 10 月 10 日 ~14 日实测与计算有效波高比较

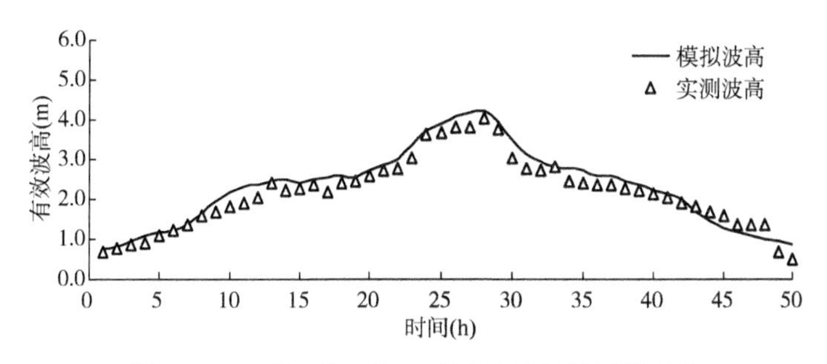

图 5-8　2007 年 5 月 8 日 ~10 日大风天有效波高的比较

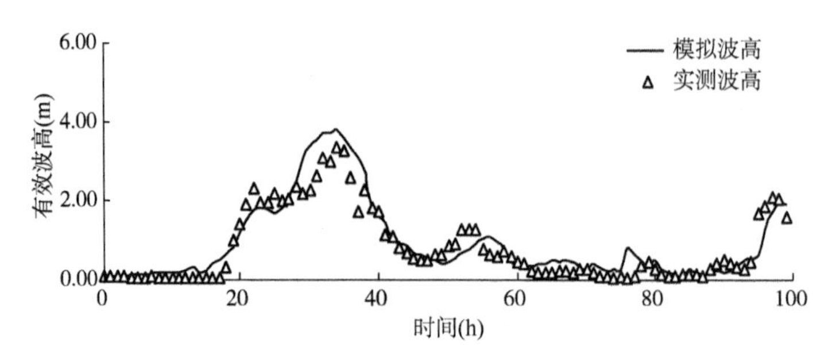

图 5-9 2008 年 9 月 21 日 ~24 日大风天有效波高的比较

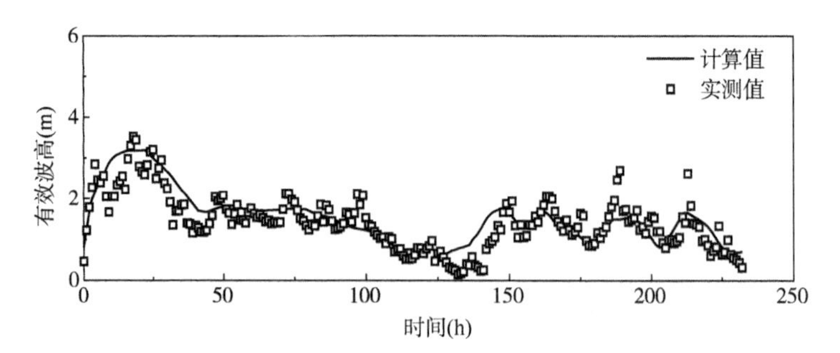

图 5-10 2009 年 11 月 8 日 ~19 日实测与计算有效波高的比较

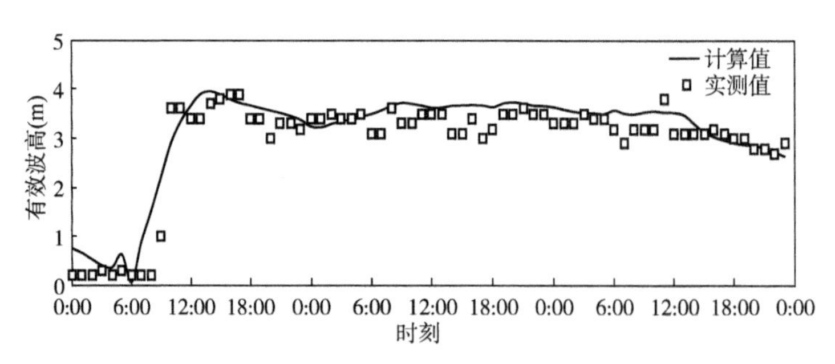

图 5-11 2015 年 11 月 5 日 ~8 日实测与计算有效波高的比较

由图可见，本次计算与实测潮位、流速、流向结果符合良好，各测站的计算与实测流速在连续的变化过程中都比较接近，工程水域内绝大部分测点验证结果符合交通运输部《海岸与河口潮流泥沙模拟技术规程》(JTS/T 231-2—2010)的要求，所建立的潮流模型比较全面地反映了工程区附近海域的流动规律，可进一步分析工程后流场情况。

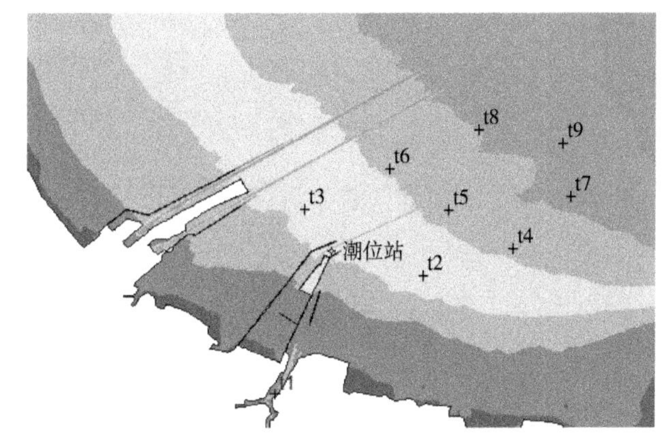

图 5-12 水文全潮测站位置示意图

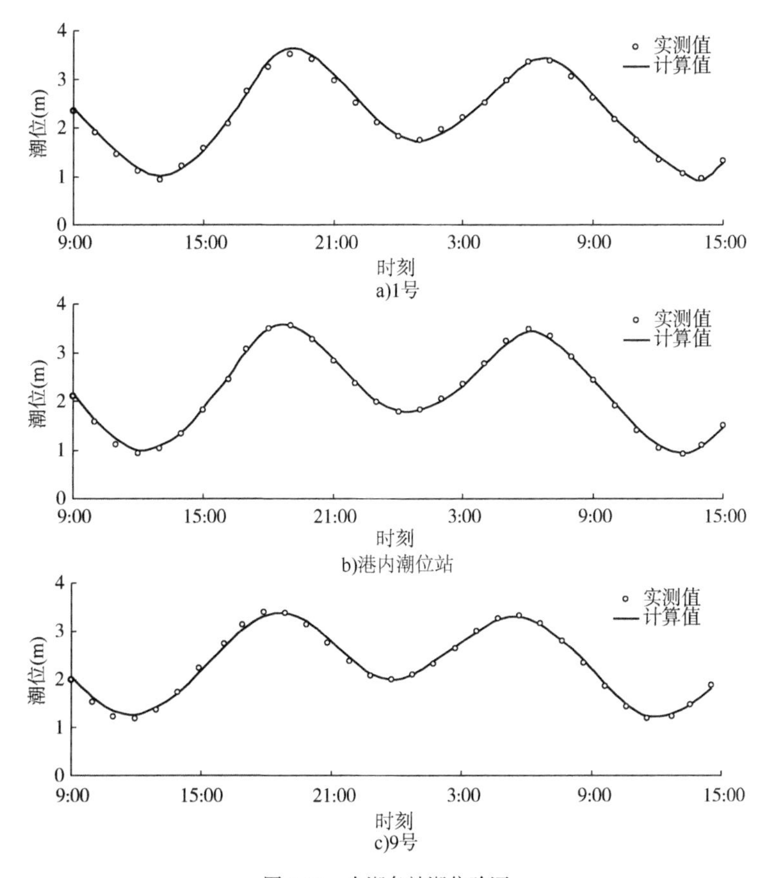

图 5-13 大潮各站潮位验证

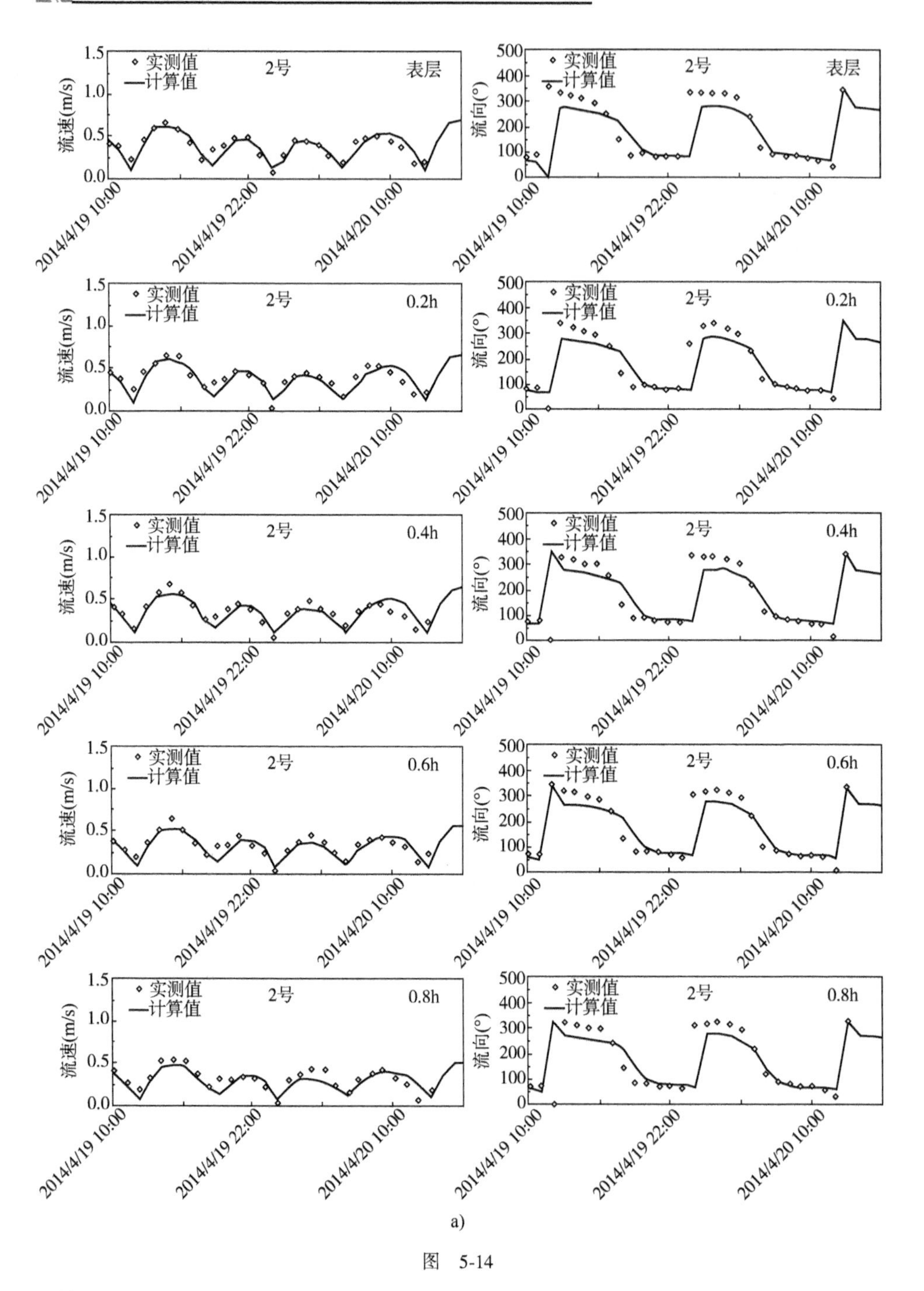
实测值
计算值
2号
表层
0.2h
0.4h
0.6h
0.8h
流速(m/s)
流向(°)
2014/4/19 10:00
2014/4/19 22:00
2014/4/20 10:00

a)

图 5-14

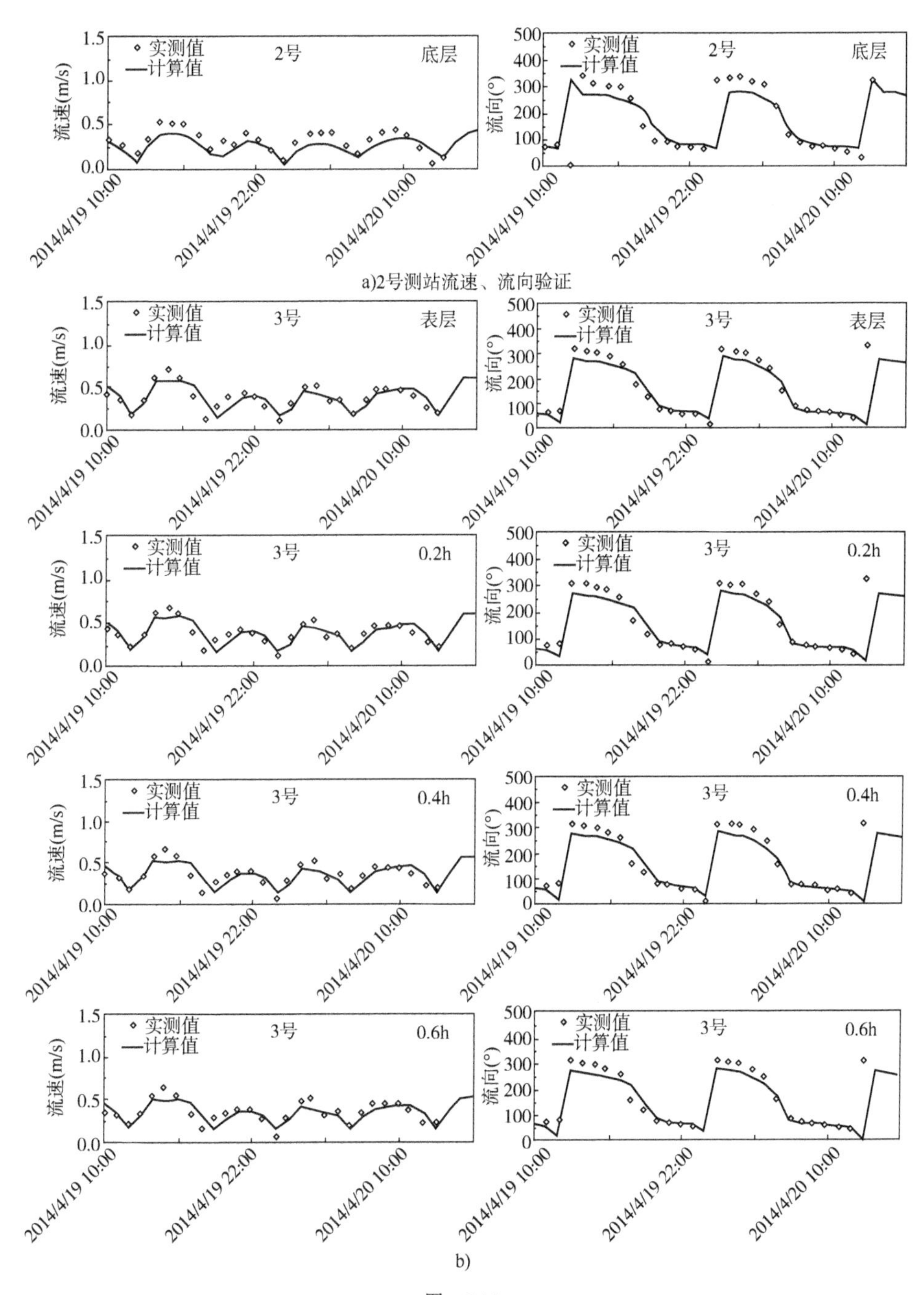

a)2号测站流速、流向验证

b)

图 5-14

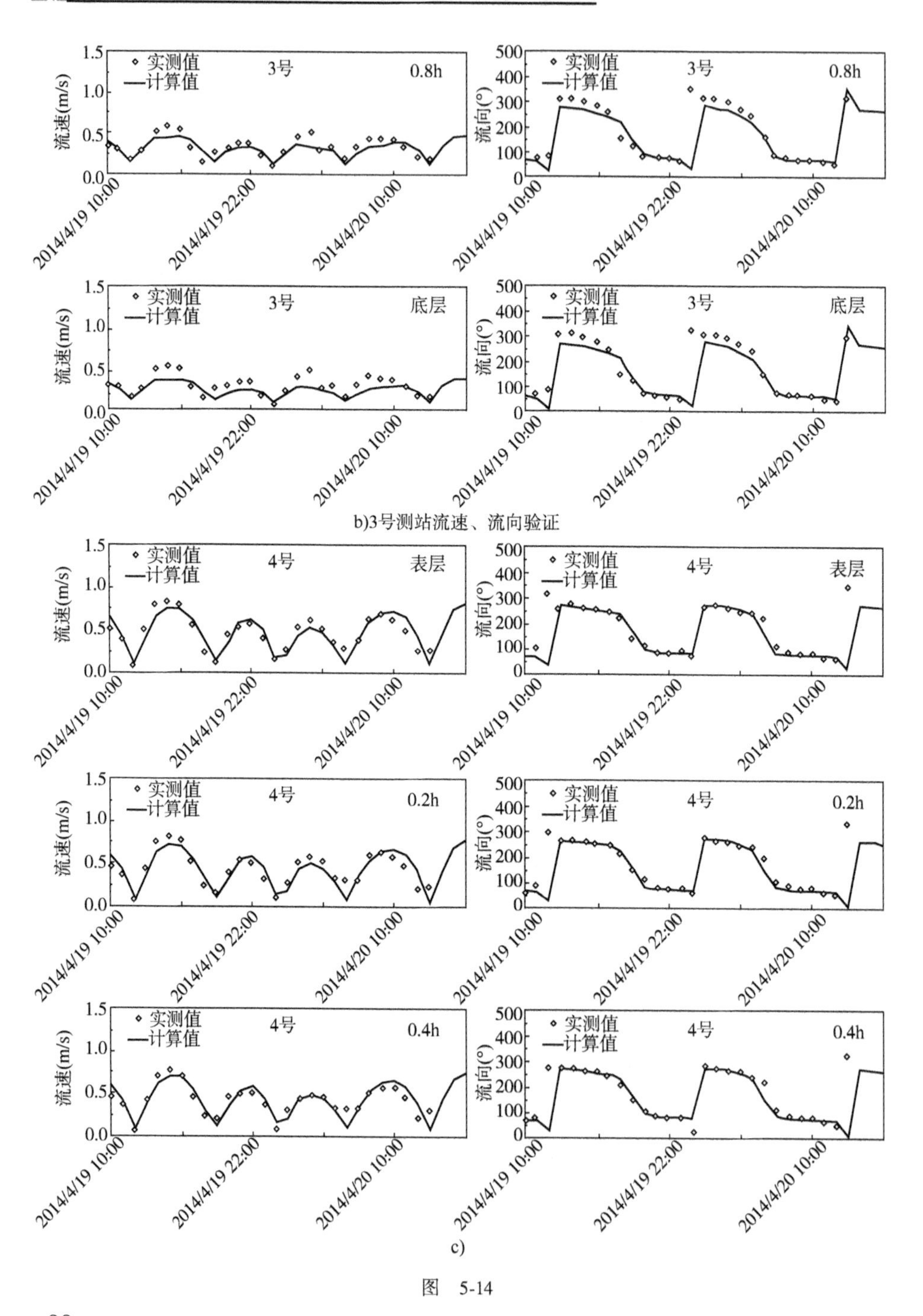
实测值
计算值
3号
0.8h
底层
流速(m/s)
流向(°)
2014/4/19 10:00
2014/4/19 22:00
2014/4/20 10:00
b)3号测站流速、流向验证
4号
表层
0.2h
0.4h
c)

图 5-14

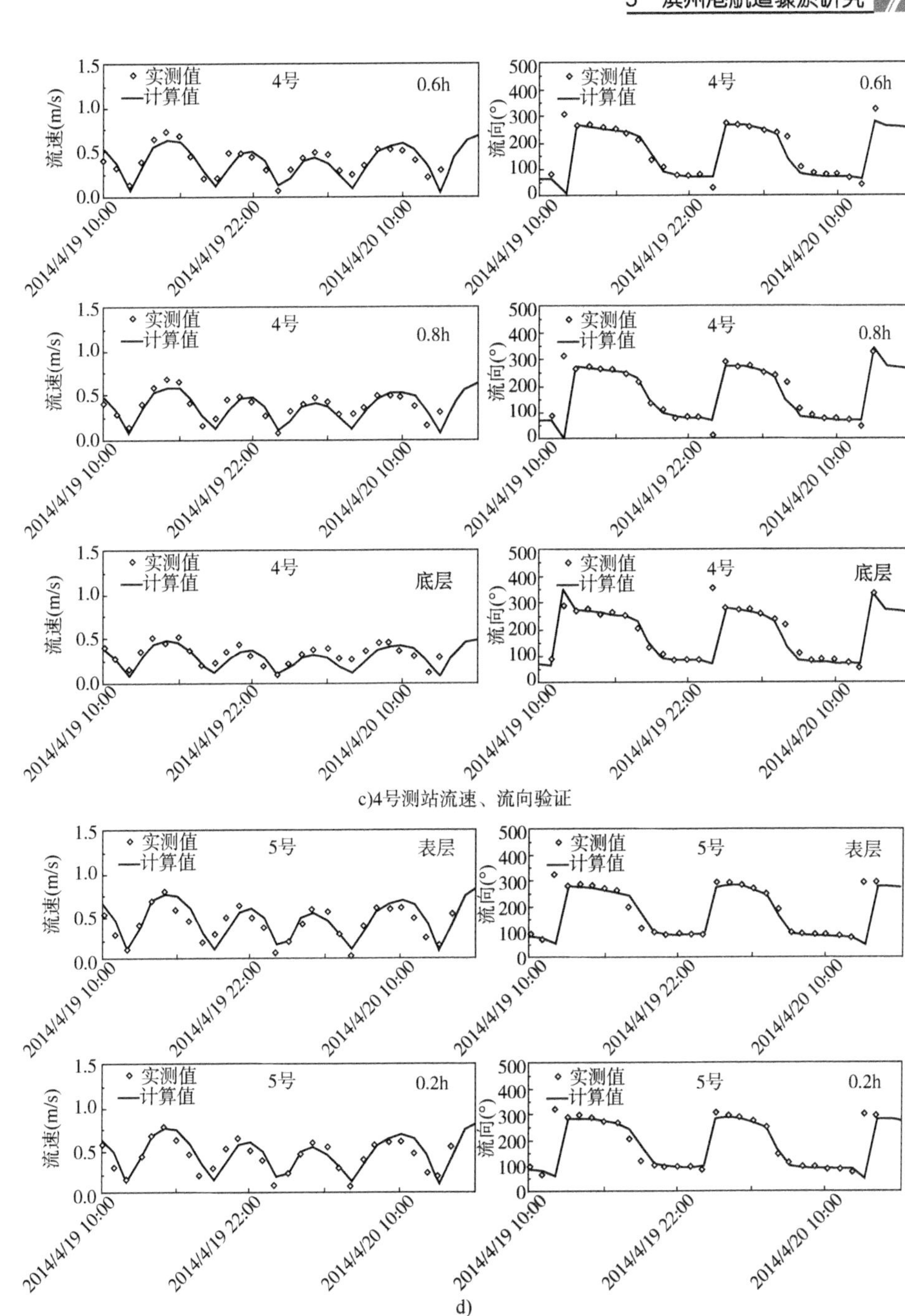

c)4号测站流速、流向验证

d)

图 5-14

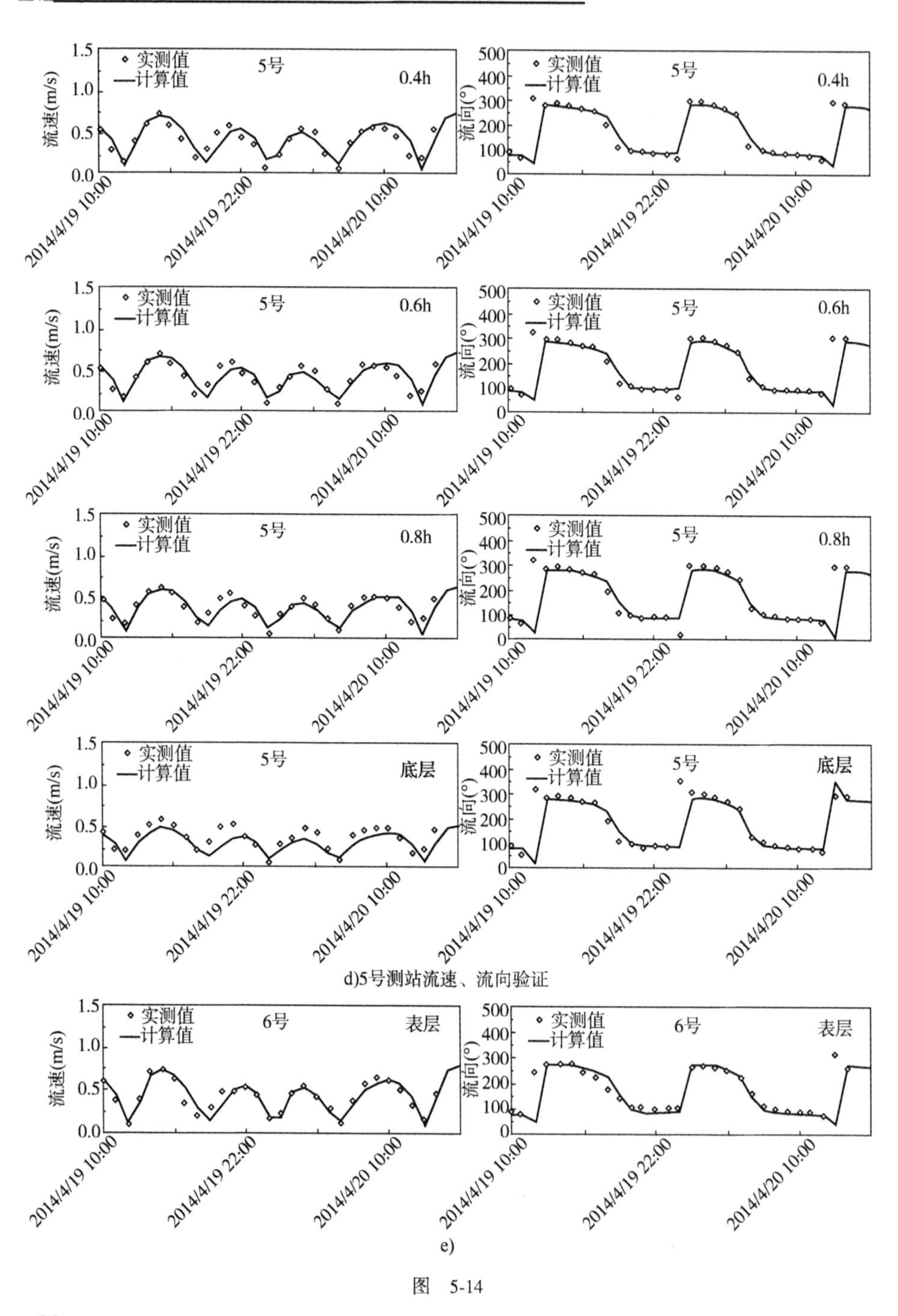

d)5号测站流速、流向验证

e)

图 5-14

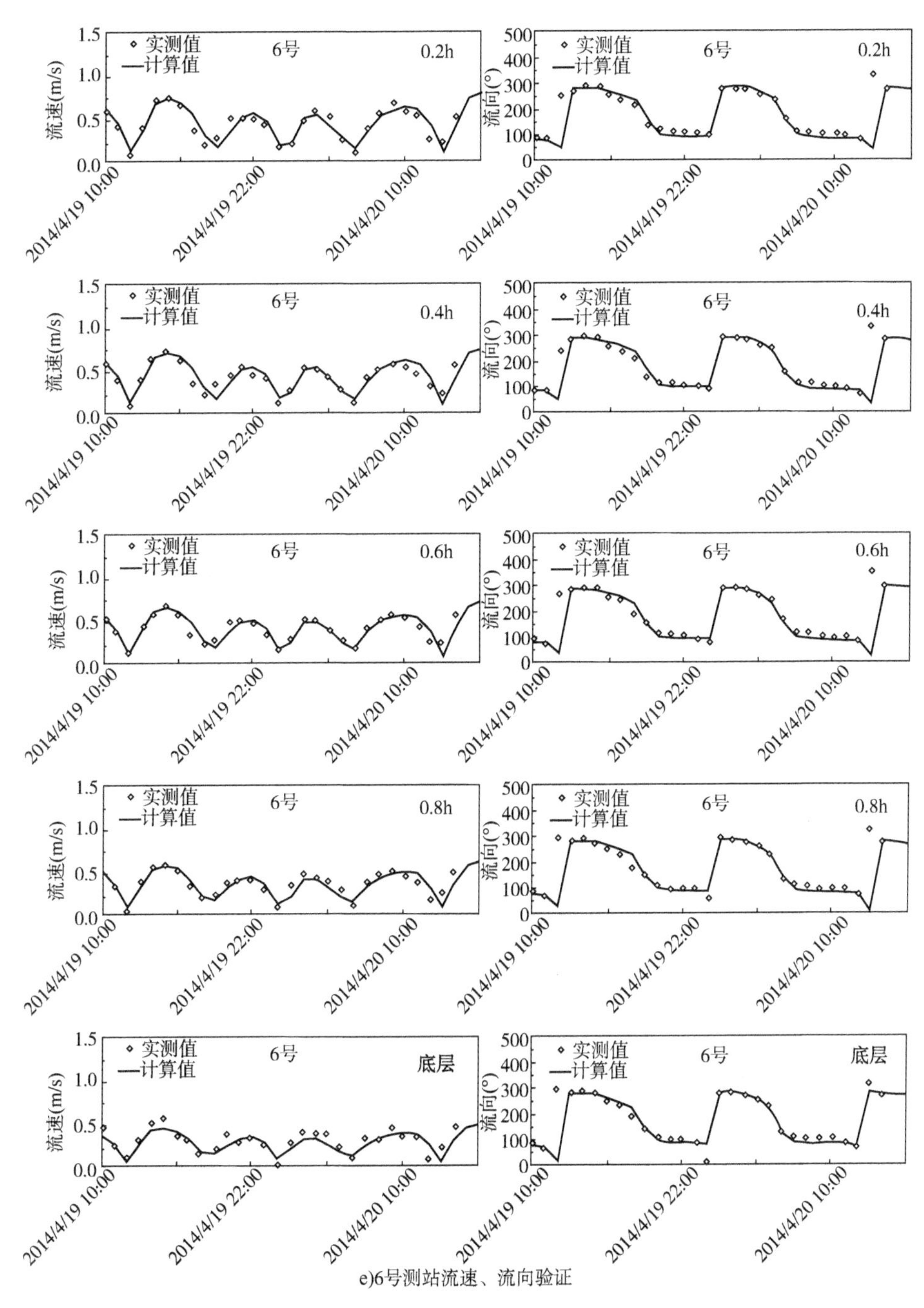

e)6号测站流速、流向验证

图 5-14

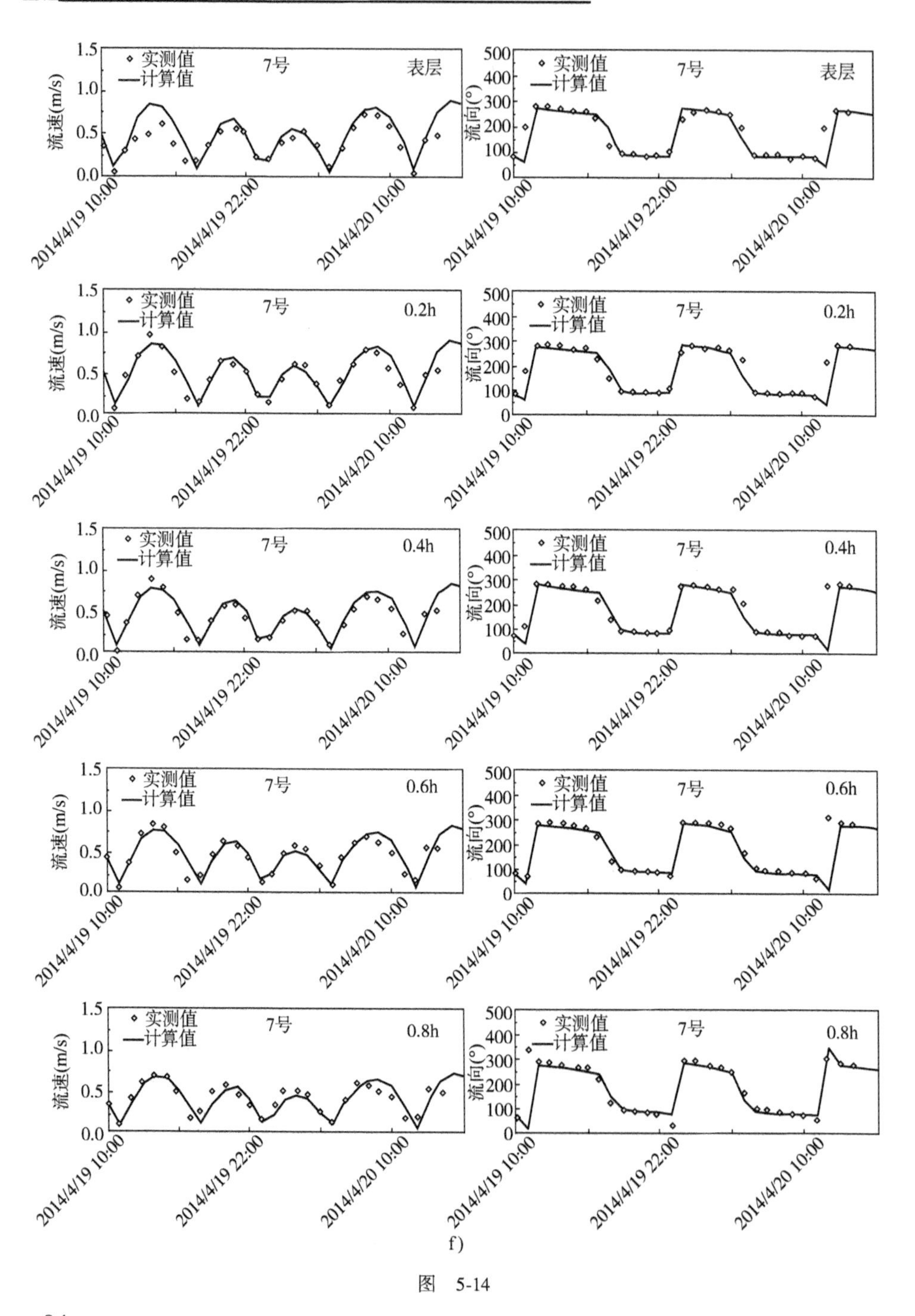

实测值
计算值
7号
表层
0.2h
0.4h
0.6h
0.8h
流速(m/s)
流向(°)
2014/4/19 10:00
2014/4/19 22:00
2014/4/20 10:00

f)

图 5-14

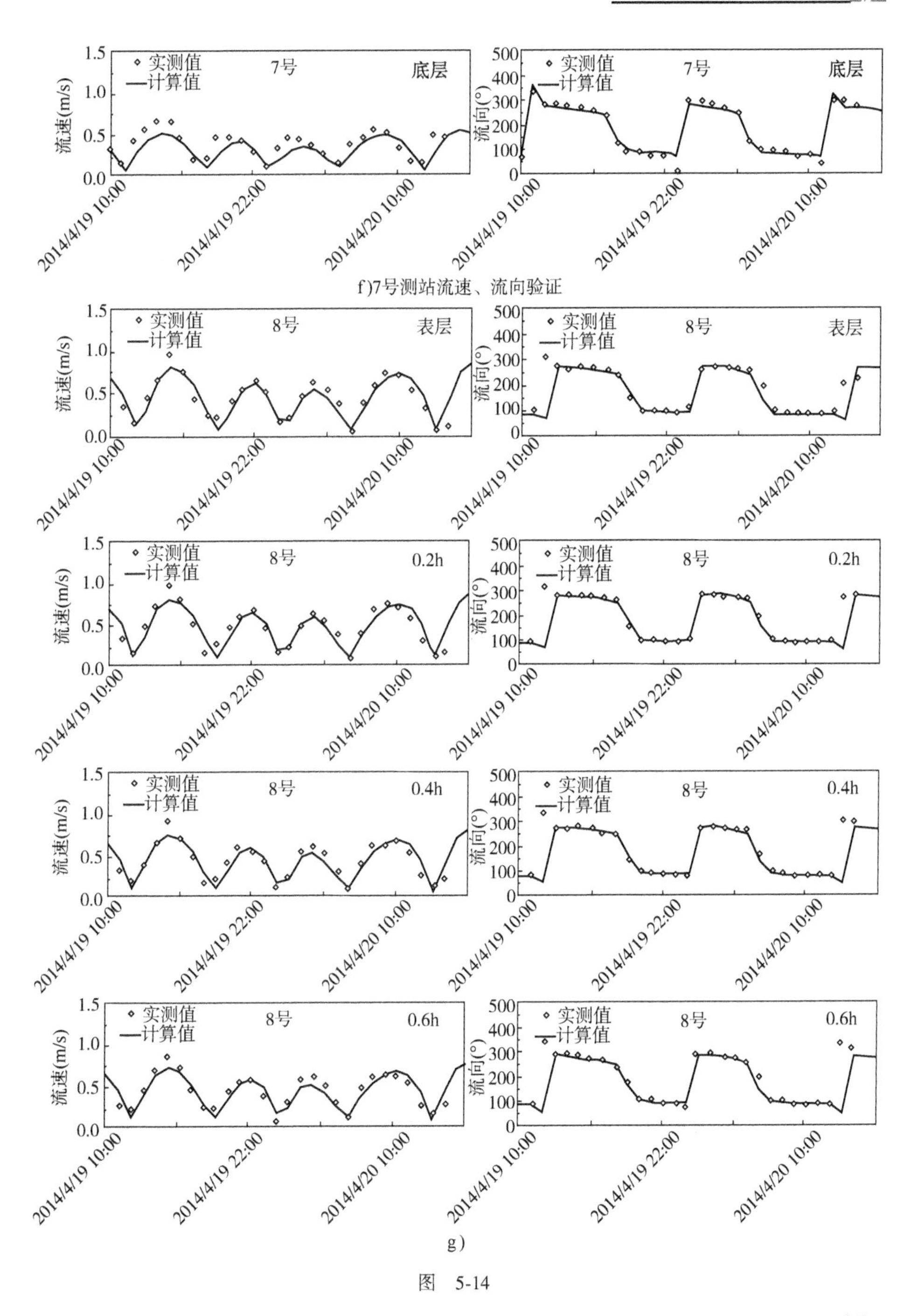
实测值
计算值
7号
底层
流速(m/s)
流向(°)
f)7号测站流速、流向验证
8号
表层
0.2h
0.4h
0.6h
2014/4/19 10:00
2014/4/19 22:00
2014/4/20 10:00

g)

图 5-14

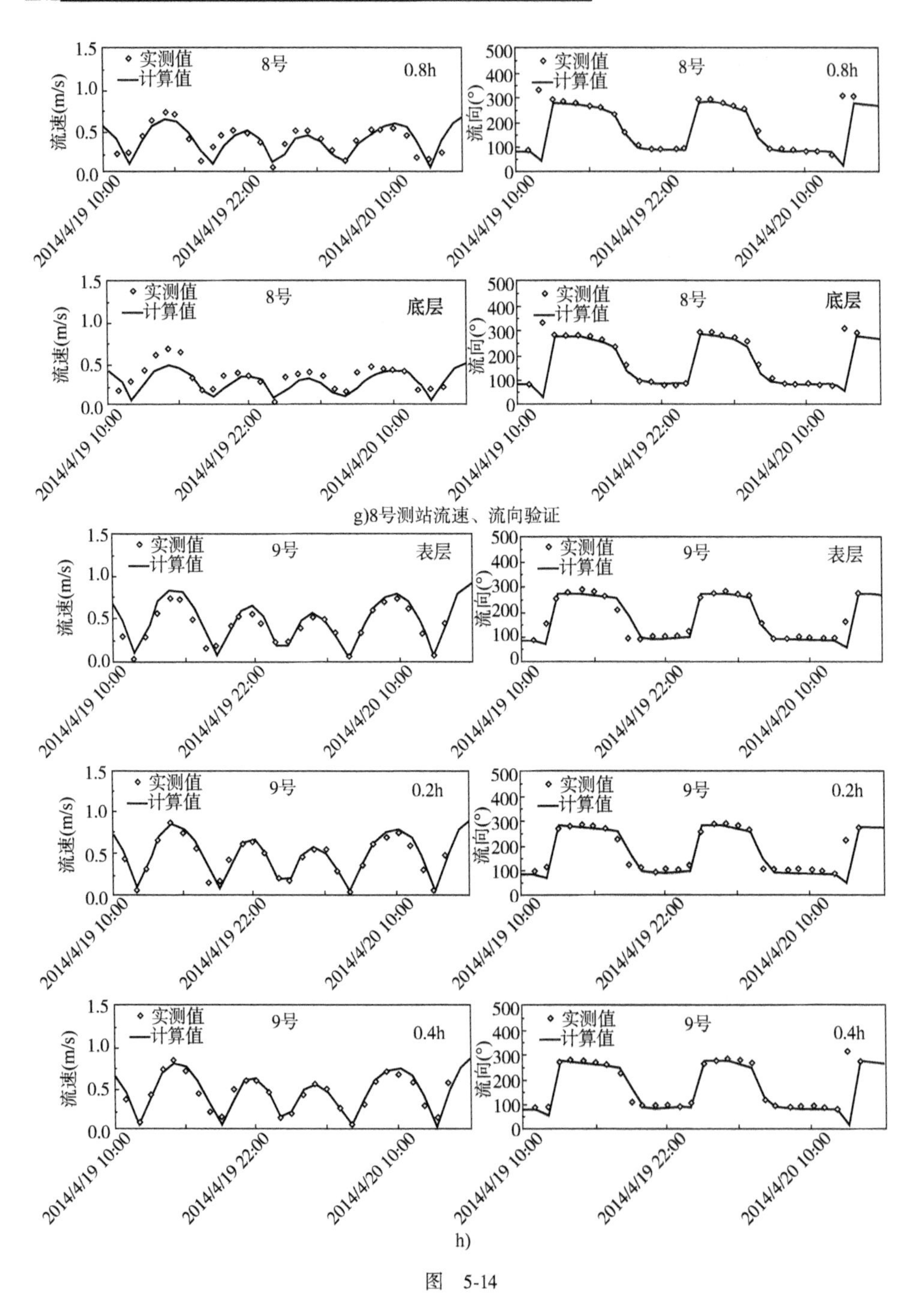

g)8号测站流速、流向验证

h)

图 5-14

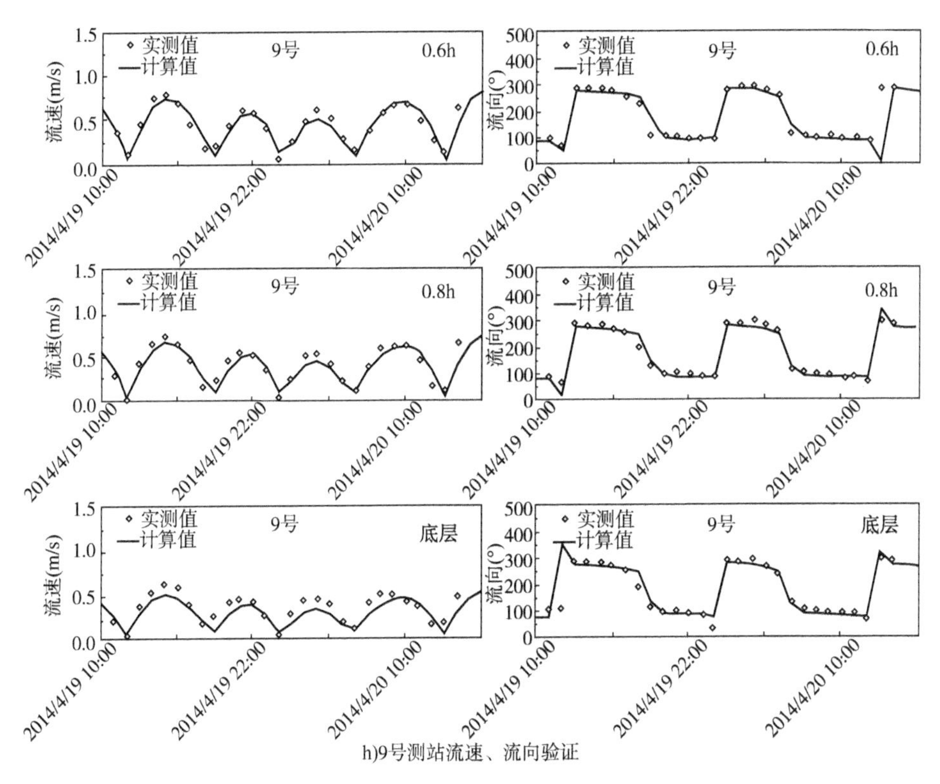

h)9号测站流速、流向验证

图 5-14 大潮各站各层流速、流向验证

5.3.5 风暴潮潮位验证

本次研究中采用2015年11月3日~10日曹妃甸港、黄骅港、天津港和天津南港四个站位的实测风暴潮潮位资料进行验证。图5-15示意了计算潮位过程与实测值的验证情况。验证结果良好。可有效、准确地反映风暴潮作用下的增水等情况。

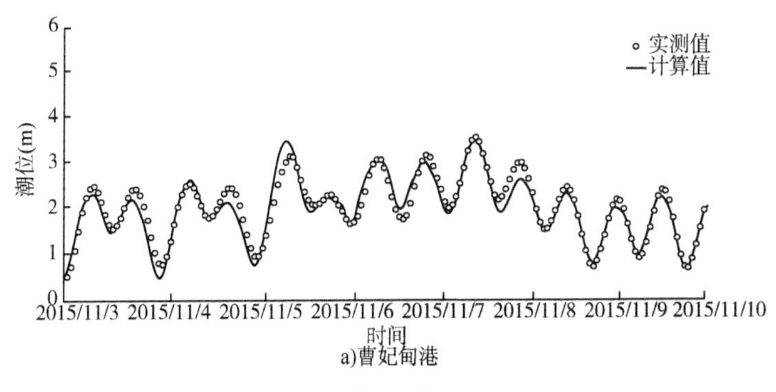

a)曹妃甸港

图 5-15

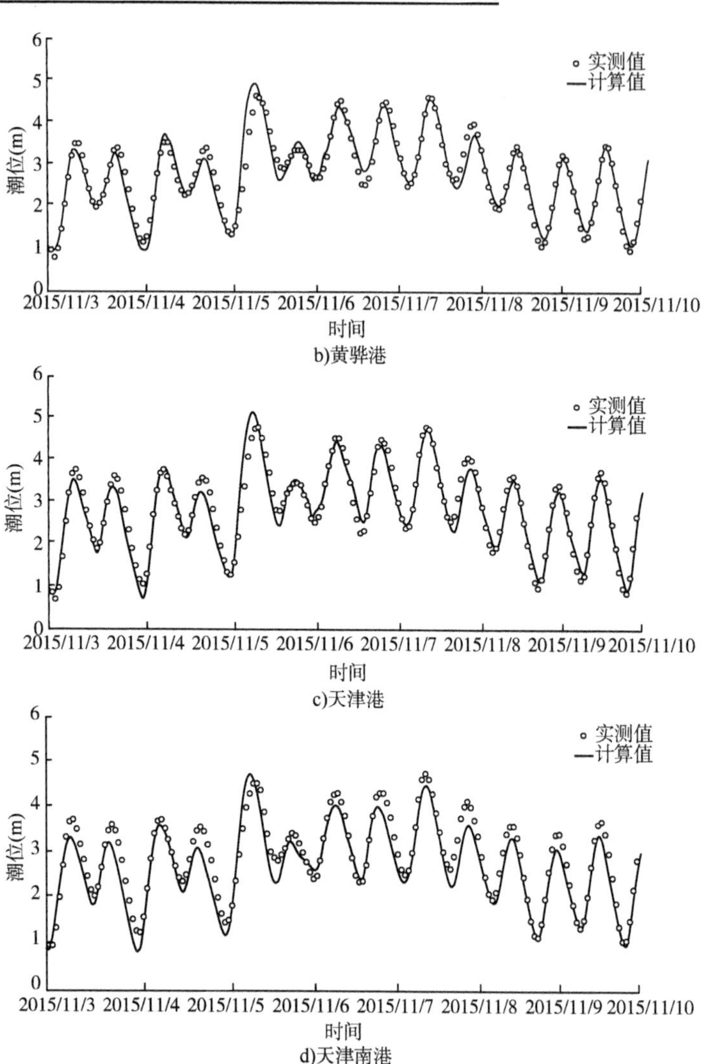

b)黄骅港

c)天津港

d)天津南港

图 5-15 2015 年 11 月 3 日～10 日风暴潮潮位验证

5.3.6 泥沙数学模型验证

1）含沙量验证

图 5-16 给出了 2014 年全潮测量中 9 个测站的含沙量实测与计算值比较情况。由图可见，本次计算与实测含沙量比较接近，满足现行规范规程要求，可用于后续对泥沙运动的模拟中。

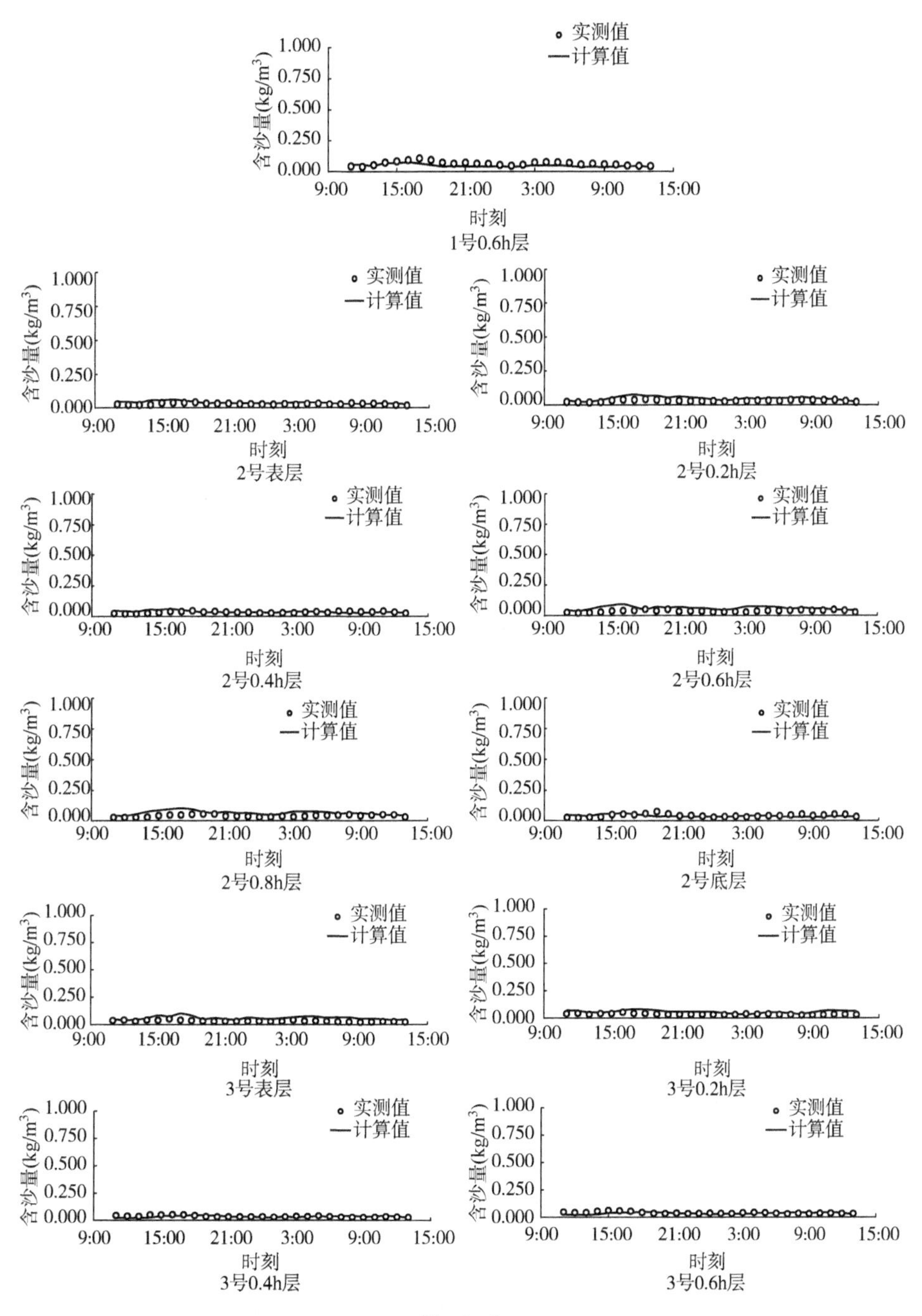
实测值
计算值
含沙量(kg/m3)
1.000
0.750
0.500
0.250
0.000
9:00
15:00
21:00
3:00
9:00
15:00
时刻
1号0.6h层
2号表层
2号0.2h层
2号0.4h层
2号0.6h层
2号0.8h层
2号底层
3号表层
3号0.2h层
3号0.4h层
3号0.6h层

图 5-16

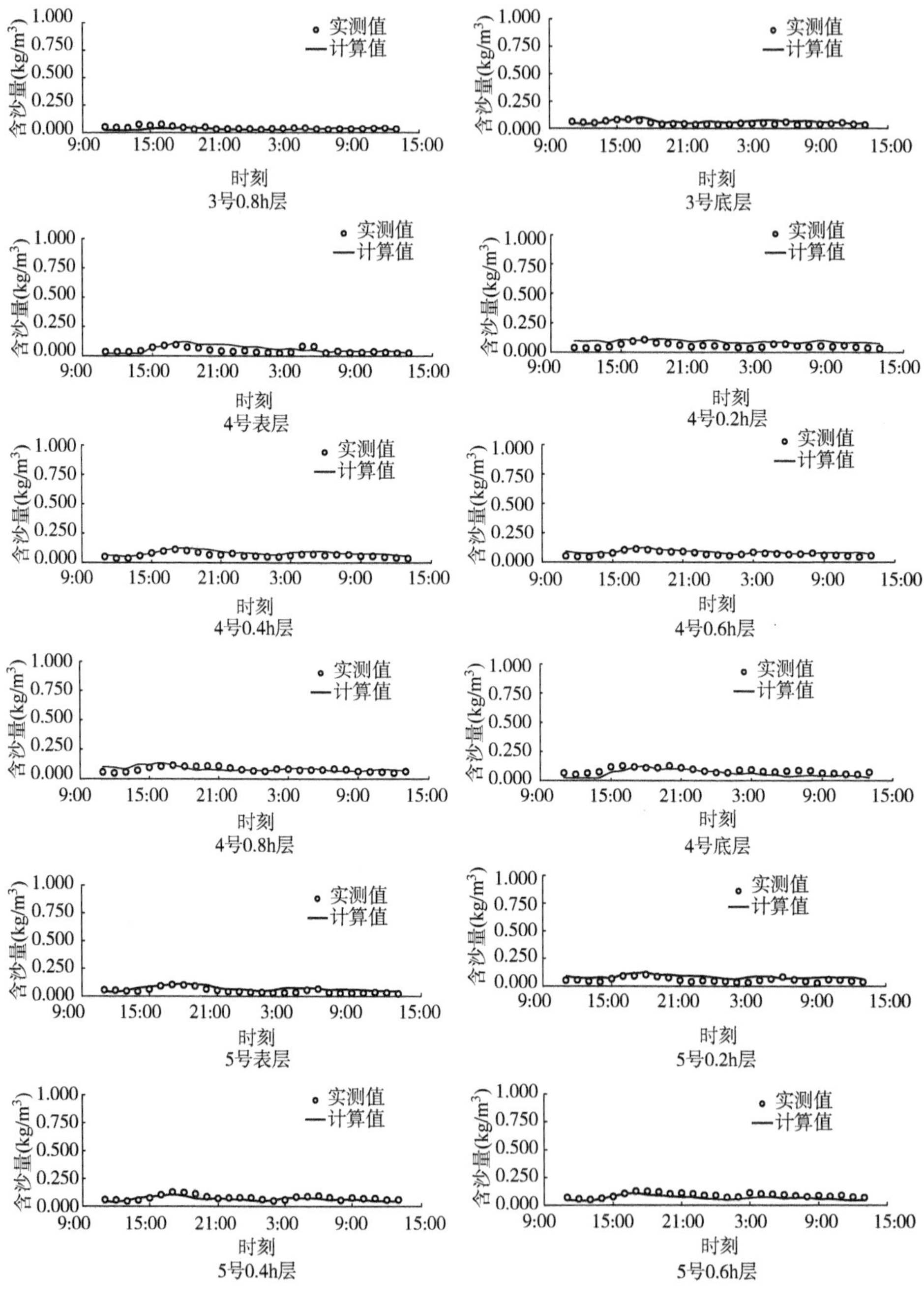

含沙量(kg/m³)
1.000
0.750
0.500
0.250
0.000
实测值
计算值
9:00
15:00
21:00
3:00
9:00
15:00
时刻
3号0.8h层
3号底层
4号表层
4号0.2h层
4号0.4h层
4号0.6h层
4号0.8h层
4号底层
5号表层
5号0.2h层
5号0.4h层
5号0.6h层

图 5-16

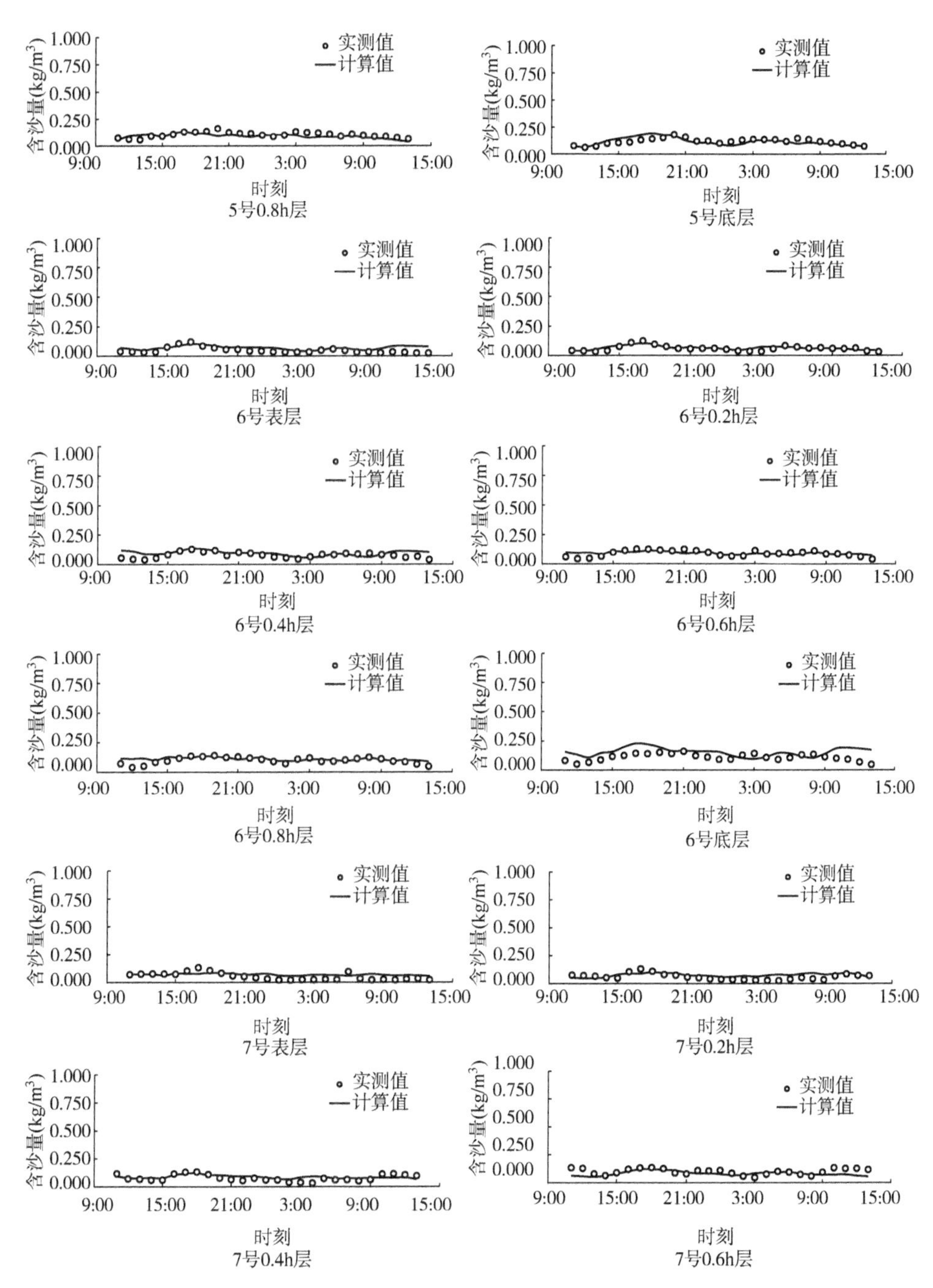
含沙量(kg/m³)
实测值
计算值
时刻
5号0.8h层
5号底层
6号表层
6号0.2h层
6号0.4h层
6号0.6h层
6号0.8h层
6号底层
7号表层
7号0.2h层
7号0.4h层
7号0.6h层

图 5-16

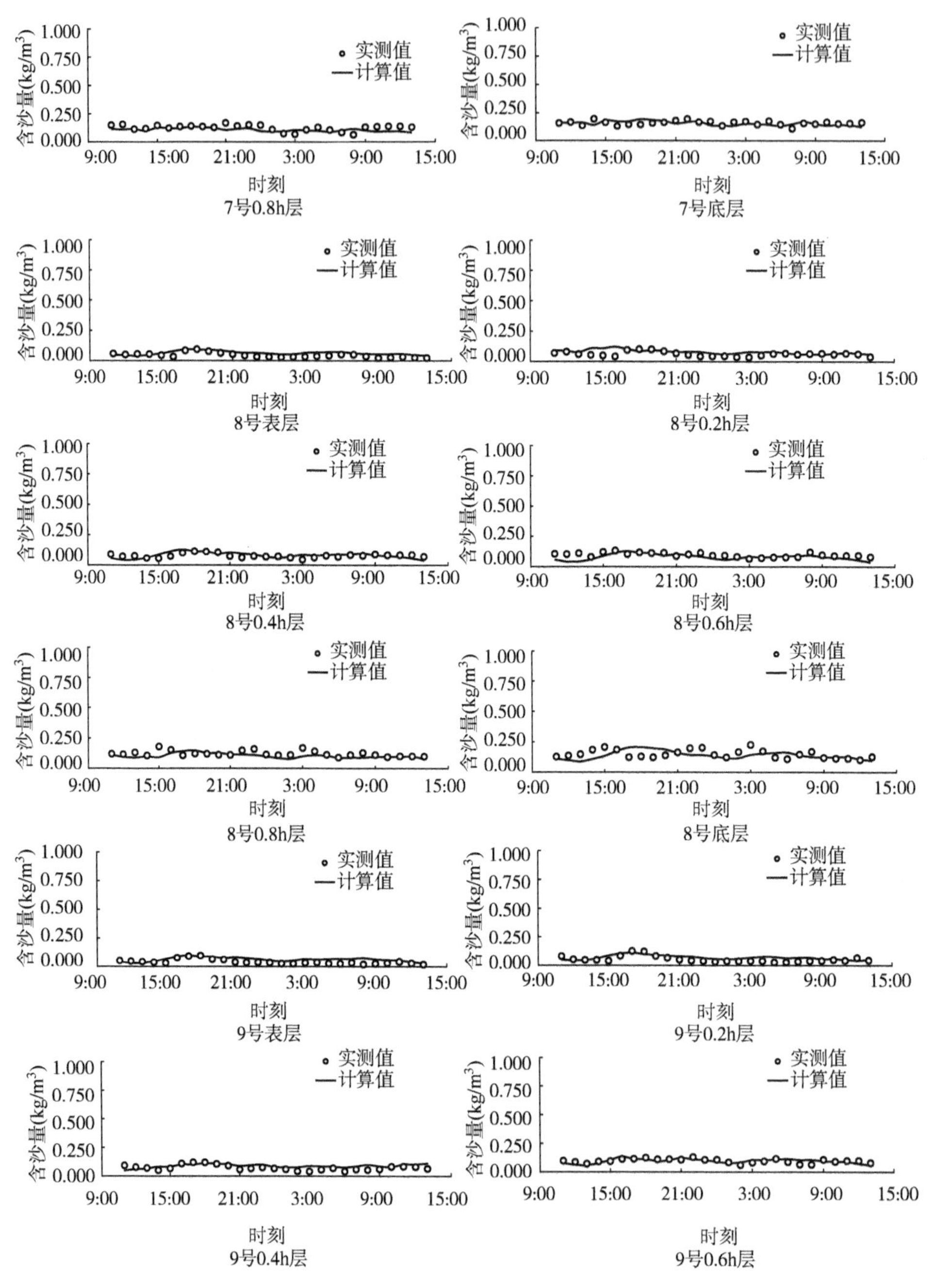
含沙量(kg/m³)
1.000
0.750
0.500
0.250
0.000
实测值
计算值
9:00
15:00
21:00
3:00
9:00
15:00
时刻
7号0.8h层
7号底层
8号表层
8号0.2h层
8号0.4h层
8号0.6h层
8号0.8h层
8号底层
9号表层
9号0.2h层
9号0.4h层
9号0.6h层

图 5-16

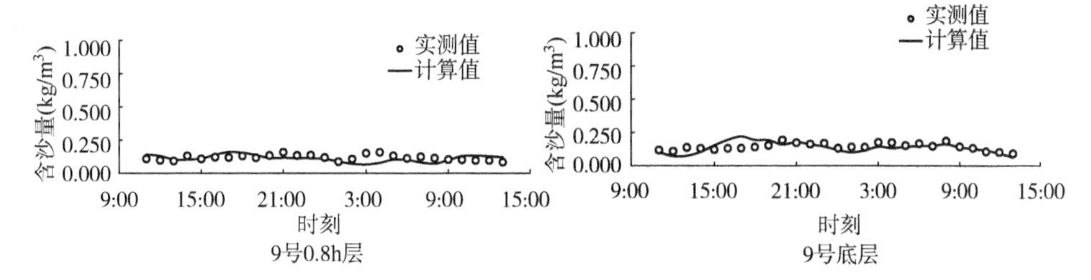

图 5-16 大潮各站各层含沙量验证

2)航道回淤验证

采用2015年11月滨州港、黄骅港综合港区、黄骅港煤炭港区三条航道骤淤资料作为航道回淤验证(图5-17、图5-18)。年回淤验证采用2008年邻近黄骅港煤炭港区年回淤资料(图5-19)。

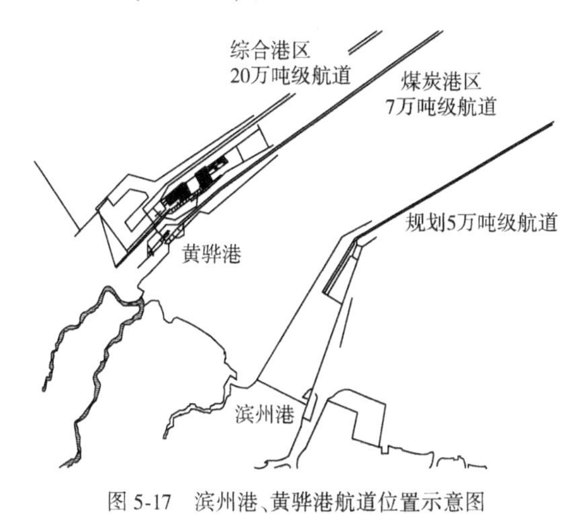

图 5-17 滨州港、黄骅港航道位置示意图

计算值 实测值
口门
淤积厚度(m)
航道里程(km)

a)滨州港

图 5-18

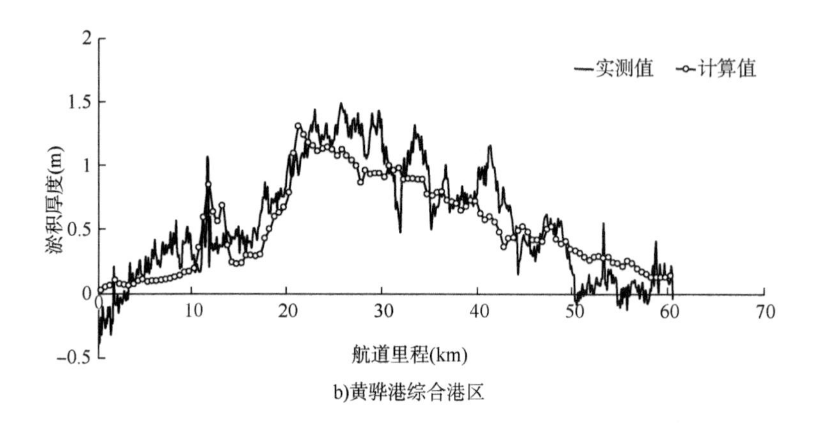

b)黄骅港综合港区

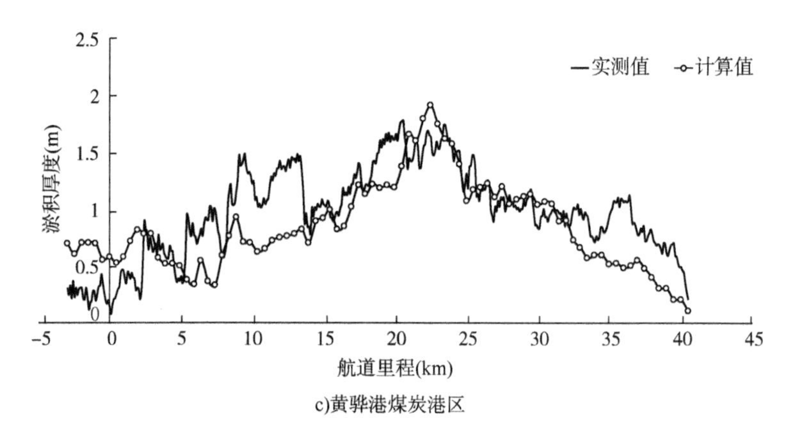

c)黄骅港煤炭港区

图 5-18　2015 年 11 月大风航道回淤验证

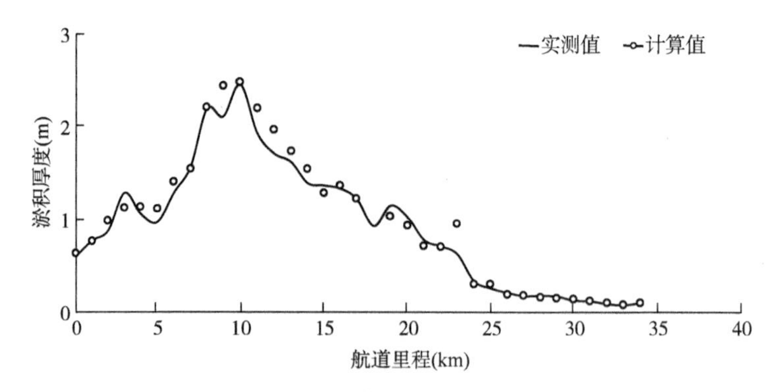

图 5-19　2008 年黄骅港航道年回淤验证

5.4 研究成果

5.4.1 不同潜堤长度方案航道回淤情况

1)计算方案

不同潜堤长度方案布置见图5-20,具体计算方案见表5-1。

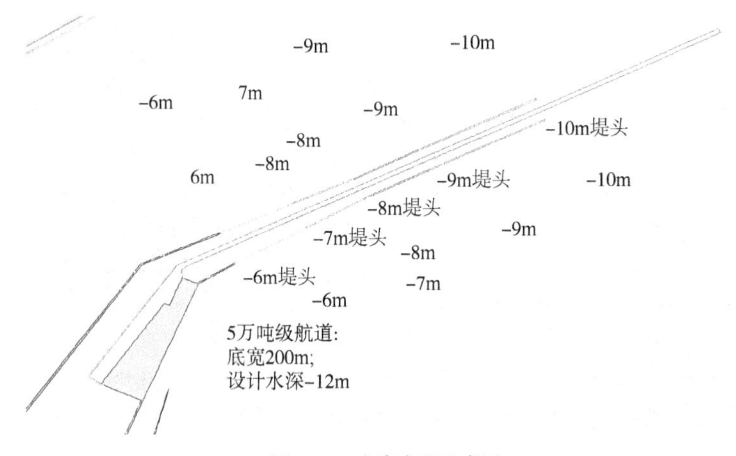

图5-20 方案布置示意图

计算方案一览表 表5-1

计算方案	堤头位置	堤顶高程	大风骤淤
方案一	-6m堤头	—	2015年11月大风
方案二	-7m堤头	前1km+3.5m渐变至-1m,其余区段-1m	2015年11月大风
方案三	-8m堤头	前1km+3.5m渐变至-1m,-7m水深以内-1m;堤顶高程由-1m渐变至-2m	2015年11月大风
			10年一遇
方案四	-9m堤头	前1km+3.5m渐变至-1m,-7m水深以内-1m;堤顶高程由-1m渐变至-3m	2015年11月大风
			10年一遇
方案五	-10m堤头	前1km+3.5m渐变至-1m,-7m水深以内-1m;堤顶高程由-1m渐变至-4m	2015年11月大风

2)计算结果

图5-21给出了滨州港2015年11月大风条件下各方案航道淤积情况。

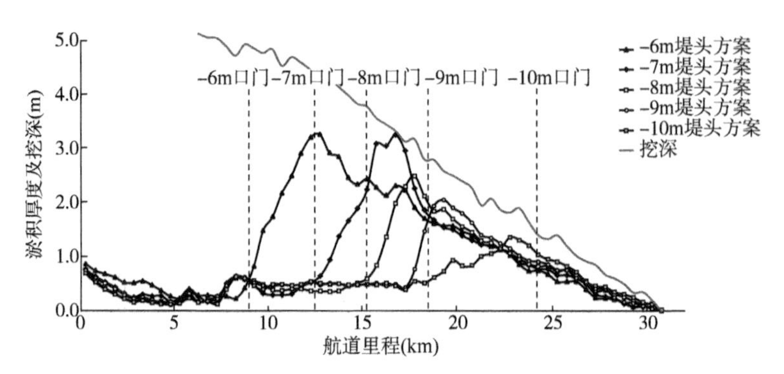

图 5-21　各方案 2015 年 11 月大风骤淤航道淤厚分布

对比方案一~五 2015 年 11 月大风淤积可知:

(1)各方案相对方案一减淤率分别为 24%、37%、45%、53%。方案二比方案一年减淤量约 199 万 m^3,全航道总减淤率约 24%,延堤单宽减淤率 57 万 m^3/km;方案三比方案二减淤量约 104 万 m^3,全航道总减淤率约 17%,延堤单宽减淤率 42 万 m^3/km;方案四比方案三年减淤量约 68 万 m^3,全航道总减淤率约 13%,延堤单宽减淤率 21 万 m^3/km;方案五比方案四年减淤量约 63 万 m^3,全航道总减淤率约 14%,延堤单宽减淤率 11 万 m^3/km。

(2)防沙堤越长减淤量越大,但到延伸至-9m 后继续延伸,单宽减淤率明显降低,减淤性价比较低。

(3)经比较初步选定-8m 堤头方案和-9m 堤头方案,并对两方案 10 年一遇大风骤淤进行分析论证(图 5-22)。可知:在 10 年一遇大风淤积情况下,-9m 堤头方案较-8m 方案减淤量在 65 万 m^3 左右,单宽减淤率在 20%,减淤效果较好。

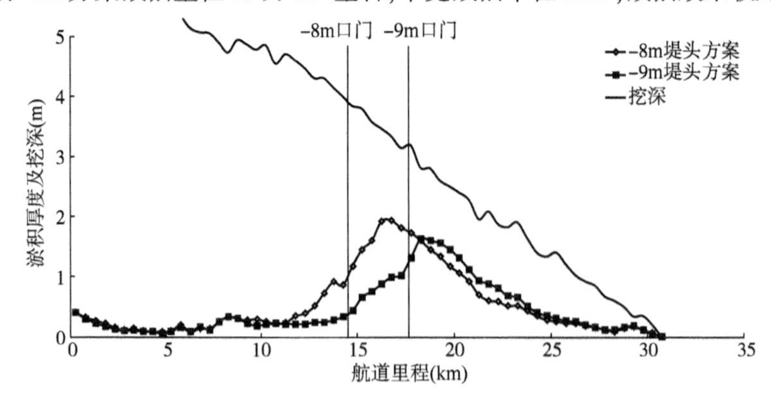

图 5-22　各方案 10 年一遇大风骤淤航道淤厚分布

5.4.2 不同潜堤高度航道回淤情况

1)计算方案

本研究阶段共论证了三组堤顶高程(图 5-23),堤头位置采用-9m 堤头方案,具体见表 5-2。

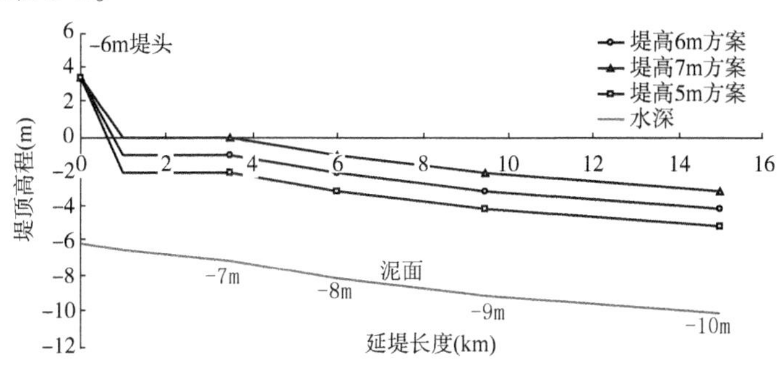

图 5-23 方案堤高示意图

计算方案一览表 表 5-2

计算方案	计算工况	堤 顶 高 程	大风骤淤
方案四	工况 1	前 1km+3.5m 渐变至-1m,-7m 水深以内-1m; 堤顶高程由-1m 渐变至-3m	2015 年 11 月 大风骤淤
方案四	工况 2	前 1km+3.5m 渐变至-2m,-7m 水深以内-2m; 堤顶高程由-2m 渐变至-4m	
方案四	工况 3	前 1km+3.5m 渐变至 0m,-7m 水深以内 0m; 堤顶高程由 0m 渐变至-2m	

2)计算结果

图 5-24 给出了滨州港 2015 年 11 月大风条件下不同堤顶高程航道淤积情况。

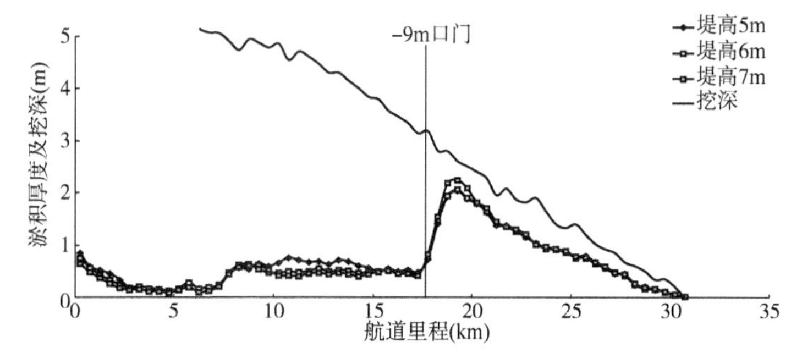

图 5-24 不同堤高 2015 年 11 月大风骤淤航道淤厚分布

5.4.3 建议方案的综合论述

1)宏观泥沙环境

从宏观上看,渤海湾西南岸,存在自东向西和西南的近岸输沙带(图5-25)。在东向或偏动向大风作用下,输沙带泥沙运动活跃,输沙强度大、输沙距离远。滨州港、黄骅港均处在这条输沙带上。黄骅港是该输沙带上第一座港口,受东向大风或东北向大风作用,常发生航道骤淤。滨州港海港港区距离黄骅港仅17km,同样面临着大风骤淤问题。滨州海港港区在黄骅港东侧,靠近输沙带的中心位置,其泥沙环境更为严峻。

图5-25 滨州港位置及渤海湾南岸泥沙运动趋势

2)底质条件

渤海湾内近岸表层底质泥沙粒径总体呈现自北向南由细渐粗的分布,北部水域底质多属于淤泥质,而南部水域则属粉沙质,在同等强度的水动力条件下,粉沙质泥沙较淤泥质泥沙更易起动悬浮。

根据2009年滨州港海域底质取样调查结果(图5-26),滨州港海域底质泥沙存在两个特点:一是近岸相对较粗、外海相对较细,近岸区域多为0.04~0.06mm粒径的分布区,外海则多为0.02~0.004mm粒径的分布区;二是东部较粗、西部较细,东部粗颗粒(粒径0.04~0.06mm)分布面积明显大于西部。

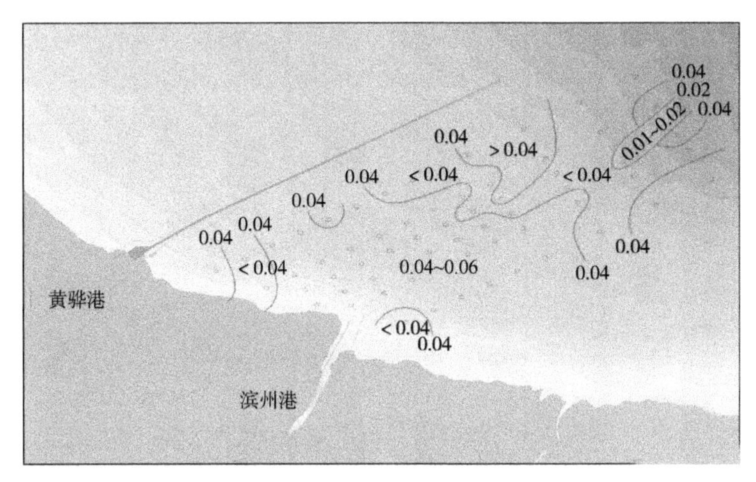

图 5-26　2009 年 5 月滨州港海域表层沉积物中值粒径分布图(单位:mm)

从 2006 年黄骅港海域底质调查的平均中值粒径来看(图 5-27),航道以南物质明显粗于航道以北,航道以南(滨州港与黄骅港之间)平均中值粒径 0.0383mm,航道以北平均中值粒径 0.0204mm。调查区内平均中值粒径为 0.0291mm。粒径最粗的区域在套尔河口北侧与大口河南侧 0~5m 近岸区域,中值粒径最大达 0.04~0.6mm,由此向西北方向呈由粗而细的变化趋势,最细处泥沙中值粒径在 0.01mm 以下。套尔河口附近至南排河口附近,D_{50}<0.01mm 粒级的泥沙百分含量呈规律性的增长趋势,自 9.4%增至 43.07%,航道南侧细颗粒的平均百分含量为 13.16%,航道的北侧细颗粒百分含量为 34.83%,相差 21.67%,从各断面细颗粒沙泥百分量变化趋势看,也明显表现出上述特征,航道南侧细颗粒泥沙的平均百分含量由9.4%增至 21.50%;航道北侧细颗粒百分含量由 28.20%增至 42.30%,相差幅度较大。

3)泥沙来源

滨州港海域泥沙来源主要有三:一是河流径流来沙;二是岸滩侵蚀泥沙;三是滩面当地掀沙。根据前面章节分析,造成滨州港外航道淤积的主要泥源为风浪和潮流作用下滩面泥沙的搬运输移;此外近岸侵蚀泥沙和套尔河口下泄泥沙亦将对航道淤积产生一定影响。黄骅港外航道淤积泥沙来源也主要有三个方面:一是滩面泥沙;二是岸滩侵蚀泥沙;三是疏浚弃土。三个方面的泥沙均对黄骅港外航道的淤积有影响,但程度各不相同,其中滩面泥沙和离岸流携带的泥沙是造成航道淤积的主要原因。

比较来看,滨州港与黄骅港造成航道淤积的主要原因是相同的,滨州港还受套尔河口下泄泥沙的直接影响,泥沙环境更为复杂。

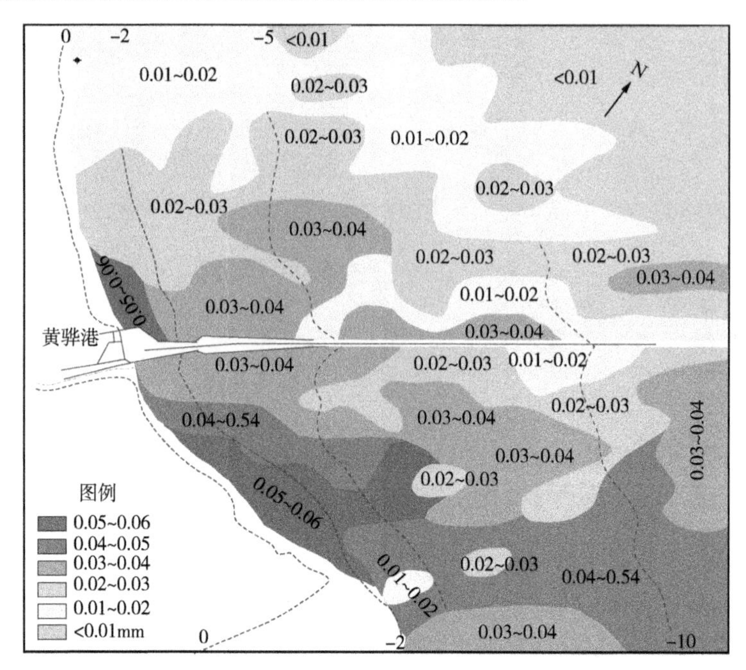

图 5-27　2009 年 5 月黄骅港海域表层沉积物中值粒径分布图

4)大风骤淤情况

从 2015 年 11 月大风骤淤情况看,三条距离不远的三条航道,淤积情况差别较大(图 5-28、表 5-3)。从航道等级上看,由小到大依次为:滨州港、黄骅港、综合港,三者航道深度分别为 10.8m、14.5m 和 18.3m,而淤积强度则相反,由弱到强依次为:综合港、黄骅港、滨州港,最大淤强和平均淤强分别为 1.49m 和 0.57m、1.78m 和 0.96m、3.55m 和 1.38m。这与三条航道的位置以及泥沙环境密切相关,充分说明滨州港泥沙环境比黄骅港和综合港都严峻,其所面临的航道骤淤问题更为严重,对挡沙堤的掩护长度和深度都提出了更高的要求。

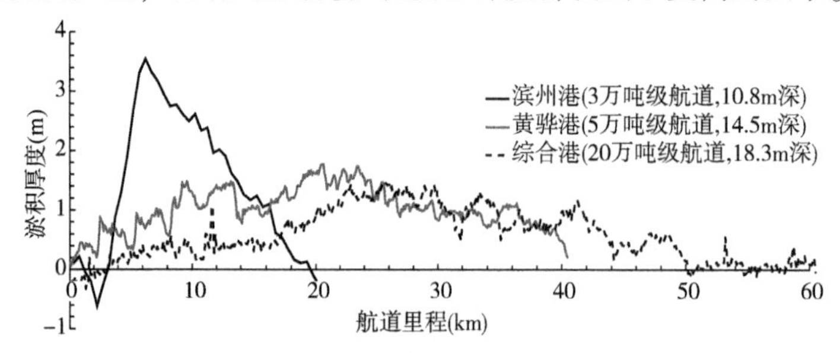

图 5-28　2015 年 11 月大风航道淤积情况比较

2015 年 11 月大风航道淤积情况统计 表 5-3

港口名称	滨州港	黄骅港	综合港
航道等级	3 万吨,10.8m 深	5 万吨,14.5m 深	20 万吨,18.3m 深
最大淤厚(m)	3.55	1.78	1.49
平均淤厚(m)	1.38	0.96	0.57

5)方案比选

通过不同方案的计算和分析(表 5-4),可见:

(1)防沙堤工程不会对大范围流场产生影响,仅工程局部区域水流条件有所改变。

(2)不存在明显的沿堤流。

(3)潜堤形式的防沙堤有利于改善航道内横流,航道内最大横流由现状口门方案的 0.92m/s 减小到 0.78~0.46m/s 左右;其中口门至-9m 及以外,最大横流出现在口门以内 11+8 位置,不在口门附近,说明-9m 以后进一步延伸潜堤对减少最大横流作用轻微。

(4)防沙堤工程实施后,骤淤强度均有较为明显的减小,潜堤延伸越远骤淤强度越小。其中,-9m 口门以外方案可将 25 年一遇大风最大骤淤厚度控制在大约 2m 范围内。

(5)防沙堤掩护范围越大,航道减淤量越多。其中-9m 口门及以外方案全航道减淤率在 45%以上。

(6)从掩护段内每千米延伸潜堤长度减淤效果看,-9m 口门及以内减淤率在 77%以上,每千米延伸潜堤长度减淤量在 35 万 m^3 以上。-10m 口门方案每千米延伸潜堤长度减淤效果相对较差。

(7)从计算结果上看,潜堤堤身高度对航道回淤的影响不是十分显著,堤身增高或降低 1m,航道回淤量的变化不显著,在 5%以内。这可能与目前数学模型对水—沙—结构物间相互作用反映不完善有一定关系。从以往物理模型试验看,堤身高度和堤身形态对拦截泥沙效果都有影响。需要进一步开展物理模型试验。

不同方案水流和 25 年一遇淤积情况统计 表 5-4

方案	方案 1	方案 2	方案 3	方案 4	方案 5	方案 4-2	方案 4-3
口门位置	-6m	-7m	-8m	-9m	-10m	-9m	-9m

续上表

方案	方案 1	方案 2	方案 3	方案 4	方案 5	方案 4-2	方案 4-3
潜堤高度	6m					5m	7m
最大横流	0.92m/s	0.78m/s	0.59m/s	0.46m/s	0.46m/s	—	—
最大横流位置	8+5 口门外 300m	11+8 口门外 600m	14+2 口门	11+8 口门内	11+8 口门内	—	—
最大淤积厚度(m)	3.27	3.26	2.49	2.05	1.36	2.03	2.24
平均淤积厚度(m)	1.14	0.87	0.72	0.63	0.53	0.66	0.62
淤积总量(m^3)	700.1 万	535.3 万	441.1 万	384.6 万	325.9 万	407.3 万	382.9 万
减淤量(m^3)	—	164.8 万	289 万	315.5 万	374.2 万	292.8 万	317.2 万
全航道减淤率	—	23.5%	37%	45.1%	53.4%	41.8%	45.3%
新建段减淤量(m^3)	—	93.5 万	216.8 万	316.7 万	380.9 万	296.9 万	322.6 万
新建段减淤率	—	77.1%	80.7%	77.9%	67.4%	73.1%	79.4%
单公里延堤减淤量(m^3)	—	47.1 万	43.2 万	35.1 万	25.8 万	32.5 万	35.2 万

参考黄骅港和综合港已有研究和已建防沙堤,以及滨州港泥沙环境比黄骅港和综合港更为严峻的事实,综合考虑,方案 4(工况 1)为推荐方案,即堤头位置位于-9m,堤身高度 6m。

5.5 研究结论

滨州港 5 万吨级航道工程位于典型粉沙质海岸,港池规划形态呈狭长形。为深入了解航道工程建设后的潮流、泥沙和波浪运动规律,给工程设计和方案决策提供基础依据,本研究在对工程海区水动力泥沙环境进行深入分析的基础上,采用全动力过程数学模型(WRF 气象模型+风浪模型+三维潮流泥沙数学模

型）的技术手段，对航道工程的波浪、潮流和泥沙淤积进行了模拟和分析，主要结论如下：

（1）大风骤淤是滨州港建设和发展的重点问题和难点问题。经对比分析，滨州港所面临的航道骤淤问题将会比黄骅港更为严重。

（2）大风天作用下港区泥沙运动规律。

①大风天气下，工程海域含沙量基本呈现近岸较高、外海略低的分布趋势。由于-3～-8m等深线波浪相对较大，造成最大含沙带在-3至-8m等深线位置。

②在不同水深处，含沙量均沿垂向呈底层大、表层小的分布规律。底层含沙量随波高增大而增大，表层含沙水体在潮流作用下跨越航道，一部分泥沙沉降至底层并落淤至航道，一部分泥沙随潮流向黄骅港方向输移。

③工程方案实施前后，海域含沙量分布规律基本没有太大变化，不同主要在于潜堤掩护段内航道及两侧边滩含沙量较之前减小显著，航道淤积量也将相应减小，受向外海方向沿堤流及堤头挑流影响，堤头向外海方向一定区域形成新的高含沙海域，该航道段将成为最大淤厚出现的位置。

（3）关于堤长及堤高方案的比选。

①从流场结果看。

迅速降低潜堤高程时，会在现口门附近出现较大横流。从流速对比看，东高西低防波堤方案不论是现口门还是新堤头附近潮流流速均大于6m等堤高方案；全潜堤方案只在现口门附近流速略有增大，增加幅度较小。

②从泥沙回淤结果看。

防沙堤工程实施后，骤淤强度均有较为明显的减小，潜堤延伸越远骤淤强度越小。其中，-9m口门方案淤积强度最小，25年一遇大风最大骤淤厚度可基本控制在2m范围，10年一遇大风最大骤淤厚度可基本控制在1.7m左右。

从全航道减淤率来看，-8m口门方案全航道减淤率在44%左右；-8.5m口门方案全航道减淤率在48%左右；-9m口门方案全航道减淤率在50%以上。

从单宽减淤量上看，延堤越长其单宽减淤量越小。-8m口门方案延伸潜堤每千米减淤率在7.5%～7.9%，单宽减淤量在50万～60万m^3；-8.5m口门方案延伸潜堤每千米减淤率在5.8%～6%，单宽减淤量在40万～50万m^3；-9m口门方案延伸潜堤每千米减淤率在4.9%～5%，单宽减淤量在30万～40万m^3。

从东西不同堤高方案模拟结果可以看出：2015年11月特大风暴潮发生时，渤海湾形成沿顺时针方向流动的大环流，由此在渤海湾南岸产生持续性的由南向北大规模输沙，东高西低堤高方案对此类输沙有一定减淤效果。但对类似于2013年3月风暴潮，其减淤效果不理想，究其原因有二：一是2013年3月风暴潮发生时,渤海湾未形成类似环流,由此也未形成由南向北的持续性的输沙,东堤抬高也就未起到足够截沙作用;二是北侧滩面泥沙对航道回淤的贡献不容忽视,虽然滨州区域整体输沙趋势是自南向北,但就航道回淤而言,两侧滩面泥沙的就地搬运还是航道回淤的主要泥沙来源。加之,滨州海域波浪常浪向、强浪向均为ENE向,降低北堤高度后加大了北侧泥沙在落潮流带动下向航道的运移,从而使得航道总淤积量在常规风浪作用时并未减小,而常规风浪却是最为多发,也是造成航道回淤的主要动力。

东西堤不同堤长方案,类似不同堤高方案,对截断短时持续性由南向北大量输沙有利,但常规风浪,加长东堤减淤效果不明显,这从2013年3月风暴潮作用下航道回淤曲线的双峰分布可以看出。

参考黄骅港和综合港已有研究和已建防沙堤,以及滨州港泥沙环境比黄骅港和综合港更为严峻的事实。结合模型试验从泥沙回淤角度综合考虑:双堤等长等高、堤头位置位于-9m、堤身高度不低于6m方案相对较优。

5.6 成果应用效益

全动力过程数值模拟结果表明:

防沙堤工程实施后,骤淤强度均有较为明显的减小,潜堤延伸越远骤淤强度越小。其中,-9m口门方案淤积强度最小,25年一遇大风最大骤淤厚度可基本控制在2m范围,10年一遇大风最大骤淤厚度可基本控制在1.7m左右。

从全航道减淤率来看,-8m口门方案全航道减淤率在44%左右;-8.5m口门方案全航道减淤率在48%左右;-9m口门方案全航道减淤率在50%以上。

从单宽减淤量上看,延堤越长其单宽减淤量越小。-8m口门方案延伸潜堤每千米减淤率在7.5%~7.9%,单宽减淤量在50万~60万m^3;-8.5m口门方案延伸潜堤每千米减淤率在5.8%~6%,单宽减淤量在40万~50万m^3;-9m口门方案延伸潜堤每千米减淤率在4.9%~5%,单宽减淤量在30万~40万m^3。

6 东营沿海防护堤泥沙“骤蚀”问题研究

6.1 项目概况

6.1.1 项目背景

东营港经济开发区防潮堤位于山东省东营市河口区东营港南侧，渤海湾西南部的黄河三角洲滩海海域。本海域发育至今有160年左右的历史，黄河改道行水清水沟流路后，这部分海岸河流来沙断绝，海岸在波浪、潮流、风暴潮等海洋动力的作用下遭受侵蚀，岸线后退，滩面下蚀(图6-1和图6-2)，是一条不断演化着的年轻海岸，属于侵蚀性海岸。

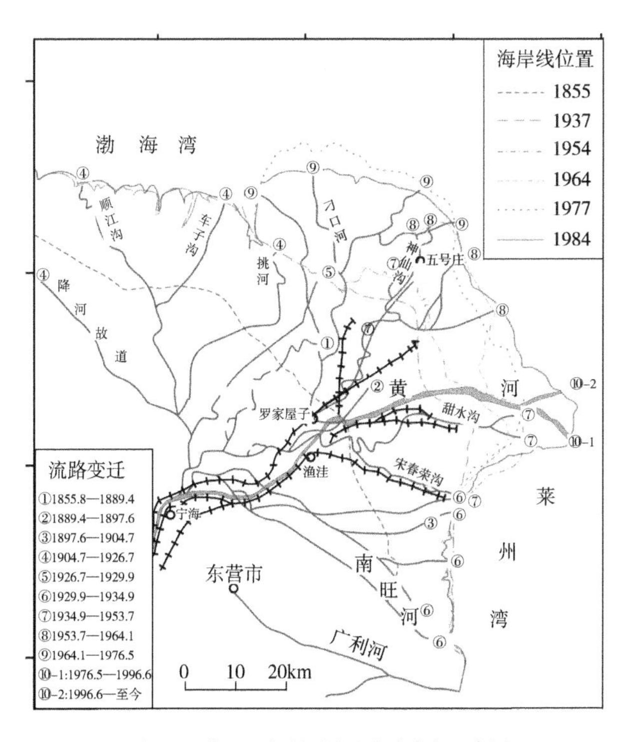

图6-1 黄河三角洲形势及流路演变示意图

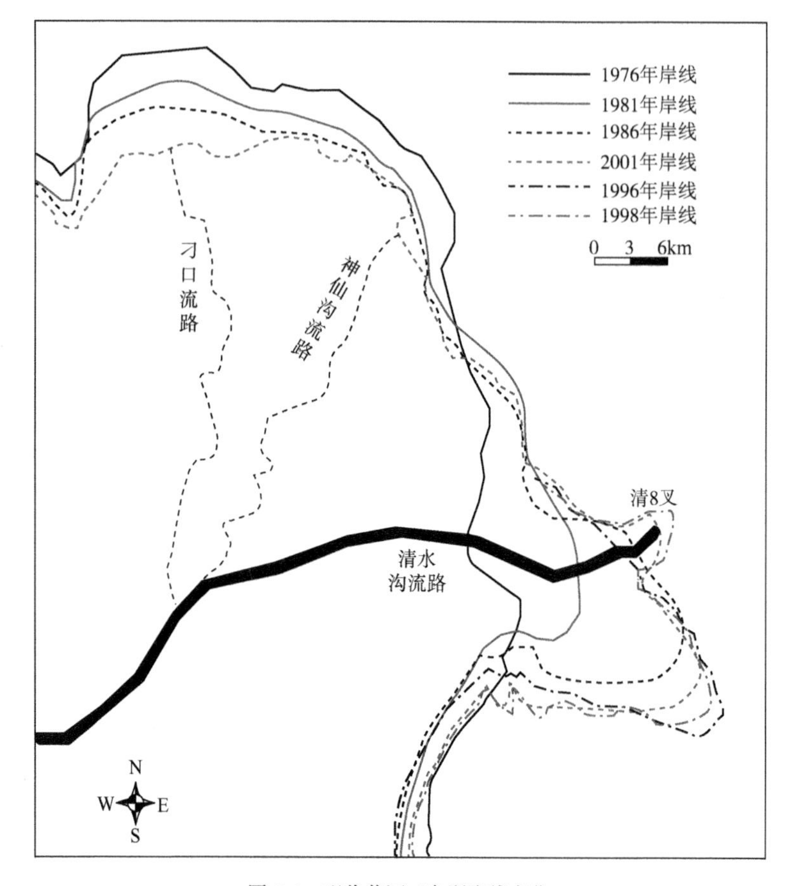

图 6-2 现代黄河三角洲岸线变化

东营港开发区防潮堤 2011 年开始建设,2012 年底大堤主体部分建成,2013 年开始后方陆域的吹填。2015 年 11 月 5 日 ~8 日渤海发生了特大风暴潮。据东营港海洋站数据,最大风速达 9 级,大风持续时间长,7 级以上大风持续 54h,最大波高6.1m,最高潮位 2.53m。2015 年 12 月东营港防潮堤部分观景平台出现开裂倾斜,对防潮堤结构稳定性产生了不利影响。

2016 年初立即开展了堤前水深测量,测量结果发现:东营港防潮堤、港北防潮堤堤前均发生较大刷深(图 6-3、图 6-4)。其中,东营港防潮堤堤前 10km 范围内(垂直堤)水深相对建设前普遍加深 0.2 ~ 2.5m,最大刷深接近 3m;仅东营港防潮堤堤前短期内就冲刷了近 7000 万 m^3。根据测图,如此大量的冲刷发生后,近岸未发现大范围的泥沙淤积情况,说明本区域泥沙运动具有显著的骤蚀特点。本研究依托于东营港开发区防潮堤工程对近岸泥沙骤蚀问题进行研究。

图 6-3 东营港防潮堤位置及冲刷范围示意

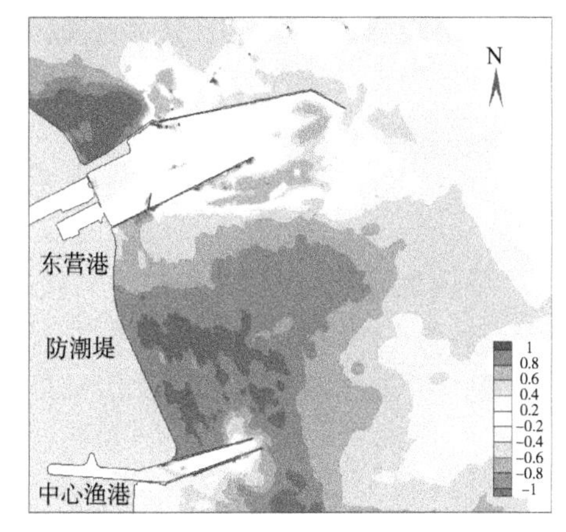

图 6-4 东营港防潮堤堤前冲刷态势

6.1.2 研究内容

本研究从海岸水动力特征、泥沙环境、岸滩稳定性方面入手，结合工程海域实测冲淤资料，通过模型试验对东营港开发区防潮堤海域地形冲淤变化进行模拟计算，最终明确以下内容：

(1)本区域如此大范围、高强度的骤蚀发生原因，泥沙运移方式。

(2)目前堤前地形是否已达到平衡，今后在大风浪作用下，堤前是否仍会发生此骤蚀现象及不同风浪作用下的刷深深度。

(3)通过研究，从泥沙运动机理上对骤蚀现象进行阐述，为周边类似工程提供参考。

6.1.3 研究意义

东营海域是风暴潮频发海域，同时由于沿海区域多为现代黄河三角洲滩海，海岸发育历史短，随着黄河改道及来沙的改变，岸线处于不断演化状态，多处海岸侵蚀严重。为保护后方陆域及人民群众财产安全，沿海建有多处防潮堤，但防潮堤建成后均出现了不同程度的堤前水深增大、波浪增强现象，危害着大堤安全。当地政府、企业每年都拿出专项资金对防潮堤进行加固、维护，多家单位也曾开展过堤前冲刷原因研究及分析工作，但冲刷原因及引起冲刷的水动力过程始终未得到明确解答。

通过对东营港防潮堤冲刷问题的研究，首次系统解答了东营现代黄河三角洲滩海海域防潮堤堤前冲刷原因，阐明了堤前冲刷时的泥沙运移方式，为后续工程建设及现有防潮堤维护提供了参考资料。

6.2 技术难点与特点

要明确骤蚀过程，首先需要明确骤蚀期间经历的水动力过程，其次要明确泥沙的运移方式，最后给出合理的骤淤原因分析。由此根据本海域泥沙特点，本研究技术难度概括起来以下几个方面：

(1)骤蚀发生过程水动力过程的复演。包括整个风场的建立、复演；工程海域风暴潮增减水过程的复演；防潮堤堤前的水流结构、水流强度及波浪过程的复演等。

(2)骤蚀发生过程中，底部泥沙动力过程、运移方式及高浓度泥沙的运动模拟等。

(3)在完成以上模拟分析基础上，通过模型计算反演防潮堤堤前冲刷并预报下一步冲刷情况。

6.3 模型建立与验证

6.3.1 模型建立

在合理考虑风的影响下，为了多次试验的网格及计算范围一致性，建立了大小嵌套模型。大模型区域囊括整个黄海和渤海，并向南至浙江宁波(北纬29.5°)，大模型外海开边界西起浙江宁波(东经122°)，东至韩国(东经128°)。小模型区域为东营海域。

大模型网格空间步长3000m，模型水深采用最新海图资料。小模型水深资料采用航保部最新版海图和工程水域实测CAD水深图。模型相邻网格节点最大空间步长为3000m，在工程附近水域进行局部加密，最小空间步长为30m。模型计算区域及网格划分见图6-5。

6.3.2 大气数学模型验证

研究中采用2015年11月3日~10日东营港的实测大风资料进行验证。图5-5给出了该大风几个典型时刻的风场情况，图6-6示意了计算大风过程与实测值的验证情况，可知验证结果良好。

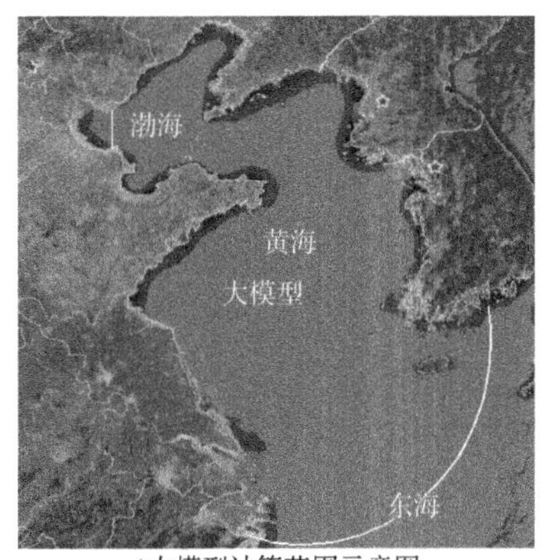

a)大模型计算范围示意图

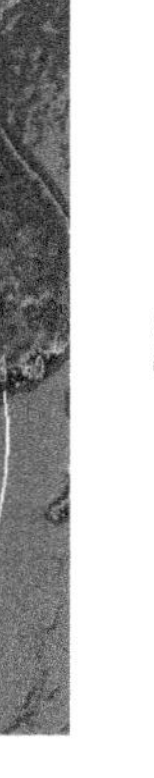

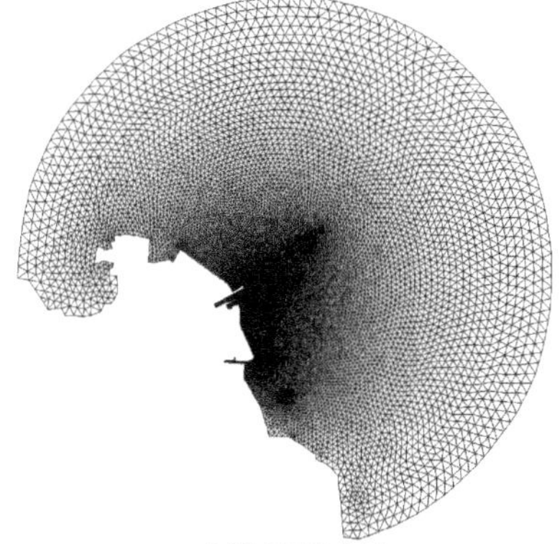

b)小模型网格划分

图 6-5 模型计算范围及网格划分

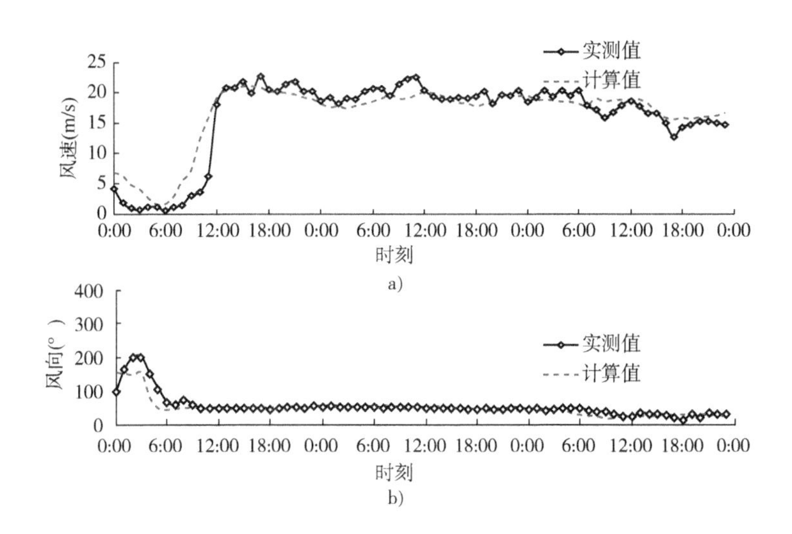

a)

b)

图 6-6 计算大风过程与实测值的验证

6.3.3 波浪数学模型验证

研究中采用东营港波浪资料进行验证。图 6-7 给出了 2015 年 11 月大风形成的波浪场在几个典型时刻的波高分布情况，图 6-7 为 2015 年 11 月大风天 $H_{1/3}$波高过程与实测值的验证情况(波浪测站位于东营港-13m 栈桥附近)。

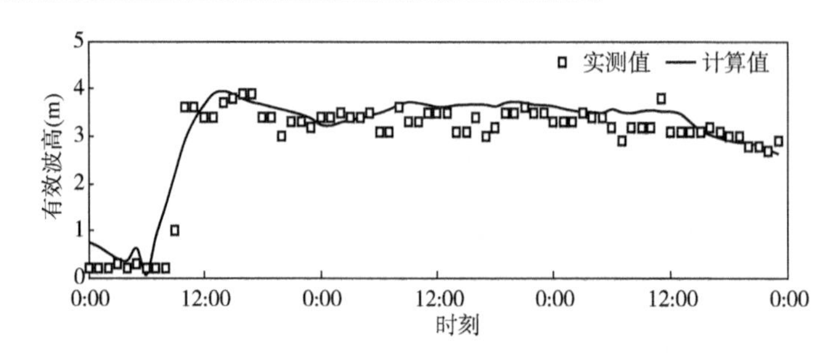

图 6-7　2015 年 11 月 5 日～8 日实测与计算有效波高比较

从整体来讲,所模拟波高反映了现场风浪的生成与发展主要规律,证明了所建风浪模型的有效性和正确性。可用所建波浪数学模型为潮流、泥沙数学模型提供波浪输入条件。

6.3.4　潮流数学模型验证

采用 2009 年最新水文全潮资料对潮流场进行验证。图 6-8 给出了上述全潮测量中潮位验证情况,图 6-9 给出了 8 个测站的流速、流向实测值与计算值比较情况。

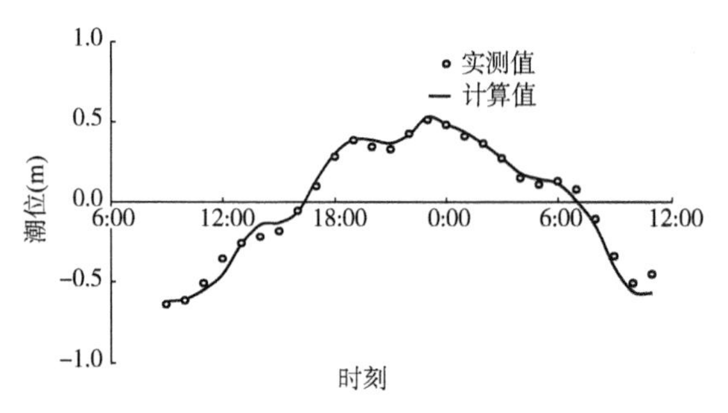

图 6-8　大潮潮位验证

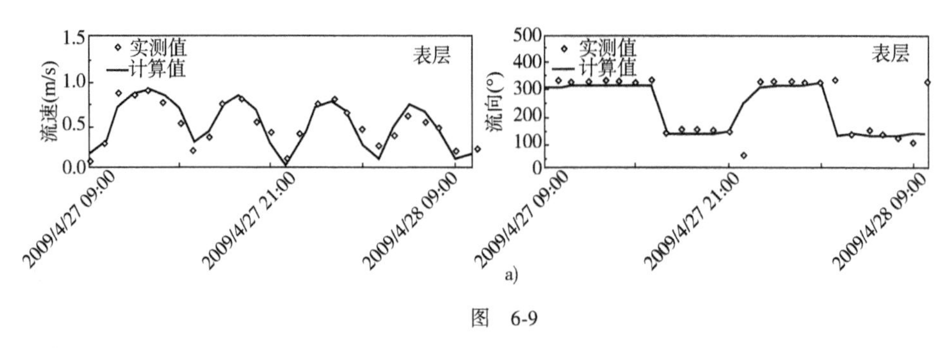

图　6-9

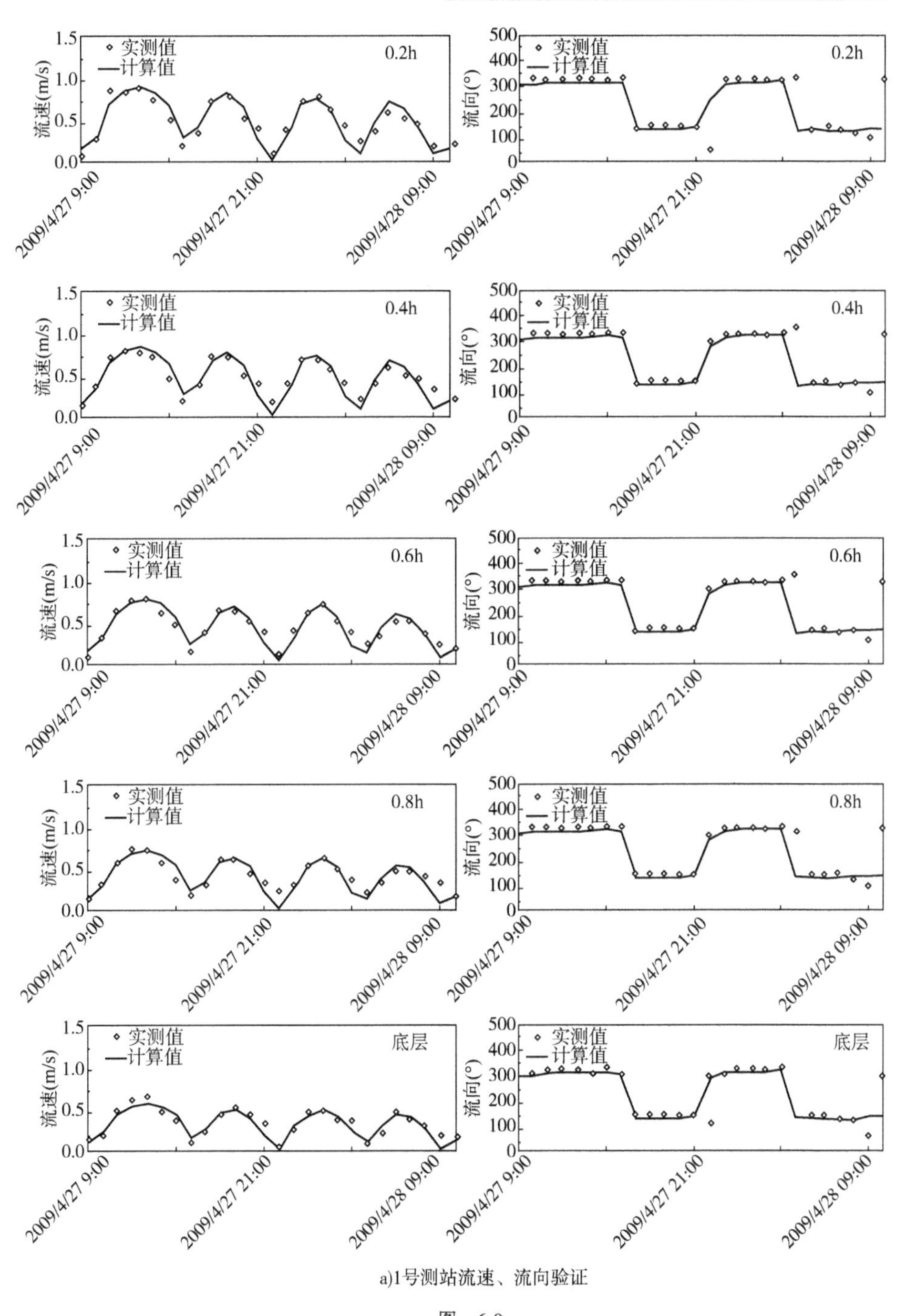

a)1号测站流速、流向验证

图 6-9

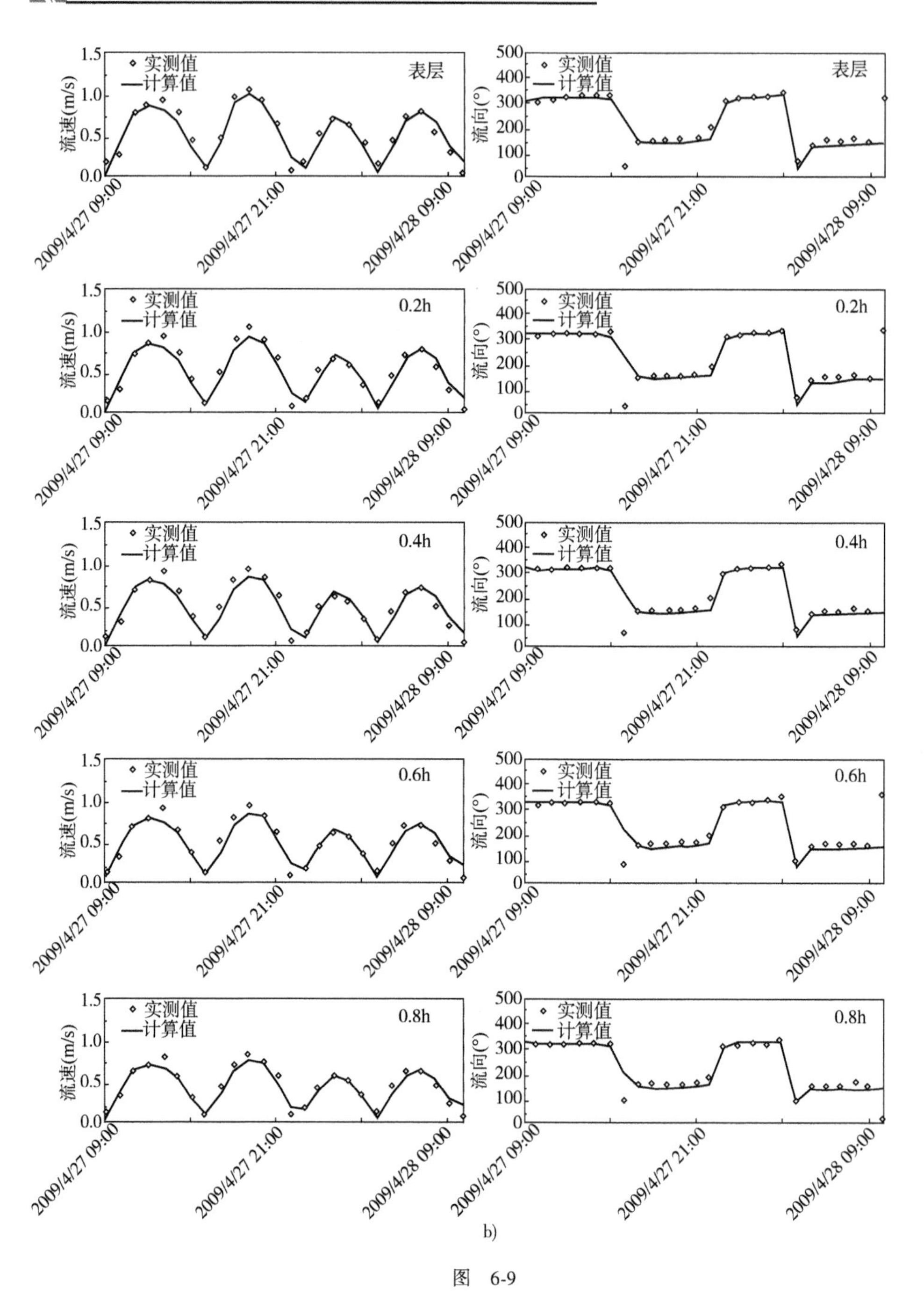
实测值
计算值
表层
0.2h
0.4h
0.6h
0.8h
流速(m/s)
流向(°)
2009/4/27 09:00
2009/4/27 21:00
2009/4/28 09:00

b)

图 6-9

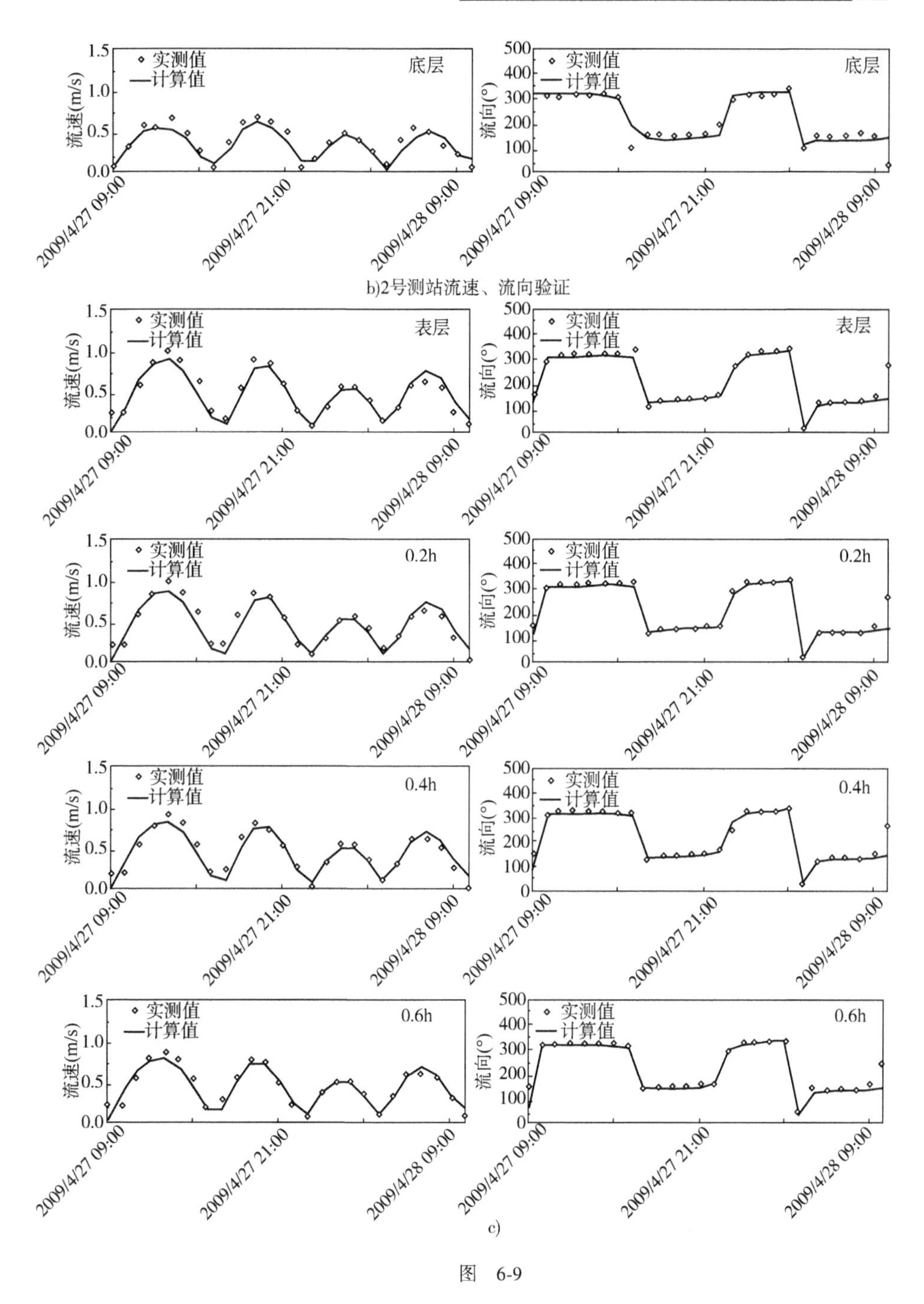
实测值
计算值
底层
表层
0.2h
0.4h
0.6h
流速(m/s)
流向(°)
2009/4/27 09:00
2009/4/27 21:00
2009/4/28 09:00
b)2号测站流速、流向验证
c)

图 6-9

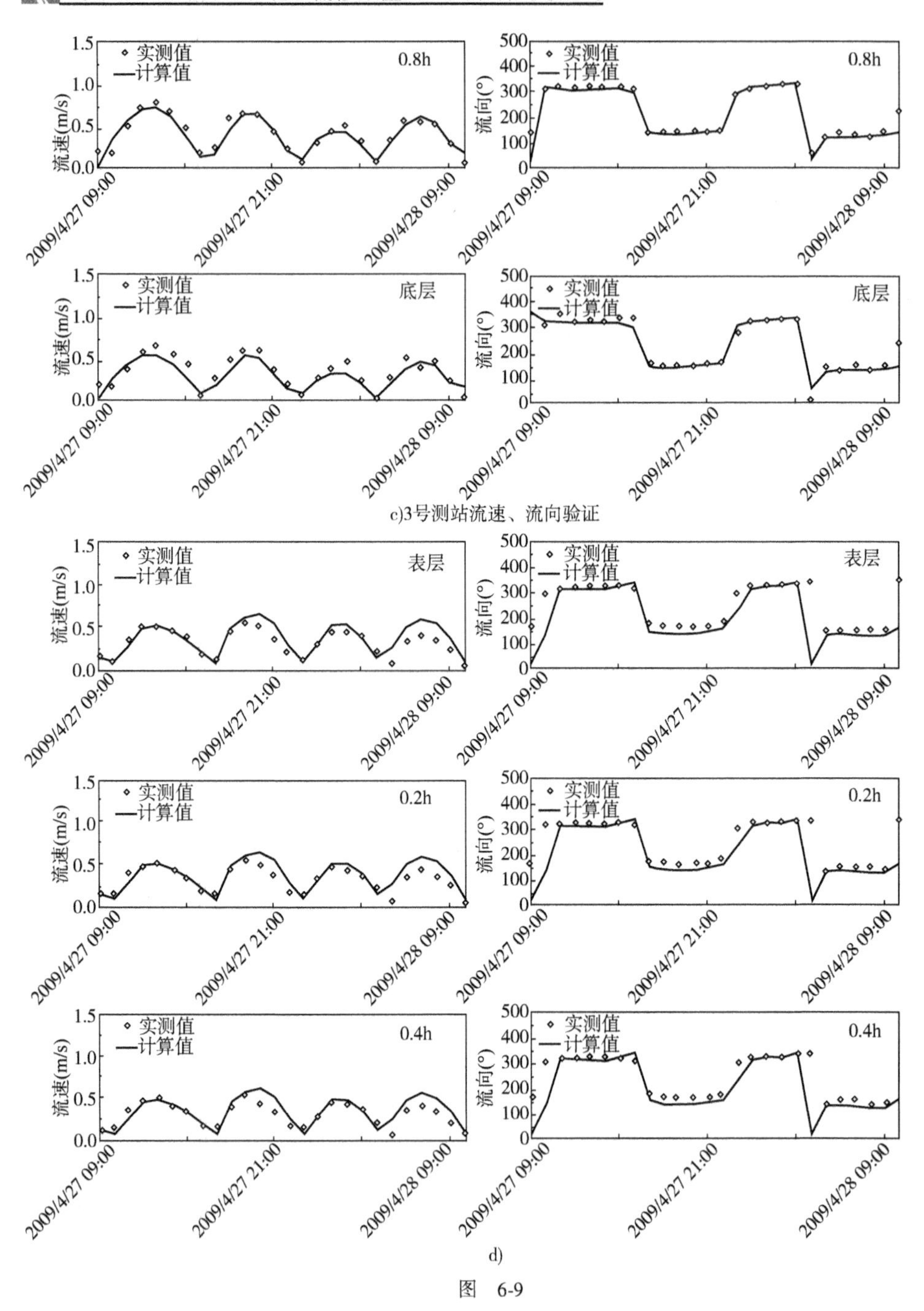

c)3号测站流速、流向验证

d)

图 6-9

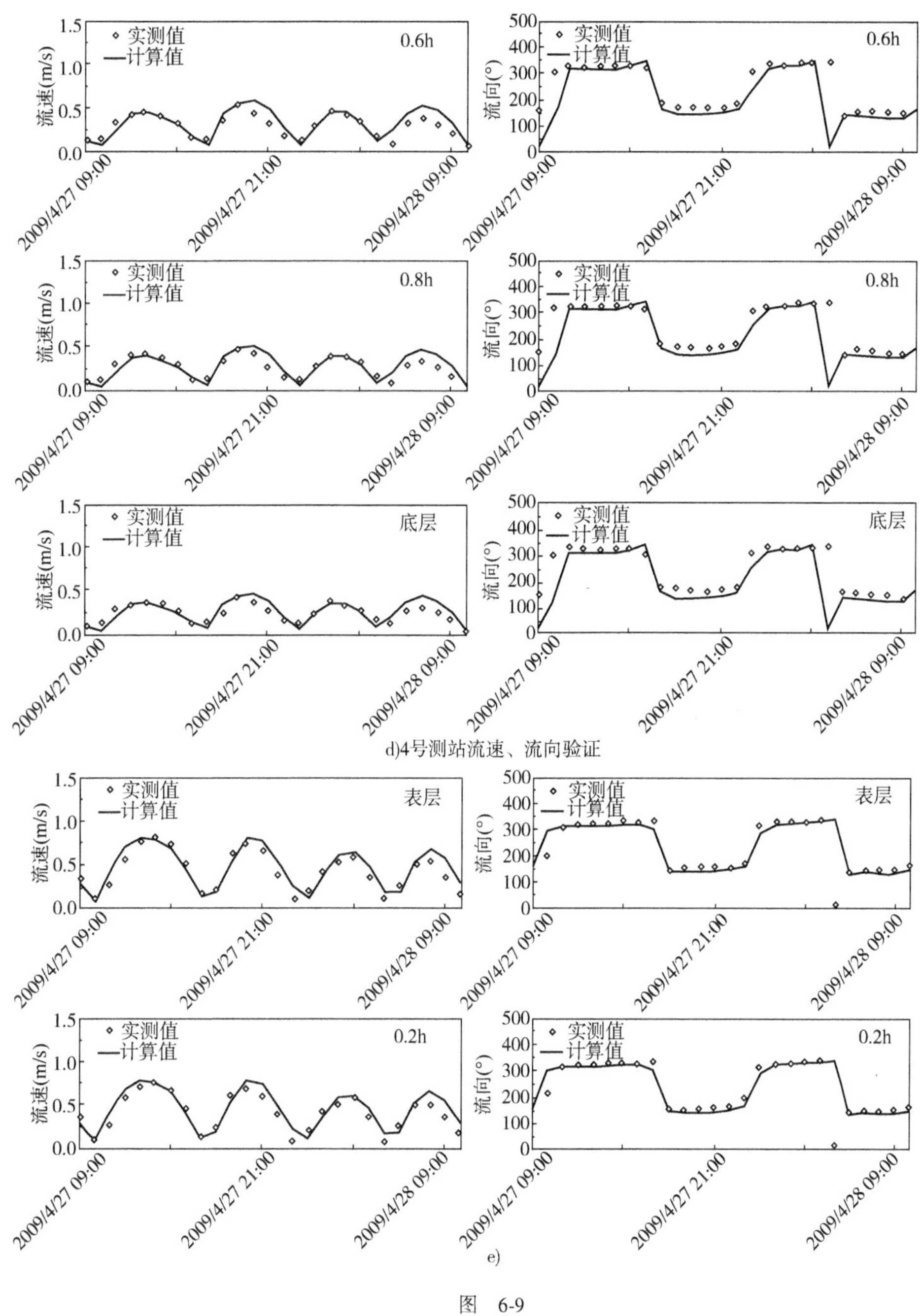
实测值
计算值
0.6h
流速(m/s)
流向(°)
0.8h
底层
d)4号测站流速、流向验证
表层
0.2h
2009/4/27 09:00
2009/4/27 21:00
2009/4/28 09:00
e)

图 6-9

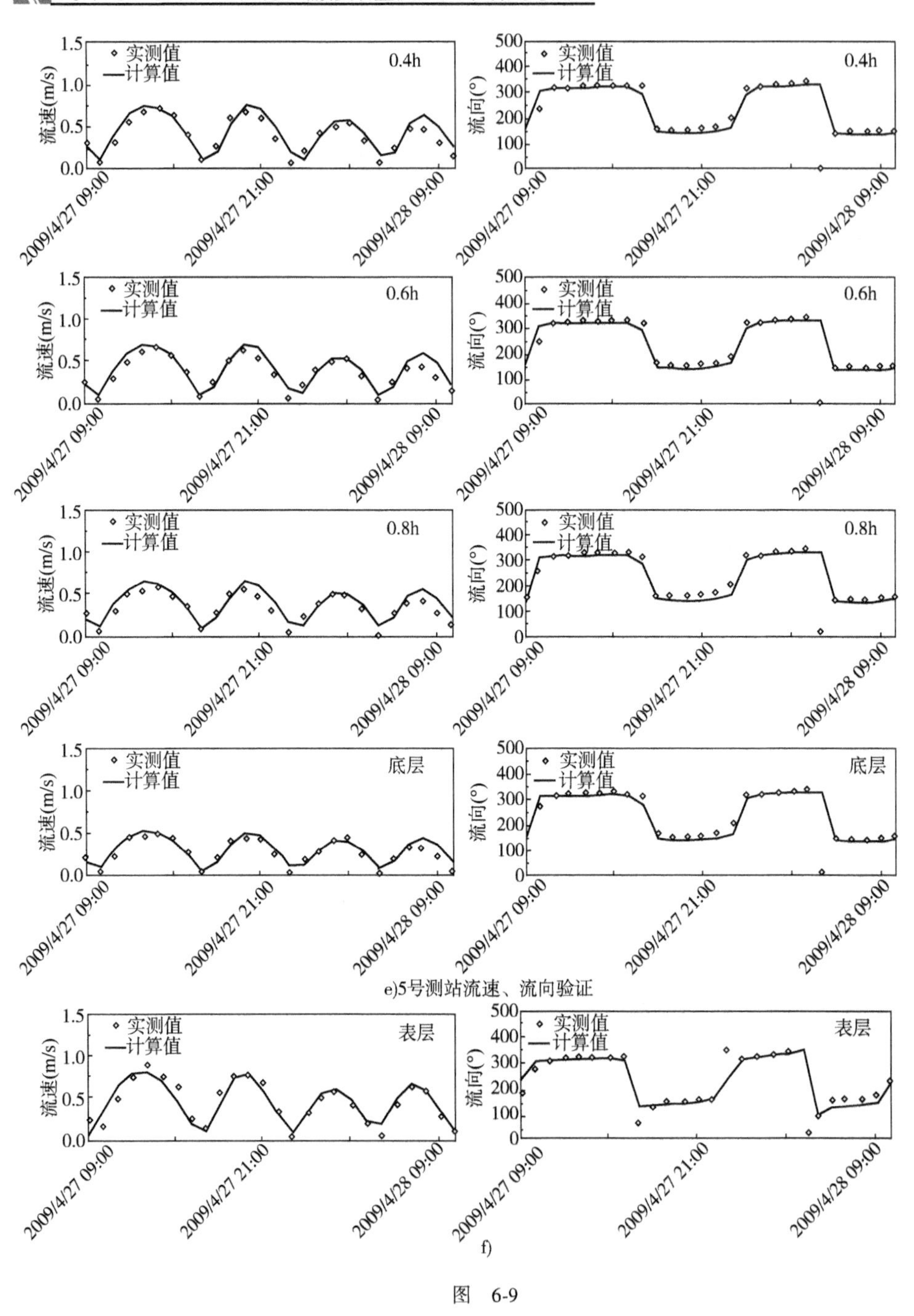

e)5号测站流速、流向验证

f)

图 6-9

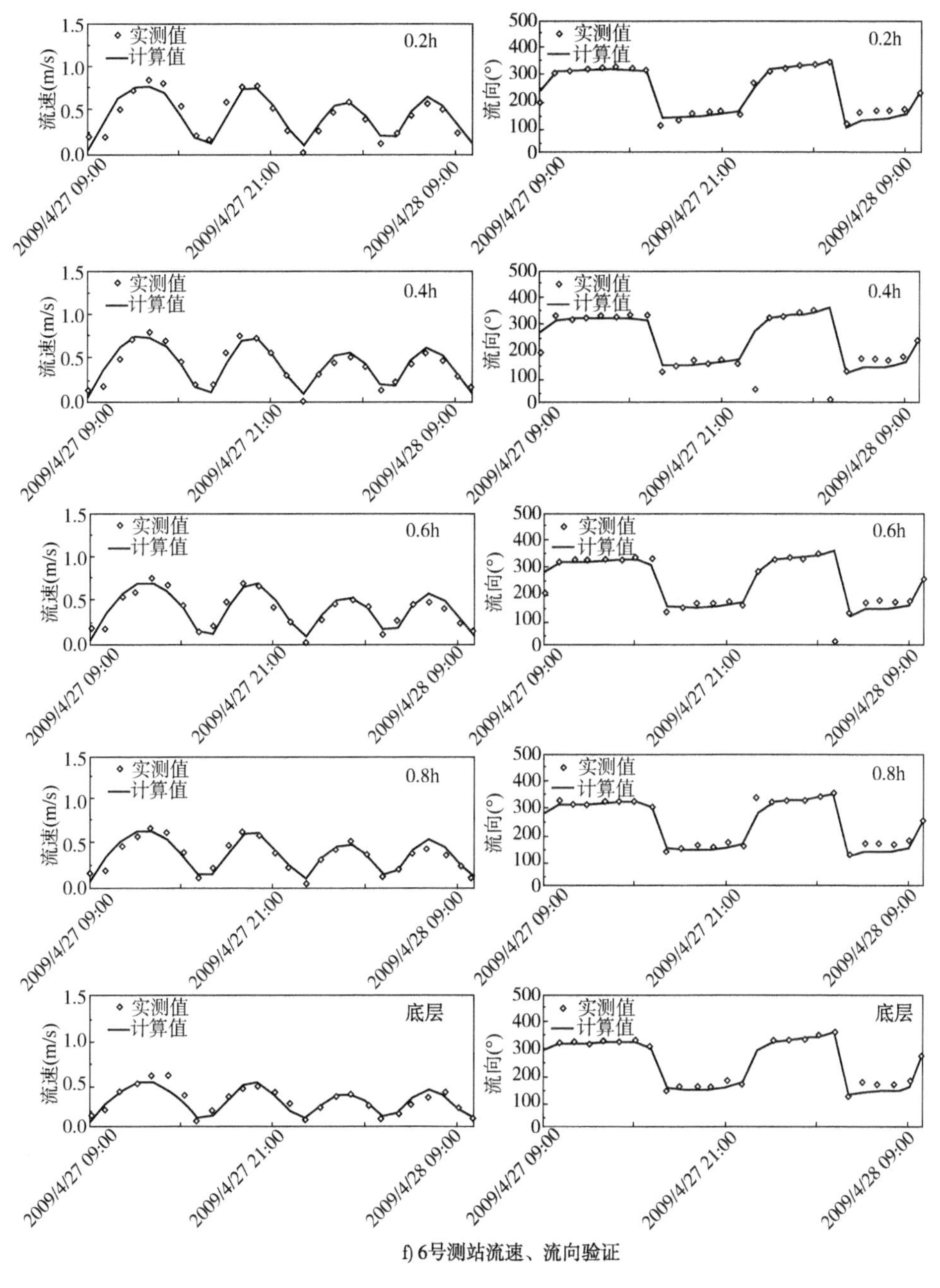

f) 6号测站流速、流向验证

图 6-9

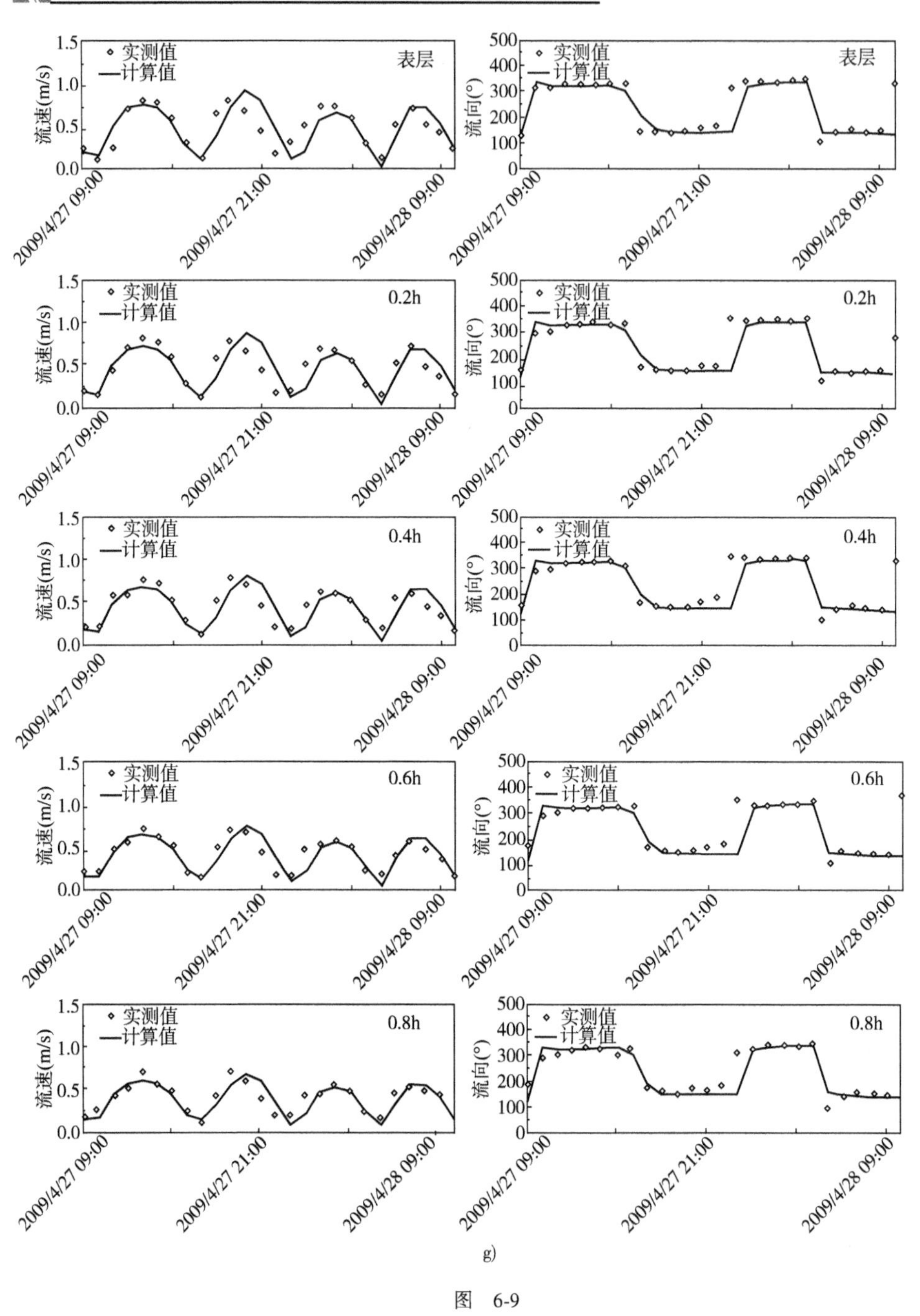

实测值
计算值
表层
0.2h
0.4h
0.6h
0.8h
流速(m/s)
流向(°)
2009/4/27 09:00
2009/4/27 21:00
2009/4/28 09:00

g)

图 6-9

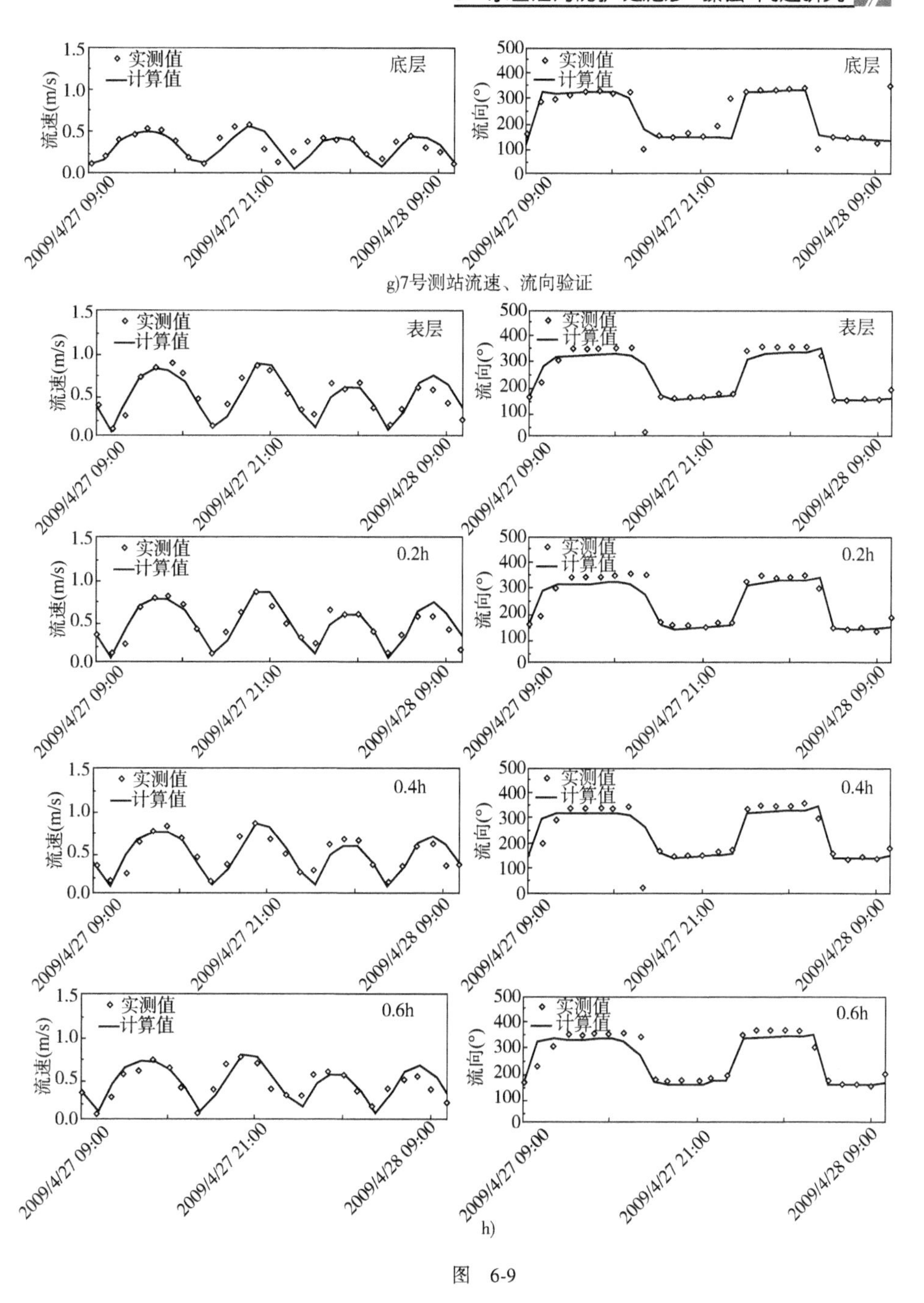

g)7号测站流速、流向验证

h)

图 6-9

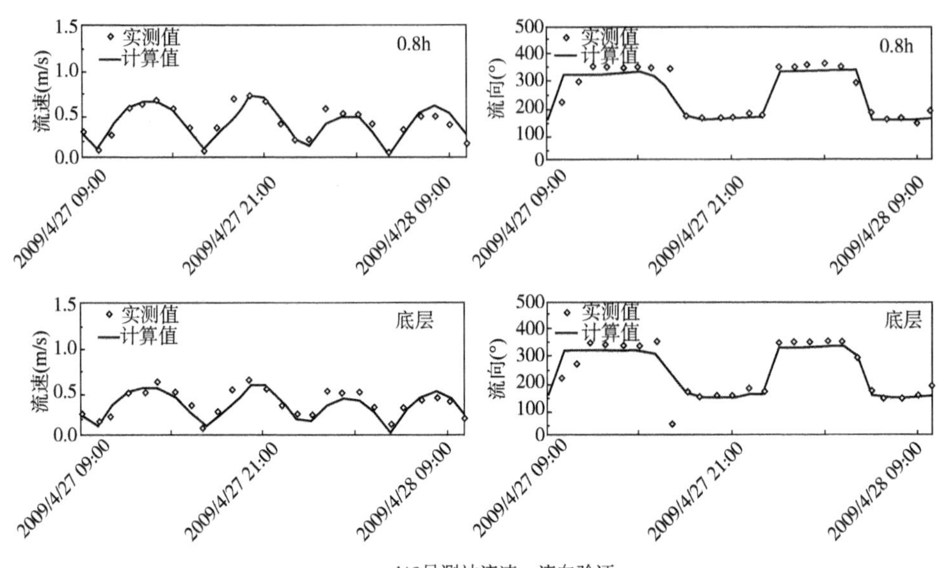

h)8号测站流速、流向验证

图 6-9 大潮各站各层流速、流向验证

6.3.5 风暴潮潮位验证

本次研究中采用 2015 年 11 月 3 日~10 日曹妃甸港、黄骅港和东营港三个站位的实测风暴潮潮位资料进行验证。图 6-10 示意了计算潮位过程与实测值的验证情况,模型可有效地反映风暴潮作用下的增水等情况。

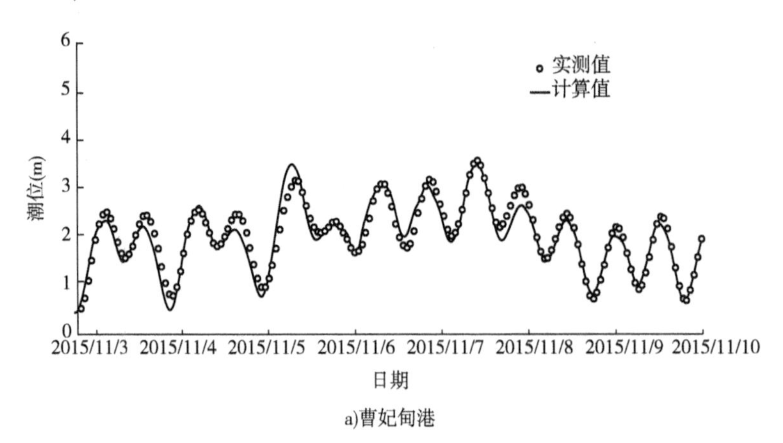

a)曹妃甸港

图 6-10

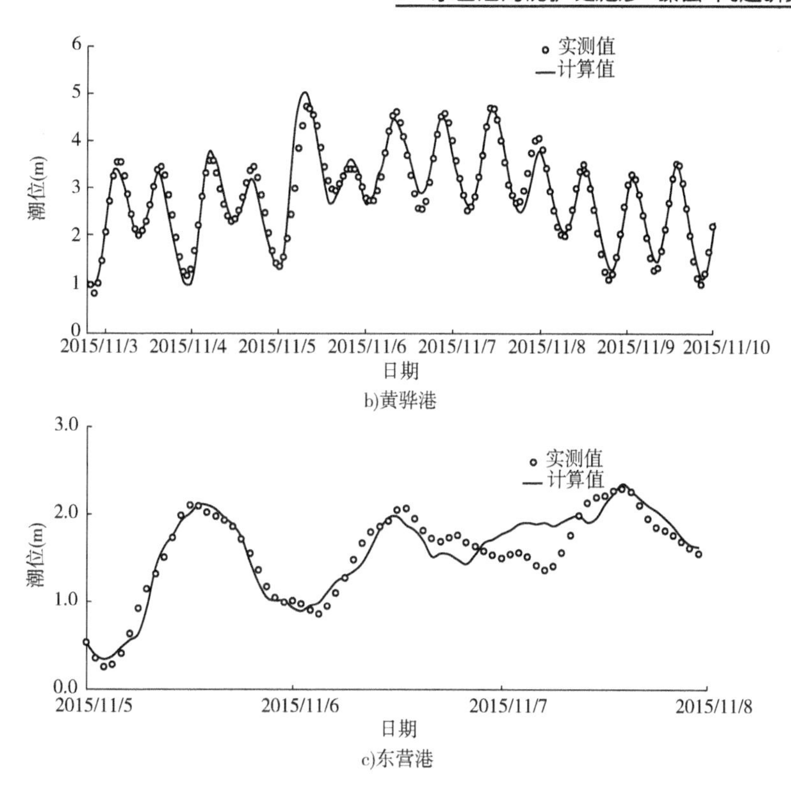

b)黄骅港

c)东营港

图 6-10　2015 年 11 月 3 日~10 日风暴潮潮位验证

6.3.6 泥沙数学模型验证

图 6-11 给出了 2014 年全潮测量中 8 个测站的含沙量实测与计算值比较情况。

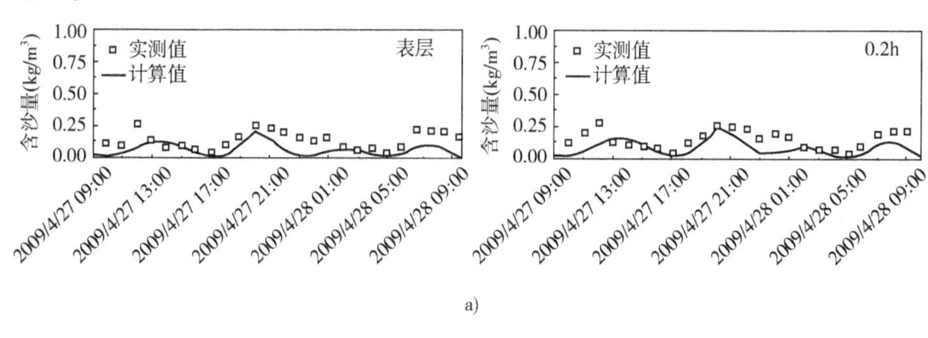

a)

图 6-11

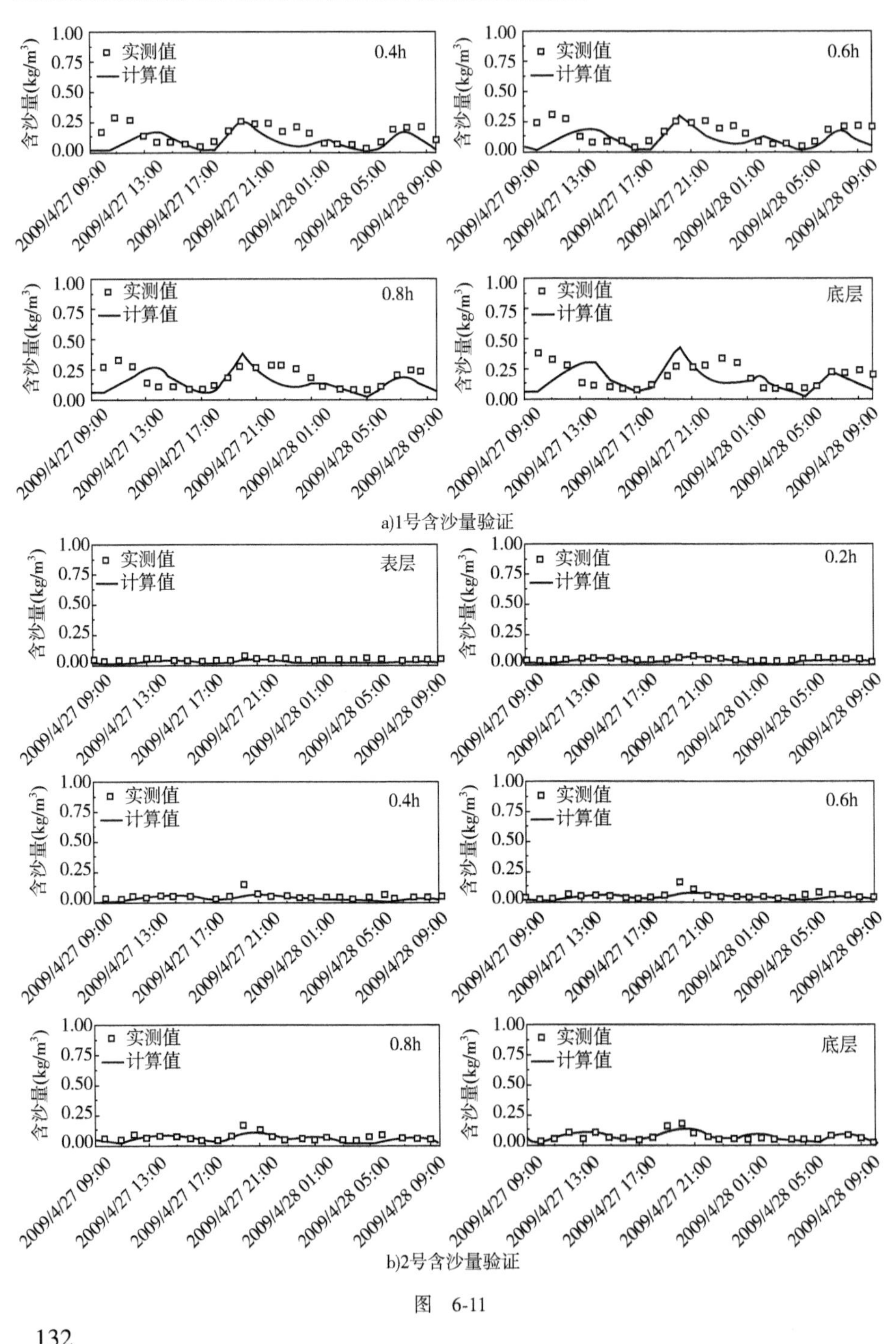

a)1号含沙量验证

b)2号含沙量验证

图 6-11

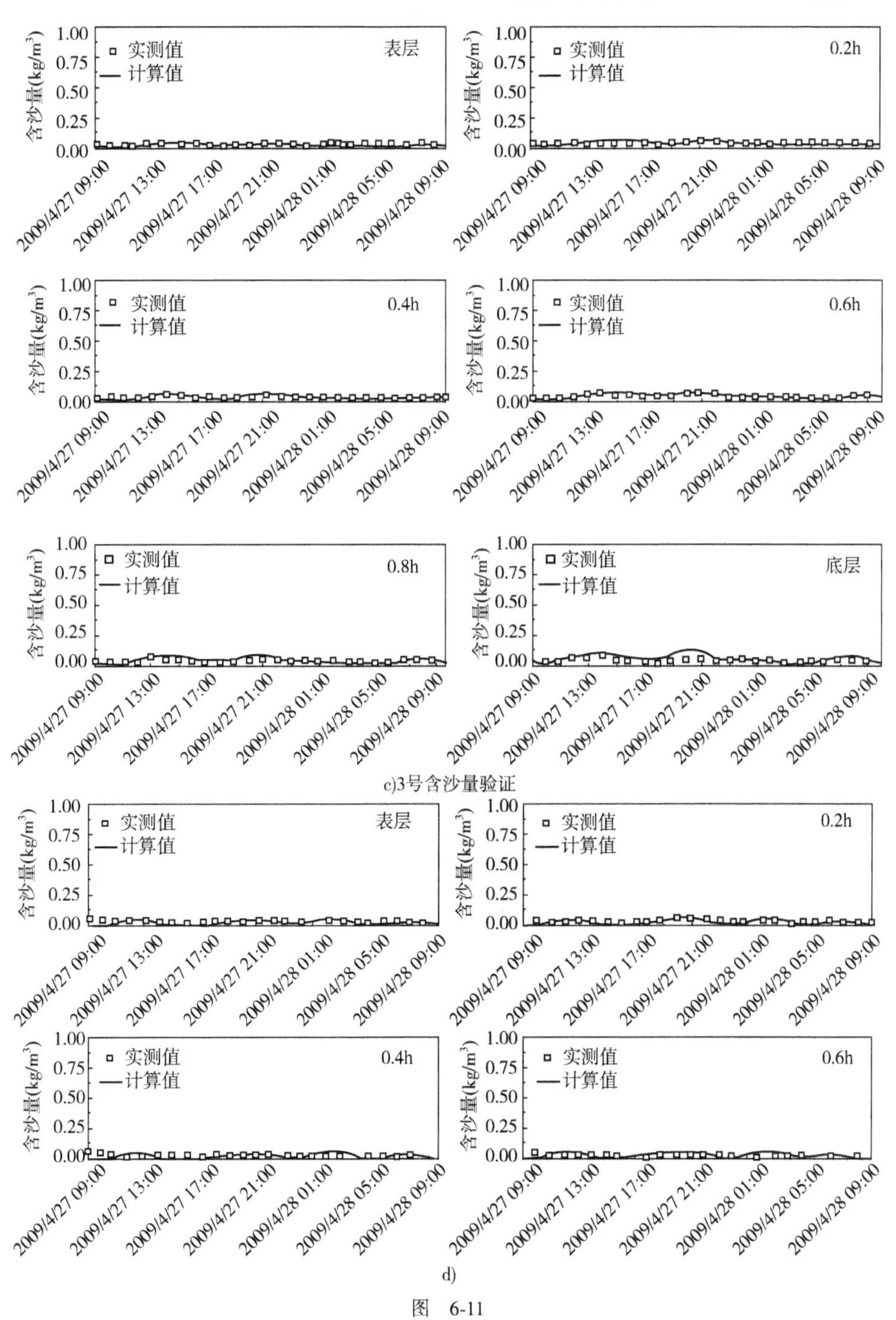

c)3号含沙量验证

d)

图 6-11

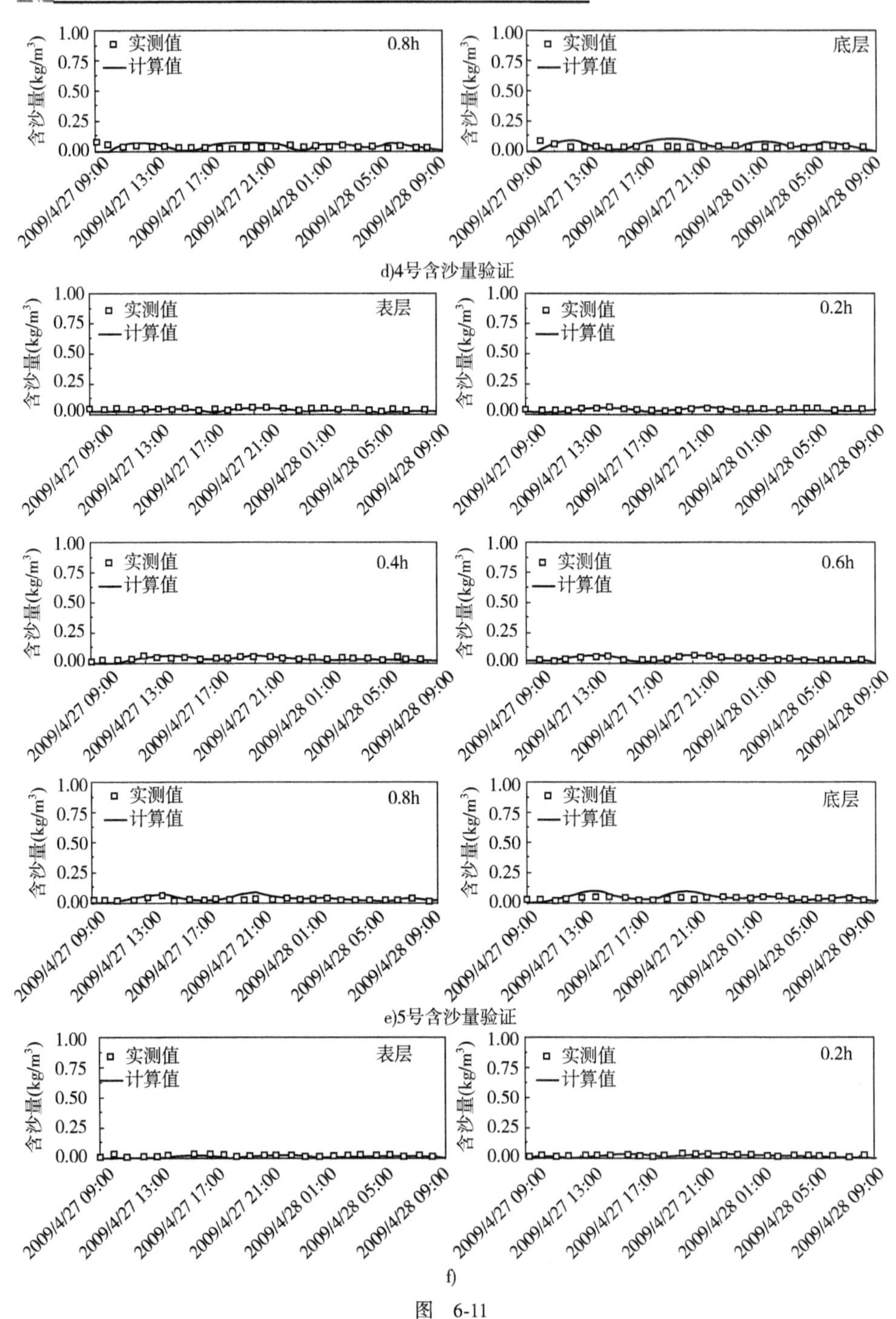

d)4号含沙量验证

e)5号含沙量验证

f)

图 6-11

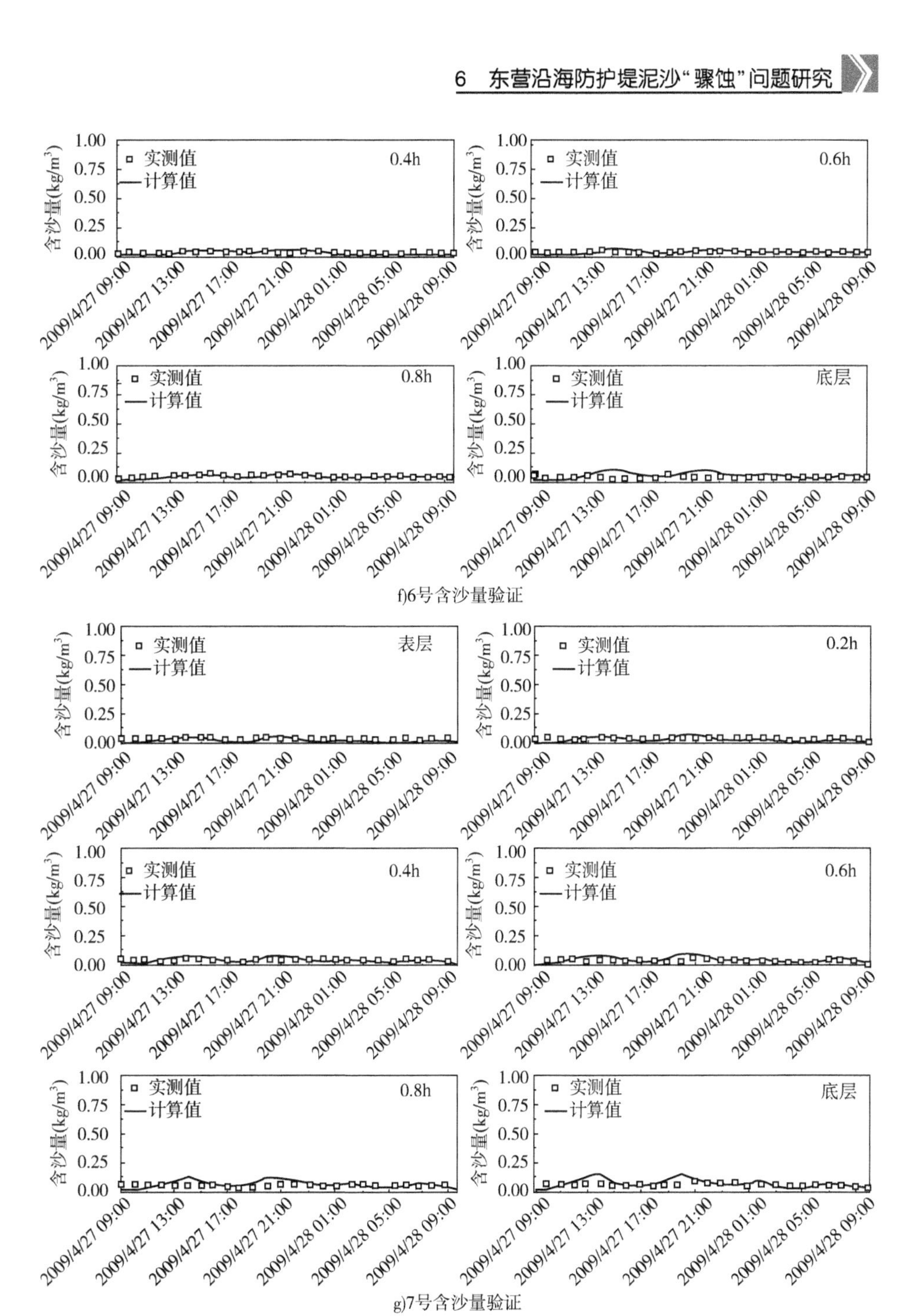

f)6号含沙量验证

g)7号含沙量验证

图 6-11

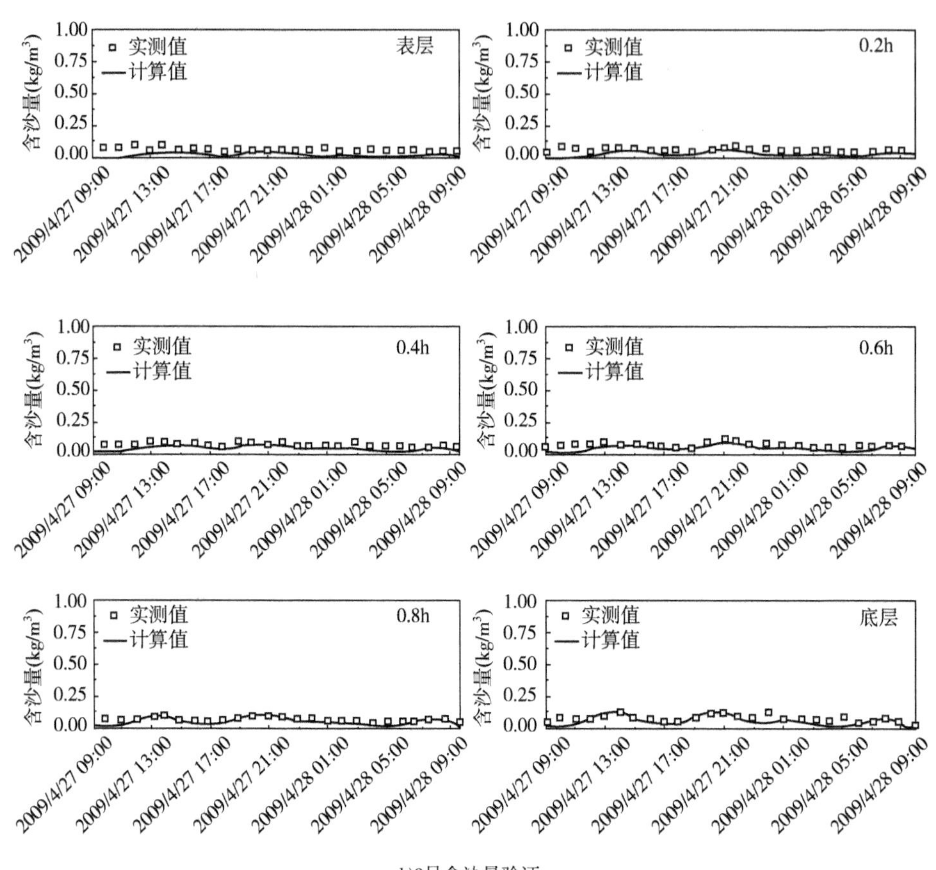

h)8号含沙量验证

图 6-11　大潮各站各层含沙量验证

(1)东营港老堤头地形冲淤验证

动力条件:采用多种大风组合进行计算。从经验角度出发,时间截止到导堤延伸后 2 年。验证结果:图 6-12 为计算地形与实际地形的比较情况,从图中可见计算结果与实际情况在冲淤性质上相同,在量值上接近。

(2)东营港防潮堤堤前冲淤验证

采用 2010 年和 2016 年堤前实测数据作为堤前冲淤验证资料,选取 2012 年 1 月~2015 年 12 月典型大风 8 场作为动力条件。图 6-13 为堤中部测线水深对比,可知本模型对堤前冲淤还原较好,可用于下一步堤前冲刷预测。

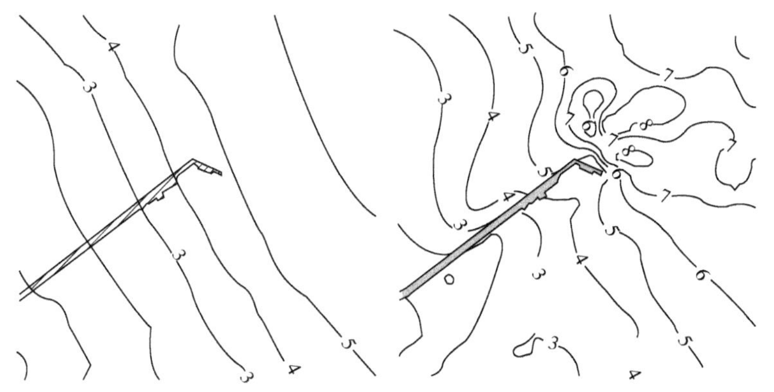

a)东营港北堤延伸前地形　　b)东营港北堤附近地形现状

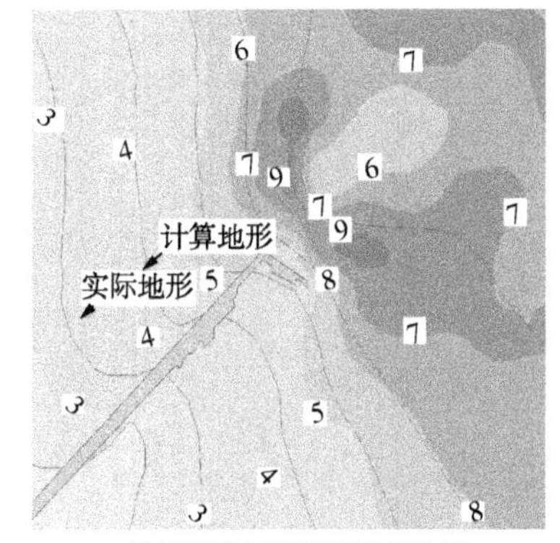

c)计算地形与实际地形的比较

图 6-12　东营港老堤头地形冲淤验证情况

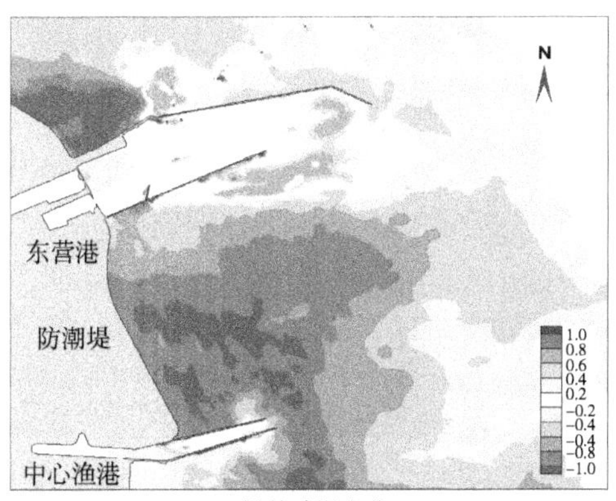

a)堤前冲淤变化

图　6-13

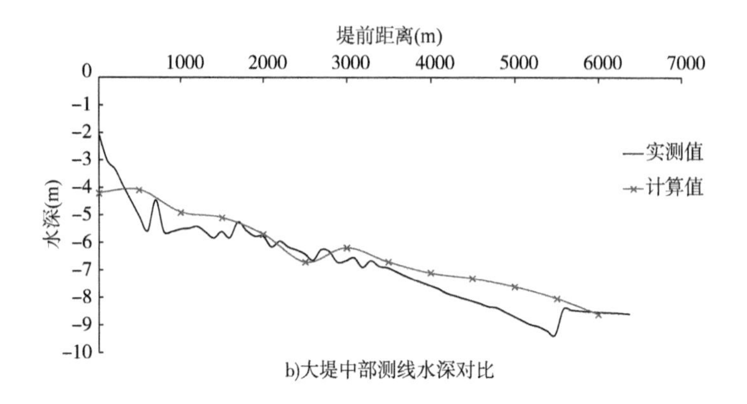

b)大堤中部测线水深对比

图 6-13　东营港防潮堤堤前冲刷验证情况

6.4 研究成果

6.4.1 黄河口岸滩骤蚀情况

以港北防潮堤、东营港防潮堤及中心渔港南部防潮堤为例,介绍黄河口岸滩骤蚀情况。通过对比 2006 年堤前地形、2016 年 6 月工程海域实测水深数据及部分防潮堤 2010 年地形数据可知:

现状情况下,工程海域堤前水深大幅加深。从测线对比看,港北防潮堤堤根 2016 年水深相对 2006 年加深 0.8~1.5m;东营港防潮堤堤根 2016 年水深相对 2006 年加深 0.6~2.7m;南部防潮 2016 年相对 2006 年加深约 1m。

港北防潮堤及东营港防潮堤均为堤前 3km 范围内为冲刷最重区域,3km 以外区域冲刷程度有所降低;堤前 3km 范围内,港北防潮堤 2016 年相对 2006 年加深约 2.8m;本防潮堤 2016 年相对 2006 年加深 1.5~2m。南部防潮部分测区堤前 6km 范围均匀加大刷深,见图 6-14、图 6-15。

6.4.2 黄河口岸滩骤蚀发生时的堤前水流情况

为了对比分析黄河口岸滩骤蚀发生时的堤前水流特殊情况,首先看一下正常天气下本海区水流特征,然后再对比大风天时堤前水流情况,即可对骤蚀发生时的堤前水流特征有明显认识。

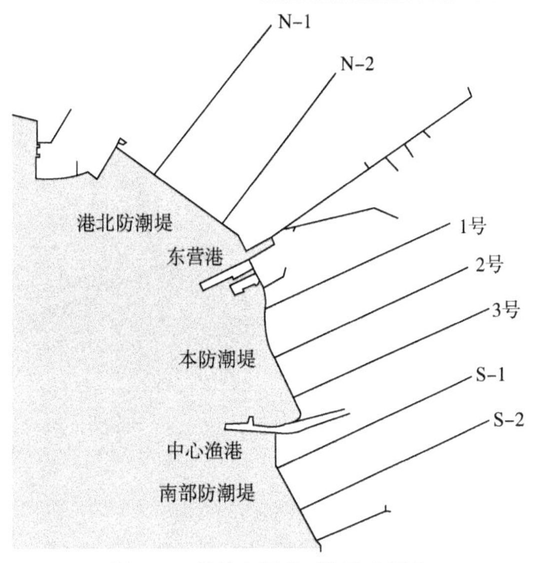

图 6-14 堤前水深断面位置示意图

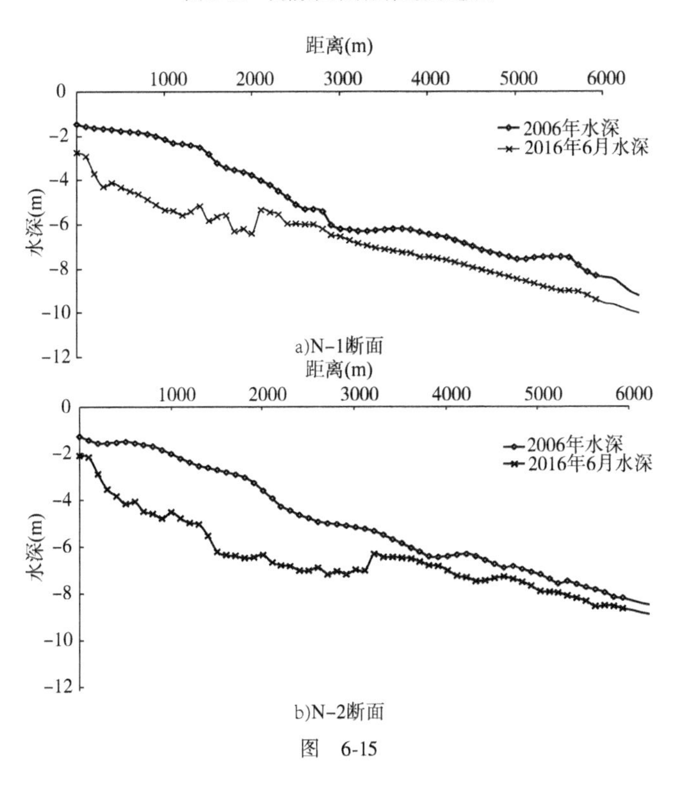

图 6-15

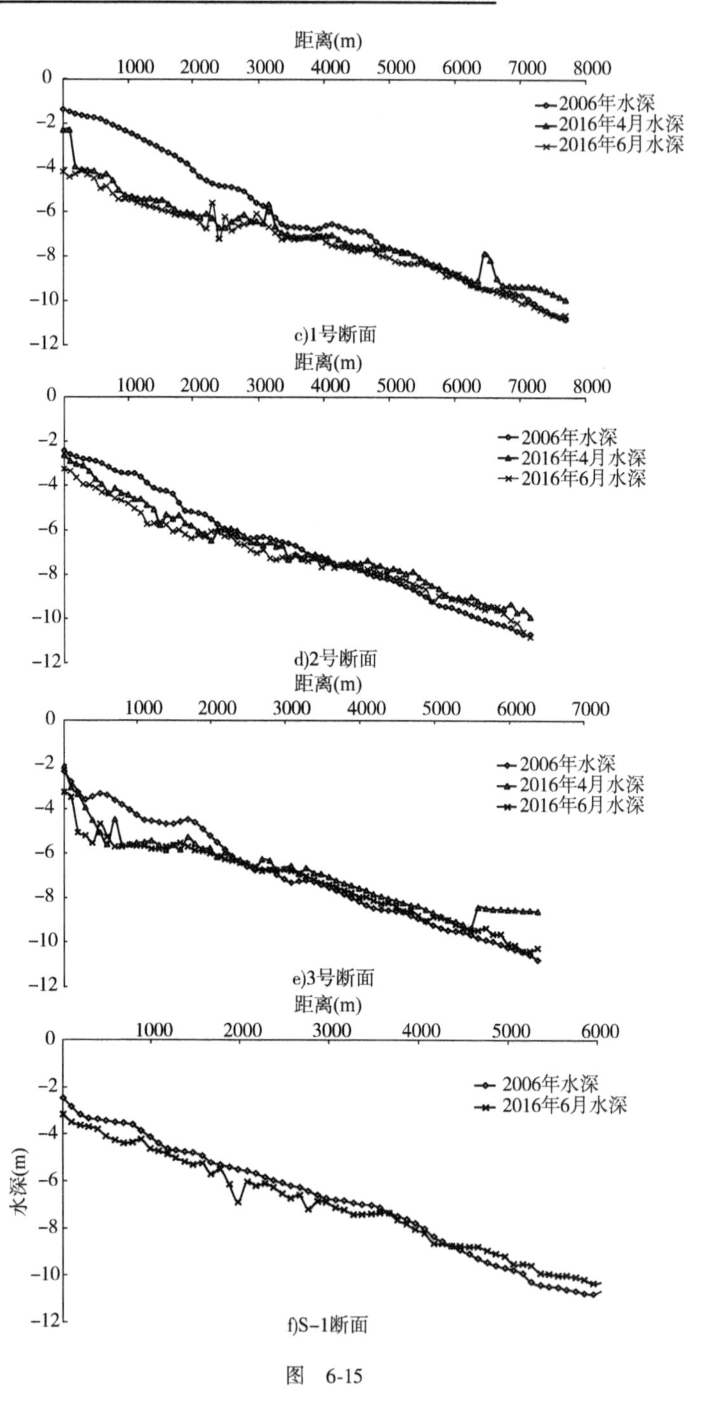
距离(m)
1000 2000 3000 4000 5000 6000 7000 8000
0 -2 -4 -6 -8 -10 -12
2006年水深
2016年4月水深
2016年6月水深
c)1号断面
距离(m)
1000 2000 3000 4000 5000 6000 7000 8000
0 -2 -4 -6 -8 -10 -12
2006年水深
2016年4月水深
2016年6月水深
d)2号断面
距离(m)
1000 2000 3000 4000 5000 6000 7000
0 -2 -4 -6 -8 -10 -12
2006年水深
2016年4月水深
2016年6月水深
e)3号断面
距离(m)
1000 2000 3000 4000 5000 6000
0 -2 -4 -6 -8 -10 -12
水深(m)
2006年水深
2016年6月水深
f)S-1断面

图 6-15

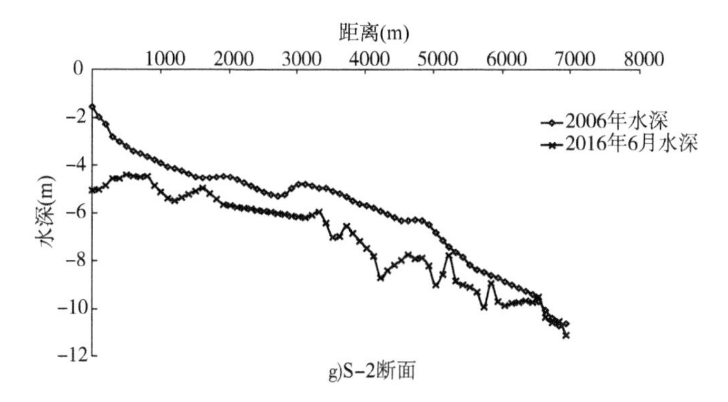

g)S-2断面

图 6-15 本研究防潮堤堤前断面水深对比

1)正常天气下堤前水流情况

东营港防潮堤整体流速呈现顺岸的往复流形式,主流向基本为 NW ~ SE 向。整体上外海流速大于近岸流速,北侧流速大于南侧流速,尤以东营港堤头流速最大,可达 1.6m/s 以上。NW 向及 SE 向水流方向上,东营港防沙堤堤头及中心渔港堤头附近均有环流存在。东营港防沙堤堤头环流尤其明显,其环流尺度、环流强度均较大,见图 6-16。

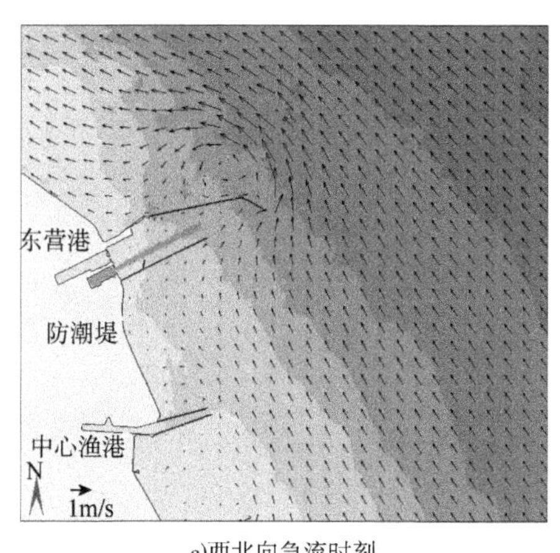

a)西北向急流时刻

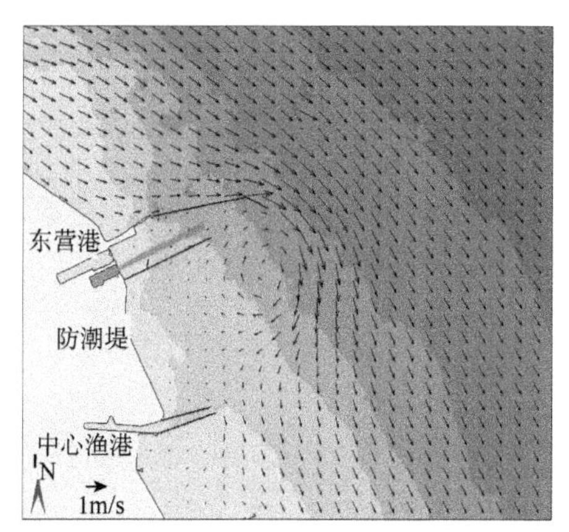

b)东南向急流时刻

图 6-16 正常天气下工程海域流速矢量图

东营港防潮堤堤前流速相对较小,中间最大流速基本在 0.2m/s 以内,南北两侧流速基本在 0.1m/s 以内,见图 6-17。受东营港北堤环流影响,堤前水流方向与外海水流流向不一致,但仍为沿堤往复运动,见图 6-18。

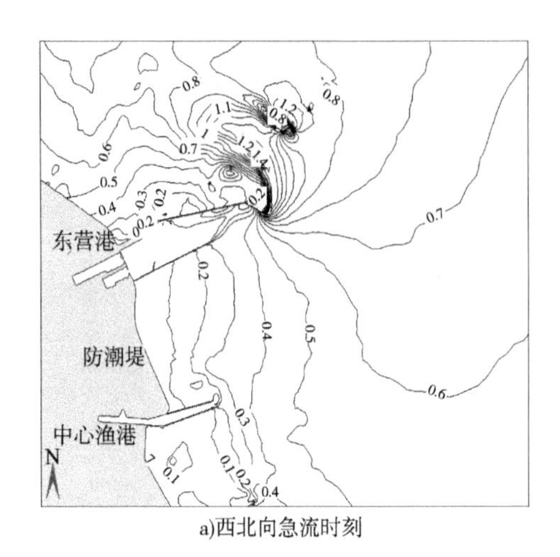

a)西北向急流时刻

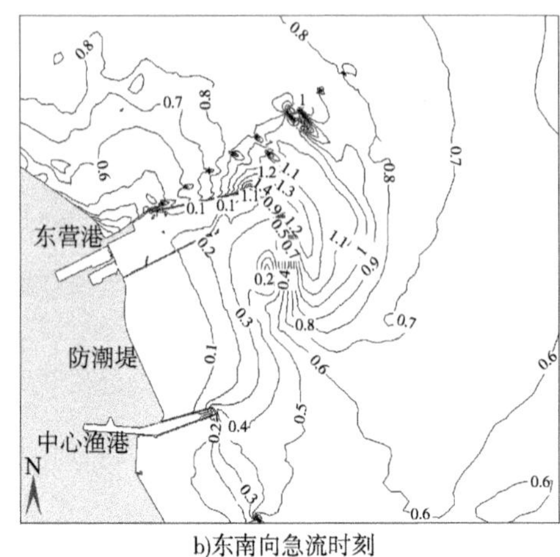

b)东南向急流时刻

图 6-17　正常天气下工程海域流速分布

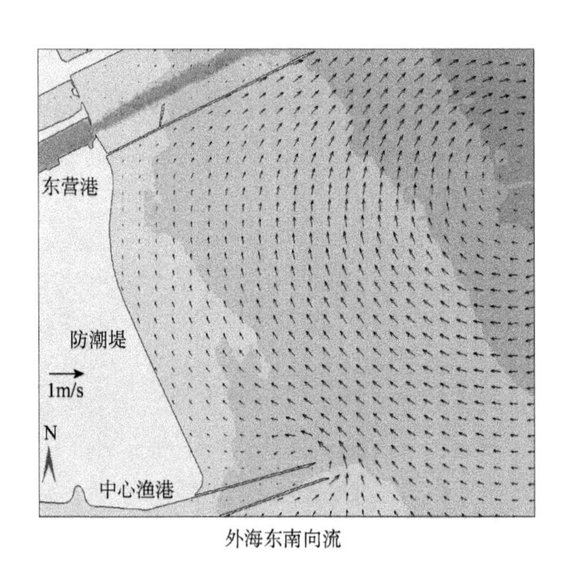

外海东南向流

图 6-18　正常天气下急流时刻堤前流速矢量图

从正常天气表、底层流速矢量及堤前断面垂向水流结构分析看，正常天气下表、底层流态、流向一致，只是流速量值有所差异，表层流速大于底层流速，见图 6-19～图 6-21。

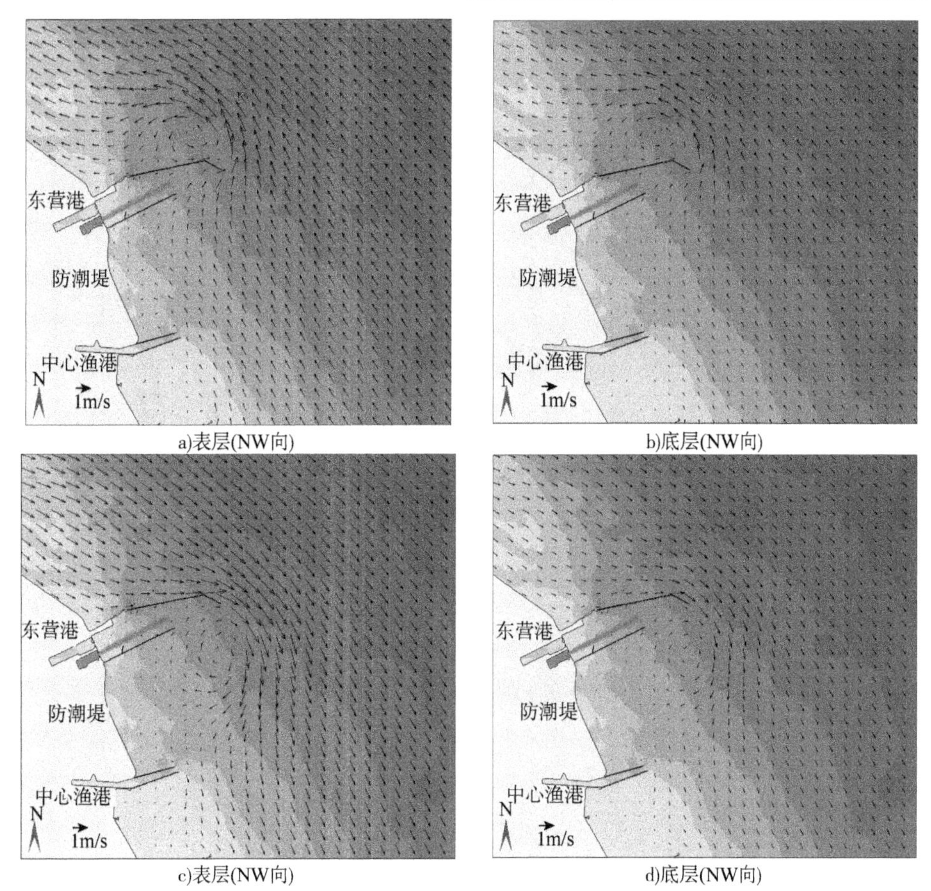

a)表层(NW向)　　b)底层(NW向)

c)表层(NW向)　　d)底层(NW向)

图 6-19　正常天气下工程海域急流时刻表底层流速对比

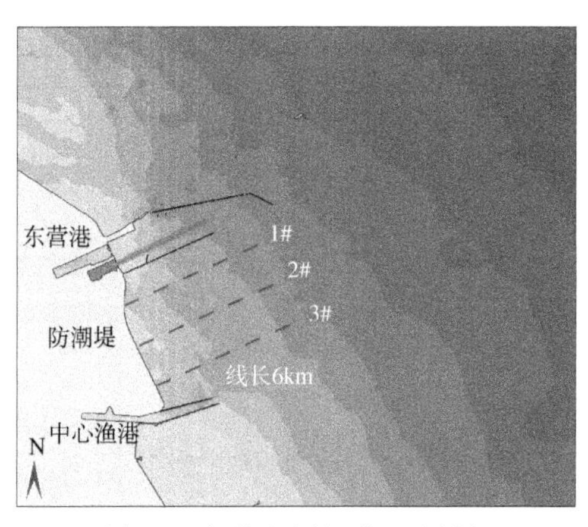

图 6-20　堤前流速断面位置示意图

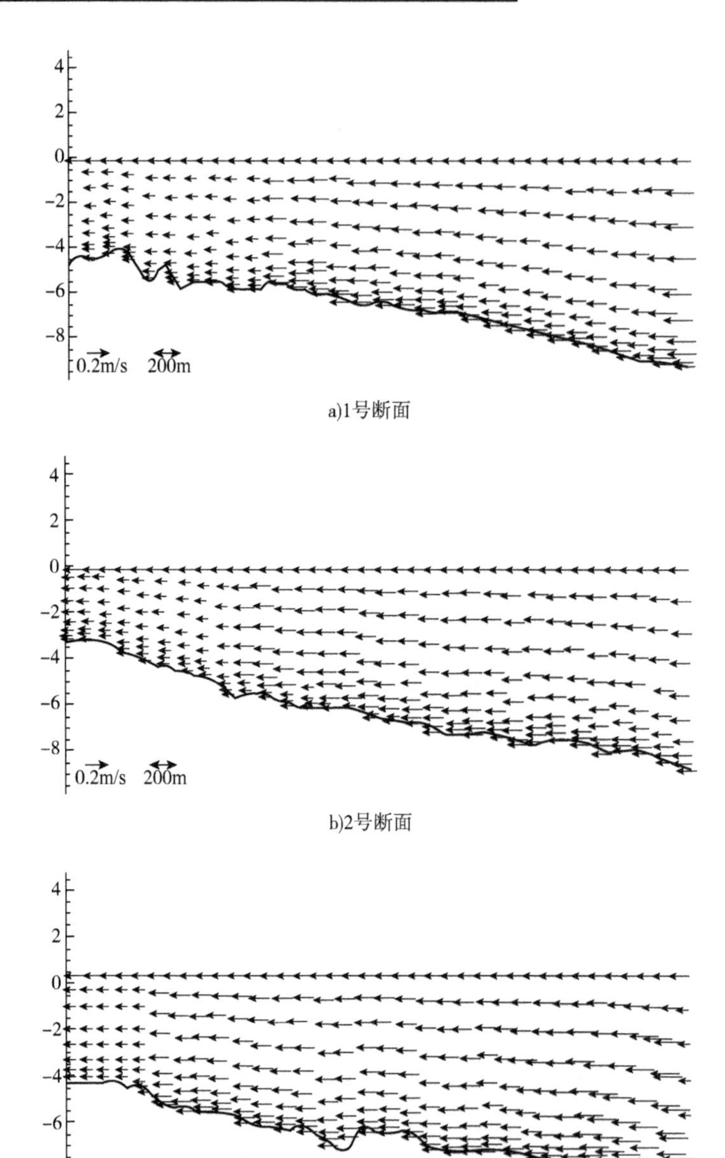

a)1号断面

b)2号断面

c)3号断面

图 6-21　堤前流速断面垂向流速分布示意图

2)大风天作用下堤前水流情况

2015 年底防潮堤经历了一次建堤后特大风暴潮过程,堤前出现大幅严重冲刷。首先来看特大风暴潮下的堤前水流情况。此次大风发生于 2015 年 11 月 5 日~8 日,大风以 ENE 风为主,9 级以上大风 8h,8 级以上风持续 48h,7 级以上风持续 54h。

在 2015 年 11 月 5 日~8 日大风作用下,随着风速的逐渐增大,堤前出现一定程度的增水,堤前水流随风向逐渐偏转,水流流态发生变化,待增水达到一定高值时,堤前垂向水流结构出现本质变化。表、底层流向完全相反,表层水流随风向岸运动,底层离岸向外运动,出现大范围的底层离岸流;从流速看底层流速明显大于表层流速;整个大风期间,这种水流影响范围达到堤前 8km 以上。见图 6-22、图 6-23。

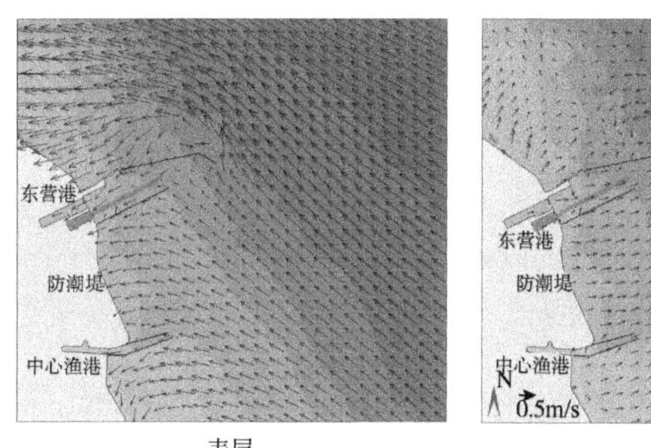

表层　　底层

a)时刻1流速矢量、堤前冲刷后地形

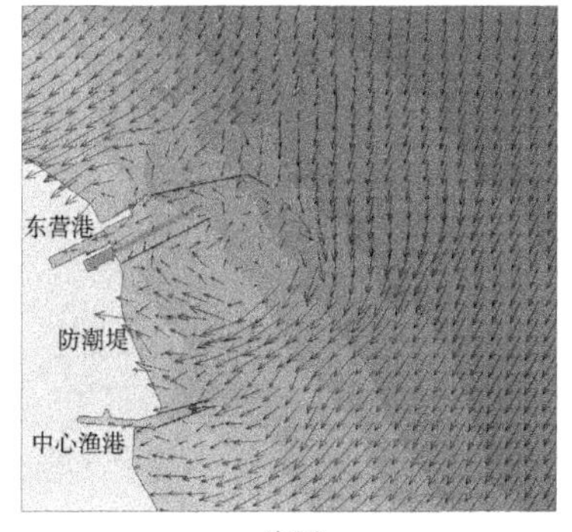

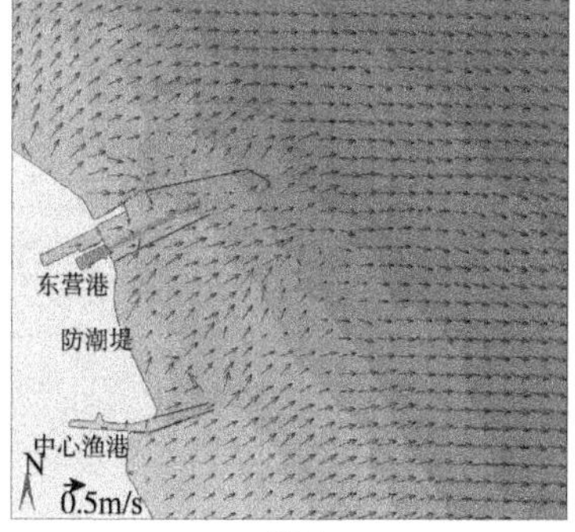

表层　　底层

b)时刻2流速矢量、堤前冲刷后地形

图　6-22

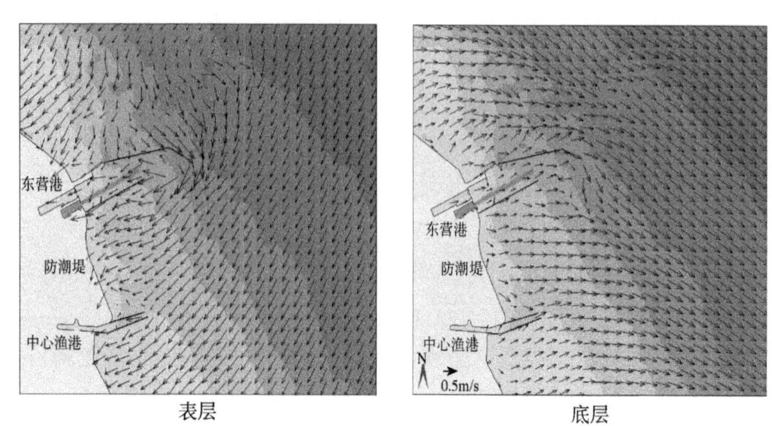

c)时刻3流速矢量、堤前冲刷后地形

图 6-22　2015 年 11 月 5 日~8 日大风期间堤前水流情况

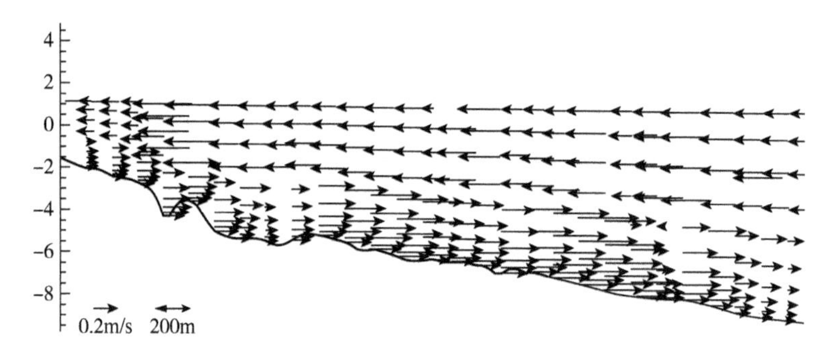

a)1号断面(堤前未冲刷地形)

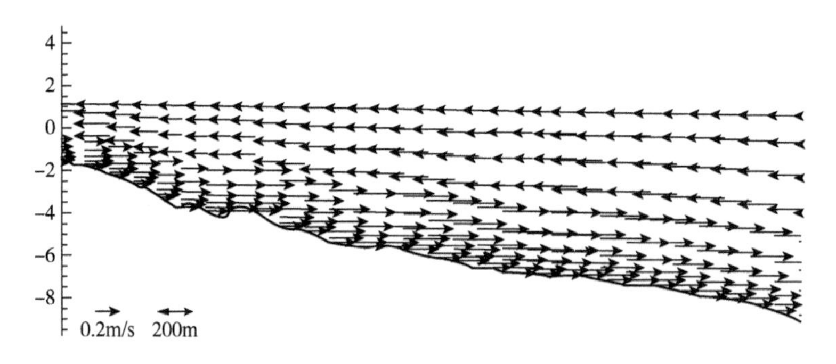

b)2号断面(堤前未冲刷地形)

图　6-23

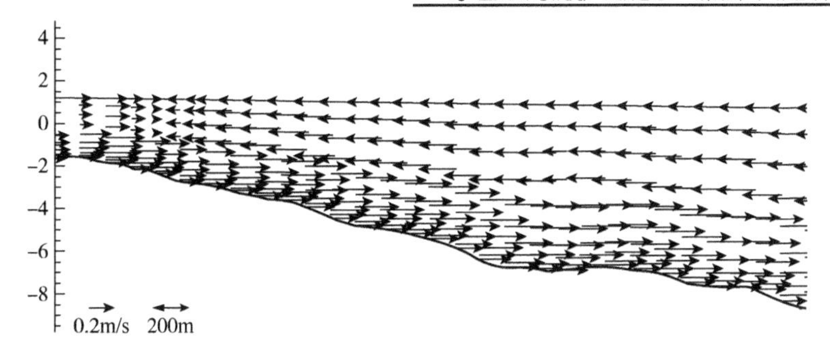

c)3号断面(堤前未冲刷地形)

图 6-23 2015 年 11 月 5 日~8 日大风期间堤前水流情况

由此,在风浪及水流作用下,底部泥沙大量起动,进而在这种大范围的高强度离岸流带东西使底沙大量向外运移,由此成为造成堤前大范围、短时、强冲刷的主要原因。且在堤前水深加大(假定堤前水深加深 2m)后,该现象也未消失,强度虽有减弱,但减小不明显,见图 6-24。

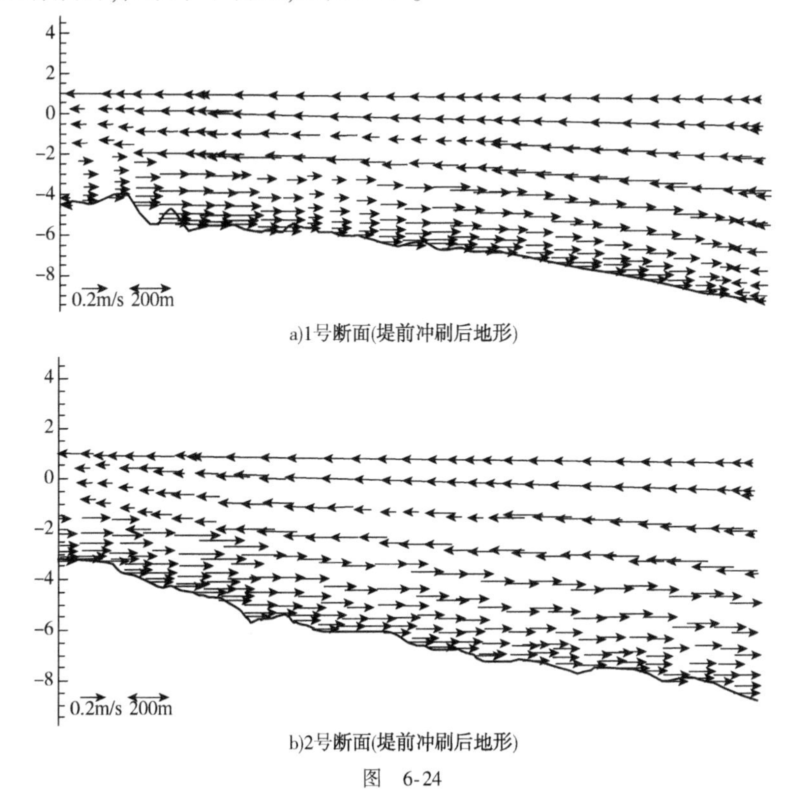

a)1号断面(堤前冲刷后地形)

b)2号断面(堤前冲刷后地形)

图 6-24

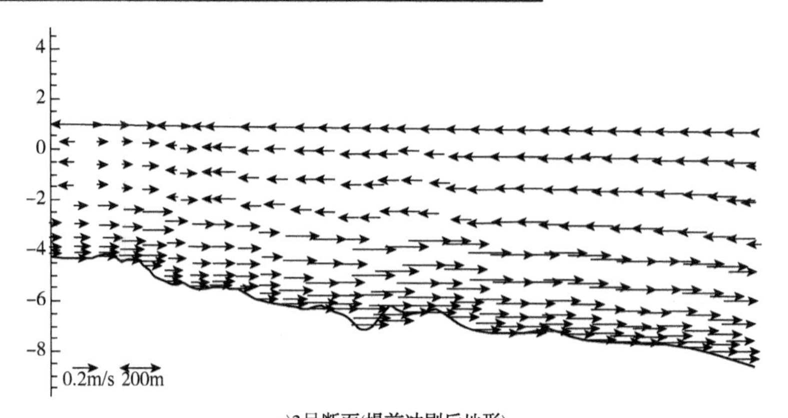

c)3号断面(堤前冲刷后地形)

图6-24 2015年11月5日~8日大风期间堤前水流情况

6.4.3 黄河口岸滩骤蚀发生时的堤前泥沙运移情况

同水流对比情况,对比正常天气及大风暴潮下泥沙运移,可对骤蚀是泥沙运动更为直观。

正常天气情况下,堤前水动力较弱,泥沙难以起动,故其含沙量较低;由于本海域水流呈顺岸式往复流,外部泥沙也难以扩散到堤前水域,这一点从悬沙扩散也可以得到反映。从正常天气含沙量分布也可以看出,堤前泥沙来源极少,若堤前地形在大风条件下有所刷深,正常天气下基本无恢复能力。

(1)在年平均水动力条件下,整个海区含沙量有所增大,堤头附近由于水流强度大,泥沙大量起动含沙量最大。防潮堤堤前含沙量仍然较小。见图6-25。

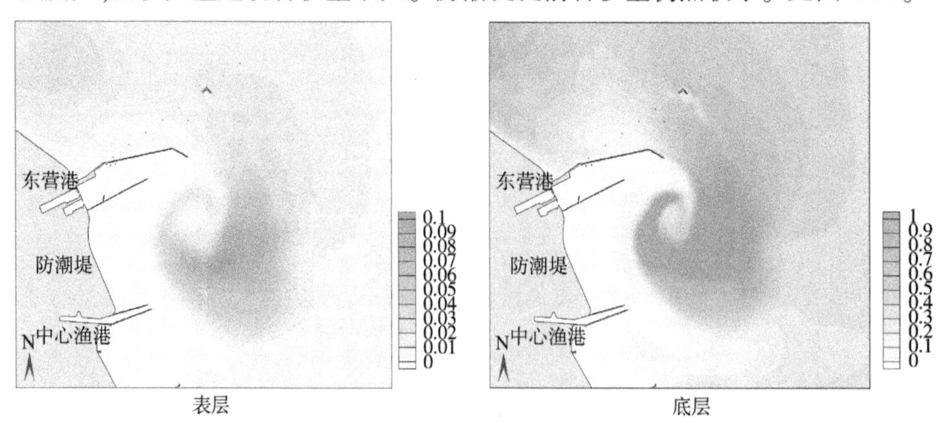

图6-25 年平均动力条件下工程海域含沙量分布情况(SE向急流时刻)

(2)2015 年 11 月 5 日～8 日大风下，海区含沙量急剧增大，堤头绕流引起的高含沙区不明显，最大含沙量集中在堤前 8km 范围内，底层含沙量可达 8～80kg/m³。这与水流分布有很好的对应关系。见图 6-26。

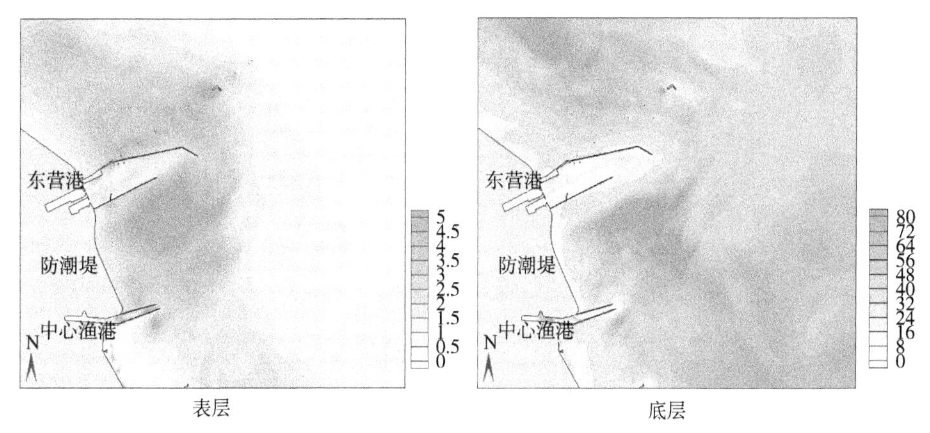

图 6-26　2015 年 11 月 5 日～8 日大风期间堤前含沙量情况

由大风天含沙量分布结合风天流场可以看出，防潮堤区域风浪是堤前泥沙起悬的主要动力。堤前泥沙骤蚀的泥沙运移方式是：风暴潮期间，底沙在浪流综合作用下大量起动，且在底部形成高浓度泥沙体，然后在近底高强度离岸流带动下向外运移。

6.4.4 黄河口岸滩骤蚀原因分析下一步发展预测

1）堤前冲刷原因分析

本研究计算了三种代表性风况下的堤前冲刷情况（上节中采用的风况）和纯潮作用下堤前冲刷情况。通过计算发现：

(1)纯潮作用下堤前基本处于不冲不淤状态；一年多发风况情况下（以 2008 年 3 月 9 日～12 日大风为例），堤前出现较为轻微的冲刷，冲刷范围主要集中在堤前几十米，刷深在 0.03～0.06m 左右；9711 台风作用下，堤前冲刷范围及强度均有所增大，刷深在 0.3～0.4m 左右；2015 年 11 月 5 日～8 日大风期间，堤前整个工程区域均呈冲刷状态，堤前刷深在 0.8～1m 左右。见图 6-27～图 6-29。

(2)根据防潮堤建成后经历的大风过程，结合不同风况下堤前冲刷情况可以认定，堤前出现的 1.5～2m 刷深是多次风浪淘刷综合作用的结果。前期不同风浪作用下，堤前逐渐冲刷，且由于得不到泥沙补给，地形难以恢复，至 2015 年特大风暴潮发生时，堤前再次遭受突然大幅刷深，累积导致堤前构筑物出现损坏。

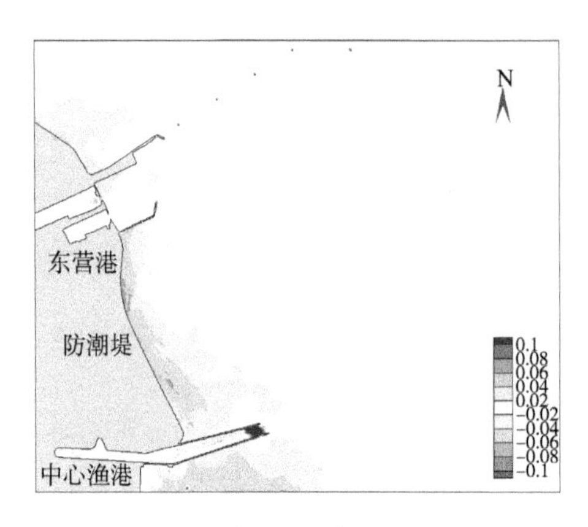

图 6-27 原地形下 2008 年 3 月 9 日~12 日大风期间堤前冲淤变化

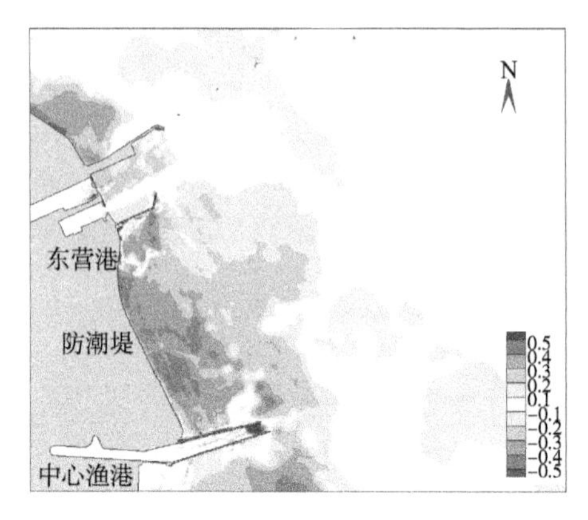

图 6-28 原地形下 9711 台风期间堤前冲淤变化

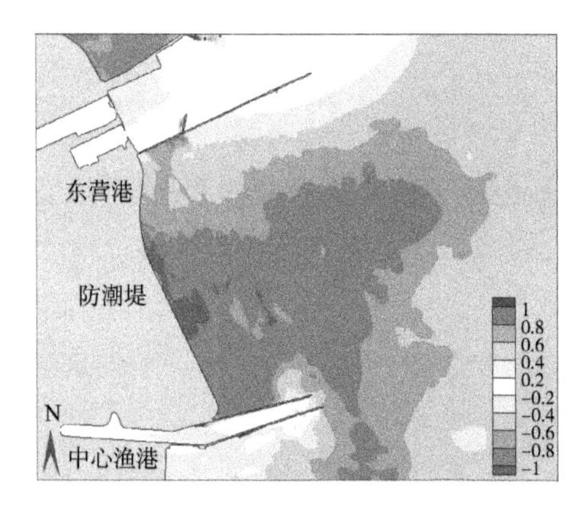

图 6-29 原地形下 2015 年 11 月 5 日~8 日大风期间堤前冲淤变化

(3)关于堤前冲刷范围极广原因,由大风天堤前流场分布可得到解答。在大风暴潮发生时,由于堤前增水及波浪综合作用,底层出现大范围、高强度的离岸流(底部流速可达 0.5m/s 以上),该离岸流携带近岸大量起动的泥沙向外海输移,最终使近岸泥沙逐渐向外海流失,而由于底层高强度离岸流影响范围很大,由此造成堤前冲刷区极为宽广。

2)进一步冲刷预测

根据对 2008 年 3 月 9 日~12 日、9711 号台风以及 2015 年 11 月 5 日~8 日特大风暴潮作用下堤前冲淤计算结果分析:

(1)冲刷后现地形下,2008 年 3 月 9 日~12 日风浪下,堤前未发生明显冲

刷。9711号台风及2015年11月5日~8日特大风暴潮作用下堤前出现一定冲淤变化,9711台风作用下,堤前刷深在0.1~0.2m左右;2015年11月5日~8日大风期间,虽整个工程区域仍呈冲刷状态,但刷深明显减小,在0.4~0.6m左右,较建堤前地形冲刷幅度有所减小。见图6-30、图6-31。

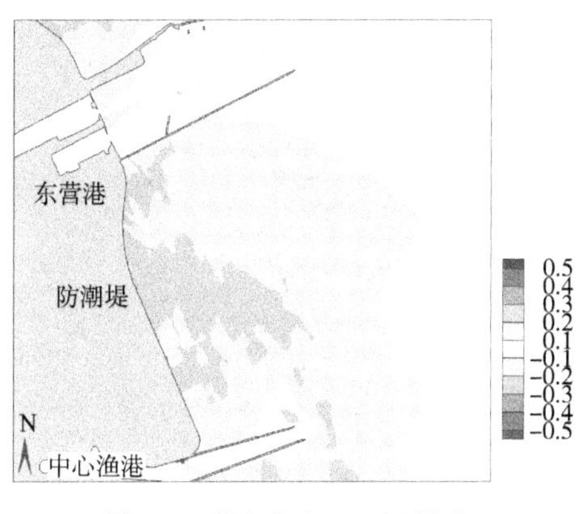

图6-30 现地形下9711台风期间堤前冲淤变化

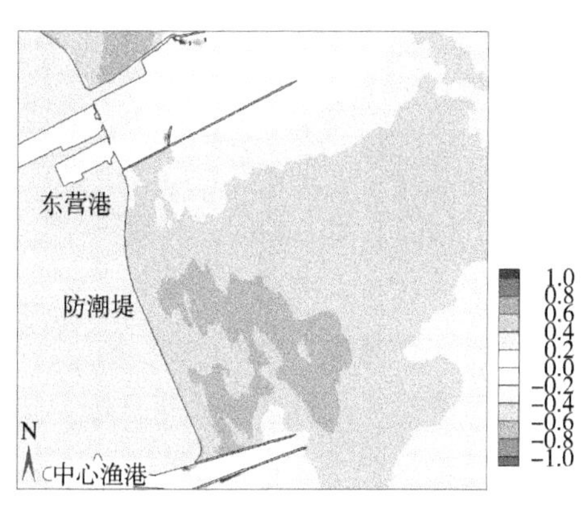

图6-31 现地形下2015年11月5日~8日大风期间堤前冲淤变化

(2)为了了解下一步冲刷情况,分别假定了-5m、-6m、-7m几个堤前水深,计算其在2015年11月5日~8日风浪下冲淤分布,见图6-32。根据计算结果:现状水深时,堤前刷深在0.4~0.6m左右;堤前5m水深时,堤前刷深在0.3~0.5m左右;堤前6m水深时,堤前刷深在0.2~0.4m左右;堤前7m水深时,刷深在0.1~0.2m。可见,目前水深情况下,堤前仍未到平衡水深,平衡水深至少在-7m以上。防潮堤堤前冲刷强度随风浪强度变化。

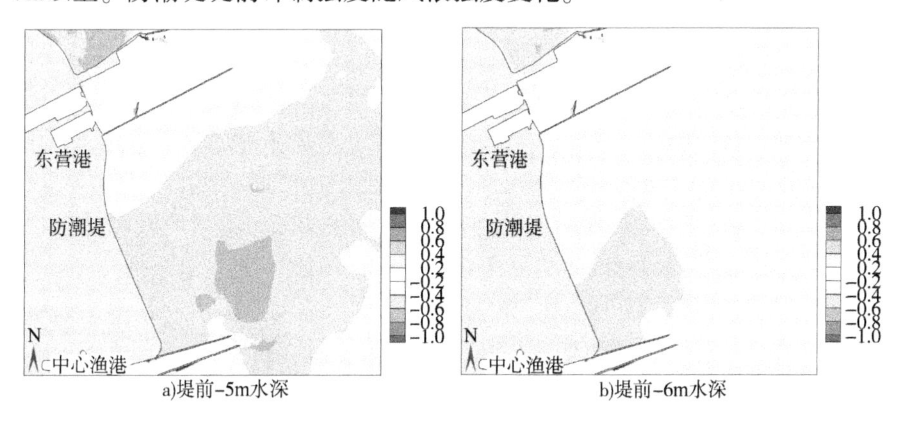

a)堤前-5m水深　　b)堤前-6m水深

图 6-32

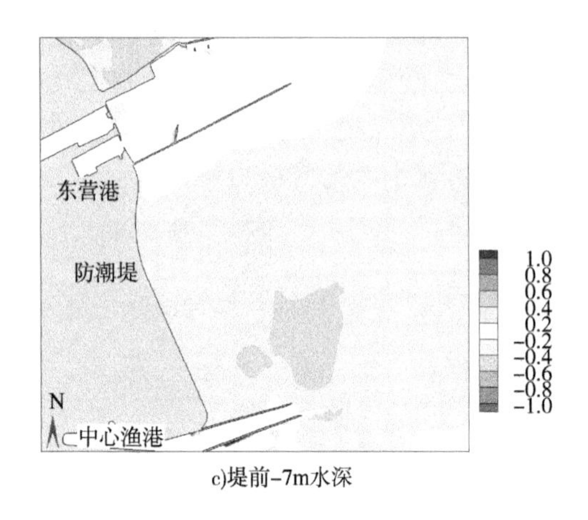

c)堤前-7m水深

图6-32 现地形下2015年11月5日~8日大风期间堤前冲淤变化

6.5 研究结论

(1)从东营港开发区防潮堤及其两侧断面水深变化来看,自1976年黄河改道以后,东营港防潮堤及其两侧海床总体呈近岸冲刷、远岸淤积状态,冲蚀作用主要发生在冬半年,夏半年冲蚀作用弱;1996~2000年断面平均侵蚀强度0.30m/a左右,冲淤转折点位于12m水深左右;2006~2016年,断面平均冲刷0.10m/a左右,断面冲淤转折点位于10m水深左右;在时间变化上,近期水深冲刷强度与以往相比有所减弱,冲淤平衡点向岸推移,但近岸冲刷趋势仍持续。

(2)东营港开发区防潮堤岸段强侵蚀特征与泥沙供给减少,波浪、潮流及风暴潮等水动力作用以及沉积物抗冲性有着极大的关系。河流或流域输沙补给的缺失使三角洲发育没有了物质基础;废弃的黄河亚三角洲岸滩沉积物,结构松散,沉积历史短,抗冲性差;冬季,偏北向风浪,对岸滩侵蚀起到了重要影响,短时间风暴潮巨大能量的剧烈释放,在海岸剖面塑造中起到重要作用。

(3)正常天气情况下,堤前水动力较弱,含沙量较低,堤前地形能基本保持稳定,但堤前缺乏泥沙补给,难以恢复在大风作用下发生的地形冲刷。

(4)本防潮堤堤前数千米范围内0.5~3m左右的大范围冲刷是多次风浪淘刷综合作用的结果。建设初期不同风浪作用下,堤前已逐渐刷深,由于得不到泥沙补给,地形难以恢复,至2015年特大风暴潮发生时,堤前又一次急剧刷深,最终累积后导致堤前部分构筑物出现损坏。

(5)风暴潮期间的特殊流态造成了防潮堤目前大范围冲刷状态。在大风暴潮发生时,由于堤前增水及波浪综合作用,底层出现大范围、高强度的离岸流(底部流速可达0.5m/s以上),该离岸流携带近岸大量起动的泥沙向外海输移,最终使近岸泥沙逐渐向外海流失,而由于底层高强度离岸流影响范围很大,由此造成堤前冲刷区极为宽广。

(6)目前堤前仍未到平衡水深。风暴潮发生时,防潮堤区域仍会发生冲刷,冲刷强度随风浪强度变化。

(7)总体而言,黄河口泥沙骤蚀问题可概括为三个方面:①本海区泥沙运动性强,可在大风浪下大量起动;②本海区风浪强度大,满足形成泥沙起动的动力条件;③大风浪下,会在近岸形成高强度离岸流,使得泥沙迅速向外输移,满足了泥沙运移的动力条件。以上原因造成了黄河口岸滩泥沙骤蚀问题。

6.6 成果应用效益

首次完整揭示了防潮堤骤蚀时堤前的垂向水流结构,解释了骤蚀时该水动力过程对泥沙运移的影响及运移趋势,为后续有关防潮堤的设计及施工提供了基本的数据及理论支撑,也为已有工程的修复维护方案确定提供了数据和理论支撑。

7 长江河口深水航道常态回淤研究

7.1 项目概况

7.1.1 项目背景

长江河口是中国第一大河口，呈三级分汊、四口入海的格局，受潮汐、径流的双重作用，泥沙运动特性复杂，受到河口拦门沙问题的困扰，长江“黄金水道”的作用始终难以充分发挥。为提高长江口通海航道水深条件，从1998年至今，历经三期深水航道治理工程，分别实现了8.5m、10m和12.5m（理论最低潮面）的目标水深。目前，第三、四代集装箱船和5万吨级船舶可以全天候双向通航，第五、六代集装箱船和10万吨级满载散货船及20万吨级减载散货船可乘潮进出长江口。对于改善长江航道条件、提高长江水运承载能力、建设上海国际航运中心和长江黄金水道具有重大意义。

在长江径流来沙逐年减少的大环境下，一期工程8.5m航道维护量总体保持在2000万m^3左右，二期工程10.0m航道维护量在4000万~6000万m^3，三期工程12.5m航道维护量达到8000万m^3以上。2010~2014年全程92.2km的12.5m航道回淤量分别为9483万m^3、10208万m^3、11892万m^3、9985万m^3和8615万m^3，其中常态回淤量分别为7828万m^3、8823万m^3、10391万m^3、9745万m^3、7562万m^3，与二期相比有较大的增加（淤积量累加，不包含冲刷方量的抵消）。

从总体上看，长江口多级分汊的格局是基本稳定的。但是，局部河势变化依然存在，某些因素的变化甚至对局部水道的冲淤趋势影响甚大。由于长江口泥沙问题的复杂性，对诸如长江口南港—北槽深水航道上游河段宏观河势问题、潮汐汊道水沙分配问题、回淤泥沙来源问题、底部高浓度泥沙运动以及北槽航道回淤的季节性差异等问题的认识还不是十分清楚，对长江口深水航道回淤原因掌握得还不够全面和深入。因此，有必要开展进一步的研究工作。

本研究是交通运输部委托项目“长江口南港—北槽深水航道常态回淤原因并行研究”的重要内容，主要是建立适合长江口和能够描述长江口水沙特性的

专用数学模型,通过数学模型手段探求深水航道回淤原因。

7.1.2 研究内容

本研究分为两大部分,即水动力数学模型的建立和应用、泥沙数学模型的建立和应用。水动力数学模型除了考虑潮汐、潮流、径流等水动力因素外,还包括温度和盐度等因素,重点分析了长江口水流宏观运动特性,坝田、堤头、航道间水流运动规律,航道、边滩水流垂向结构的时空差异,盐水入侵规律,盐度分层等内容;泥沙数学模型除了考虑潮汐、潮流、径流、温度和盐度等水动力模型包含的因素外,还包括泥沙多组分、悬沙输运、高浓度泥沙运动及其紊动制约、推移质等因素,重点分析了长江口泥沙宏观运动规律,北槽内水流、盐度、泥沙之间的相互作用,北槽泥沙运动特征、垂向分布规律,北槽近底高浓度泥沙在滩槽泥沙运动和航道淤积中的作用等内容。数学模型的组成以及不同模块之间的相互关系见图7-1。

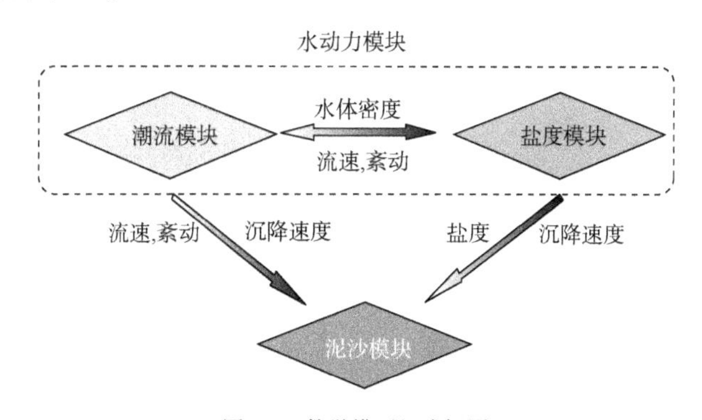

图7-1 数学模型组成框图

具体研究内容为:

(1)水动力模型的建立和验证。

(2)温度、盐度模型的建立和验证。

(3)南港—北槽水动力时空分布分析。

(4)南港—北槽盐度场时空分布分析。

(5)泥沙数学模型的建立和验证。

(6)南港—北槽泥沙场时空分布分析。

(7)回淤原因分析。

7.1.3 研究意义

利用数学模型手段系统研究长江口深水航道泥沙淤积问题,探讨回淤原因

以及整治思路,其重要的意义和价值在于如下几方面:

(1)长江是世界第三大河流,其河口地区的水沙运动、地貌塑造、人类活动影响等方面具有独特的规律与特征,在世界河口研究中具有特殊的地位,长江口深水航道淤积是长江口泥沙运动研究的重要组成部分,开展相关研究具有重要的学术价值。

(2)长江口深水航道是远洋与长江内河航运的连接段,具有重要的作用与价值,经过前人研究和整治工程已经取得了重大突破与成绩,但随着环境变化以及人类活动的影响,一些新情况和新问题涌现,需要进一步开展相关研究,为进一步整治措施奠定基础。因此,开展本研究还具有重要的社会意义。

(3)数学模型研究手段具有多因素、高效率、过程化等天然优势,针对长江口深水航道问题开展数学模型研究是其他研究方法的有力补充,对揭示航道泥沙回淤过程具有重要的作用。

(4)前面两项研究都是极端天气条件下泥沙剧烈运动研究,本研究为常态天气条件下泥沙运动研究,也是高浓度泥沙运动的一种,而且河口地区存在盐、淡水交汇,问题更为复杂,其研究具有重要的学术意义。

7.2 技术难点与特点

(1)河口地区是径流与潮流交汇区域,存在盐水上溯、冲淡水下泄、密度分层等现象,使得水流运动规律复杂。

(2)长江口深水航道总长92.2km,衔接南港、贯穿北槽,底质泥沙自外海向上游逐渐变粗,泥沙组分差异不容忽视。

(3)长江口泥沙运动形式多样,水体含沙量高,水沙之间相互作用显著。

(4)上游径流年际变化较大、季节性差异显著。

(5)长江口深水航道泥沙问题复杂,淤积过程和机制尚不明晰。

(6)模型范围大、网格精度要求高、模拟时间较长,对计算量和效率要求高。

(7)计算结果为三维数据,存储空间和后处理要求高。

7.3 模型建立与验证

7.3.1 模型建立

1)计算模式

本研究采用大、小模型嵌套的计算模式,大模型主要用来调试外海潮汐边

界和向小模型提供长江口上游流量边界(图7-2)。模型在平面上采用三角形网格形式,因此可以通过局部加密网格实现重点区域精细计算,也可以通过稀疏网格概化非重点区域,减少计算量。另外,一方面考虑到盐度场计算时外海涵盖范围大的需求,另一方面考虑到避免小模型外海潮汐边界的二次调试问题,本研究充分利用三角形网格的特点,大、小模型采用相同的外海边界。

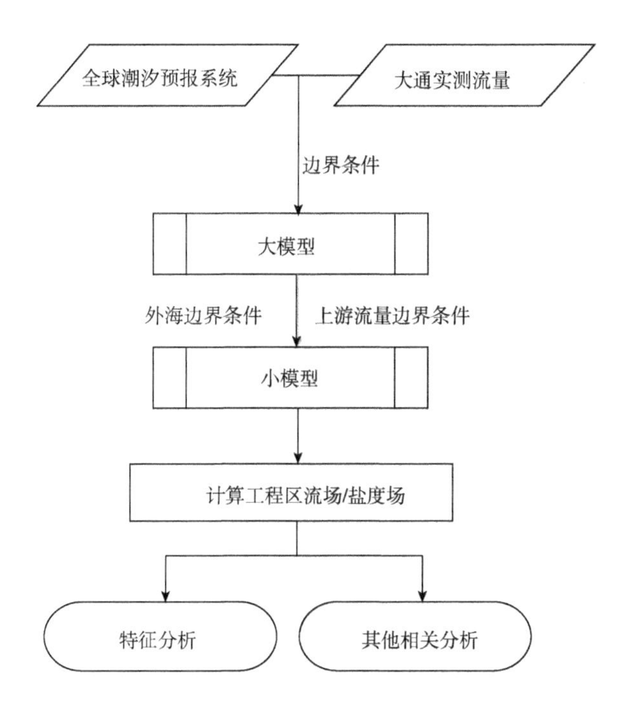

图7-2 数学模型计算流程图

2)计算范围

大模型和小模型采用相同的外海边界范围,东至东经125°,北至江苏盐城(北纬34°),南至浙江温州(北纬28°),模型外海海域南北宽约667km,从长江口外至东边界约280km。大模型长江口上游边界至安徽省大通水文观测站(距离徐六泾约500km),小模型上游边界至江苏省江阴(距离徐六泾约95km,距北槽下口约137km)(图7-3)。大模型范围大,包含长江大通水文站至长江口以及口外大范围外海水域,模型东西宽超过600km,南北宽约667km,为了充分考虑柯氏力的影响,大模型采用球坐标系;小模型采用笛卡尔坐标系,通过柯氏参数反映柯式力影响。

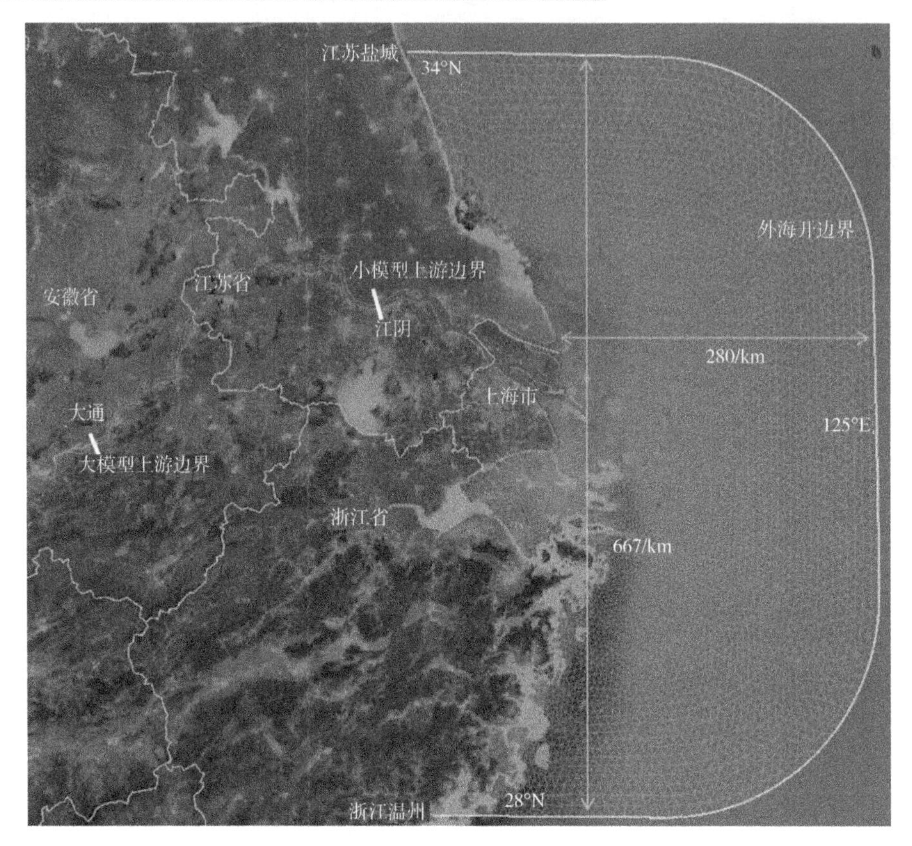

图 7-3　大模型和小模型计算范围示意图

3）边界条件

模型外海边界由 mike2009 全球潮汐预报系统提供，通过比对计算结果和长江口实测潮位数据进行调整，最终确定外海边界条件。

大模型上游边界为流量边界，直接输入大通水文站实测流量数据；小模型上游边界同样为流量边界，由大模型计算结果提供流量数据。

陆域边界位置根据提供的工程布置图、卫星遥感影像、海图、航道图等资料确定。

4）网格划分

本研究水平方向采用非结构化的三角形网格。

大模型采用经纬度的球形坐标系，以三期大模型网格为例，网格最大网格长度 0.1°，最小网格长度 0.0015°，整个模型共 49386 个网格节点、89120 个网格单元[图 7-4a)]。

小模型采用笛卡尔直角坐标系，以三期大模型网格为例，小模型最大网格尺度约10000m，主要位于外海开边界处[图7-4b)]，最小网格约20m，主要位于北槽导堤附近[图7-4c)]，整个模型共114097个网格节点、221490个网格单元。

垂向上采用σ坐标，大模型采用均匀分布方式，小模型采用非均匀分布方式(上疏下密)，大模型分为5层，小模型分为10层。

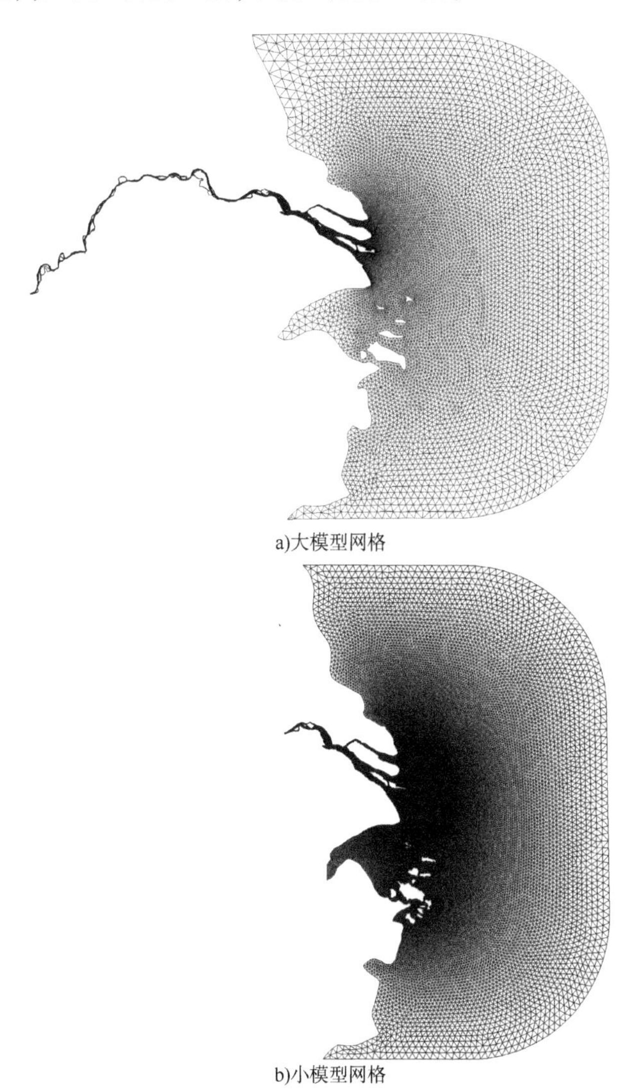

a)大模型网格

b)小模型网格

图 7-4

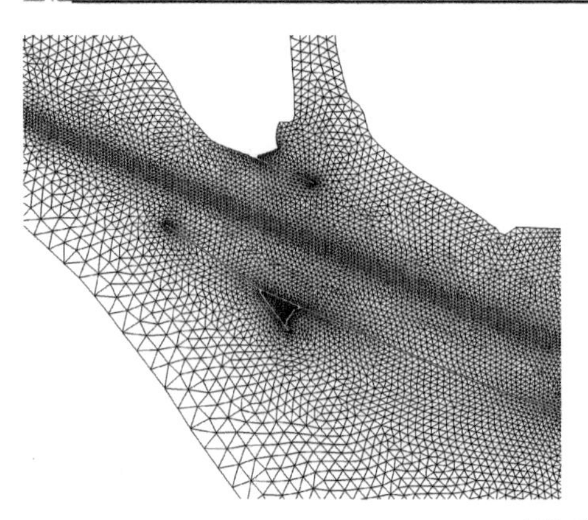
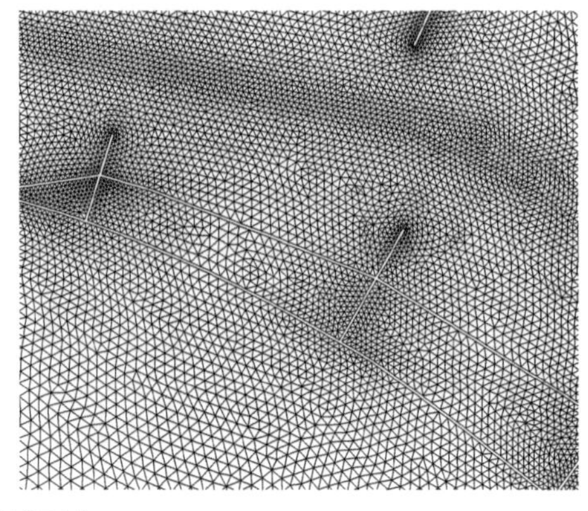

c)小模型局部网格

图 7-4 大、小模型网格(以三期为例)

5)参数设置

模型部分参数选取如表 7-1 所示。

模型参数设置　　表 7-1

参　数	设　置
正压/斜压模型	斜压模型
水平扩散	Smagorinsky 模式
垂向扩散	Mellor and Yamada 2.5 模式
干湿网格判断最小水深	0.1m
粗糙度	区域分片设置
上游边界盐度	0‰
外海盐度	32‰
水温	8 月 26℃,2 月 8℃
外模时间步长	0.2s
内模时间步长	2.0s

7.3.2 模型验证

长江口三维数学模型主要分为水动力和泥沙两部分,模型验证工作也分为两个部分,第一是水动力部分,第二是泥沙部分。由于长江口实测资料系统、丰富,模型验证工作分为率定和验证两个阶段。限于篇幅,这里不明确进行区分,仅列举部分内容。

1)潮位验证

潮位验证资料选用长江口沿程各个潮位站在2012年2月20日~2月25日和2012年8月12日~8月19日的潮位实测数据。各潮位测站位置如图7-5所示。

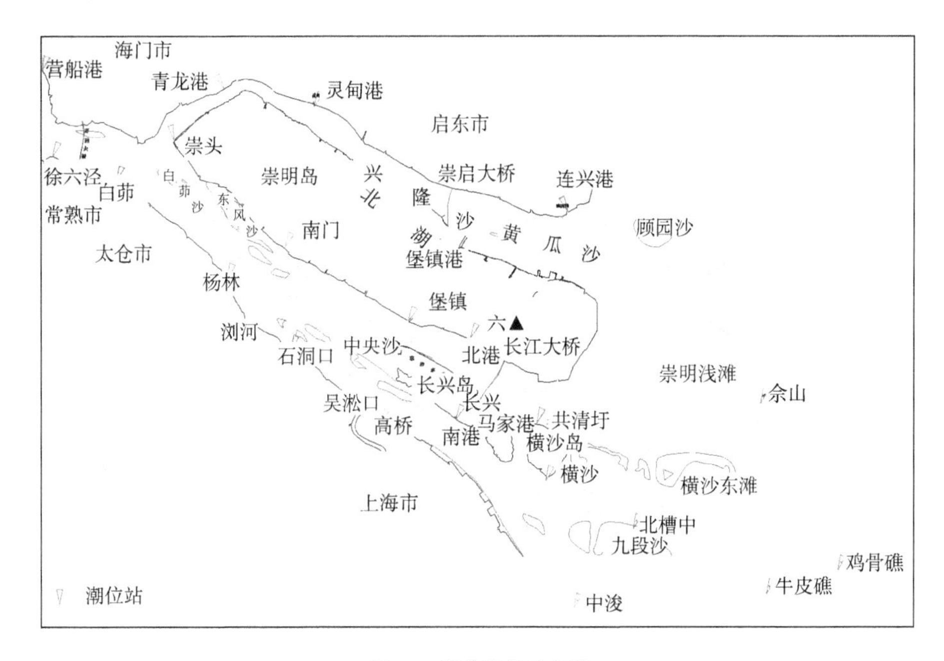

图7-5 潮位测站示意图

经数学模型计算分别比较了鸡骨礁、牛皮礁、北槽中、中浚、横沙、共青圩、连兴港、六滧、长兴、堡镇、吴淞口、石洞口、灵甸港、杨林、崇头、白茆、徐六泾等潮位测站计算与实测潮位历时过程,图7-6和图7-7列举了部分潮位测站验证结果。由实测数据与计算结果比较可见,模型计算值与实测值吻合良好,说明潮位率定工作良好,三维水动力数学模型合理反映率定时段长江口深水航道及其附近海域的潮位变化历时过程以及潮位沿程变化趋势。

2)流速流向验证

2012年2月20日~2月25日和2012年8月12日~8月19日在北槽进行了多次定点水文观测,每次测量数据理论上均连续超过26h,但部分测点的实测数据存在不同程度的缺失。深水航道中轴线上测点数据,由于受船舶通航影响,一般少于航道南侧与北侧浅滩的数据。其中,末位字母为S的代表该测点位于深水航道南侧,末尾字母为N的代表该测点位于深水航道北侧,末尾字母为Z的代表该测点位于深水航道中轴线上。

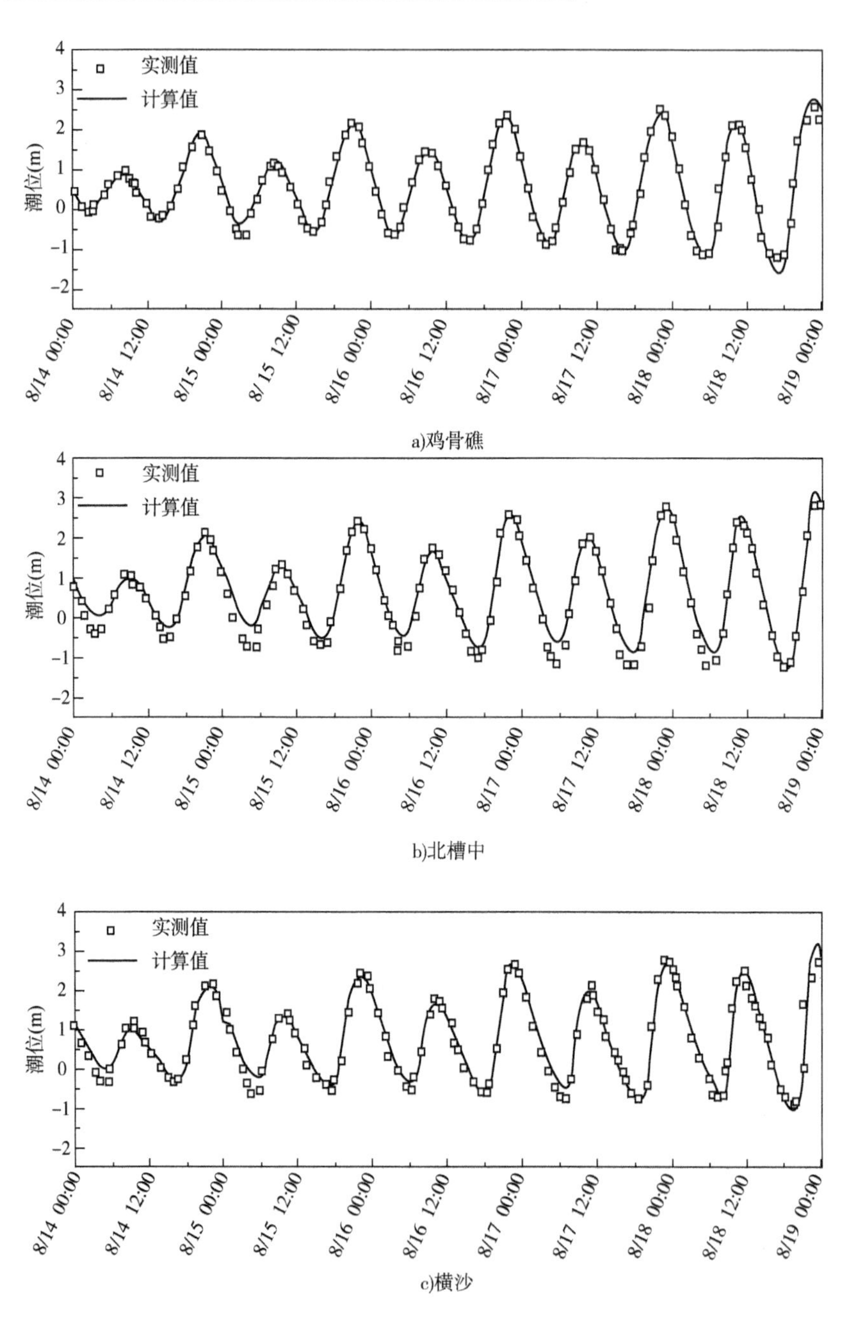

a)鸡骨礁

b)北槽中

c)横沙

图 7-6

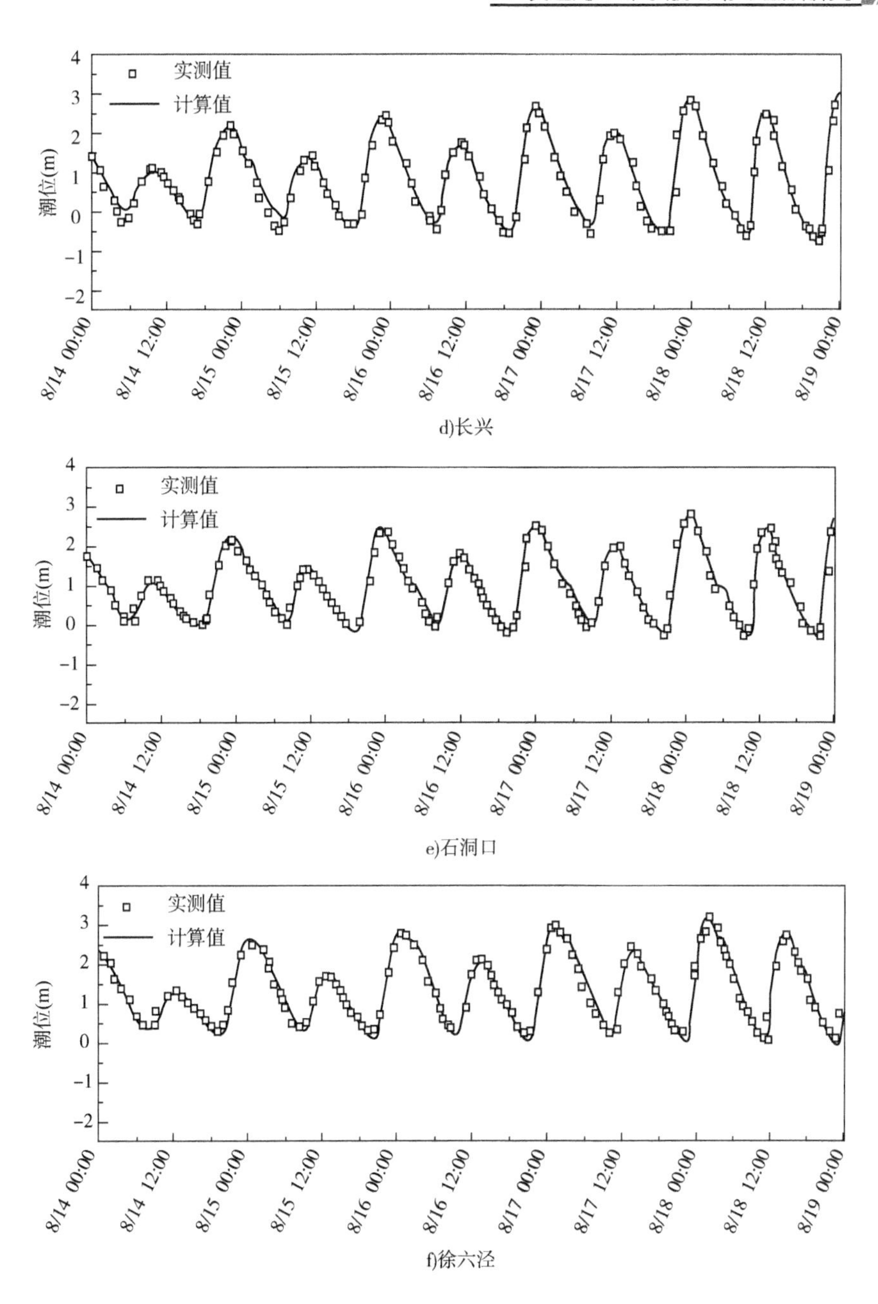

d)长兴

e)石洞口

f)徐六泾

图 7-6 2012 年 8 月潮位率定部分结果

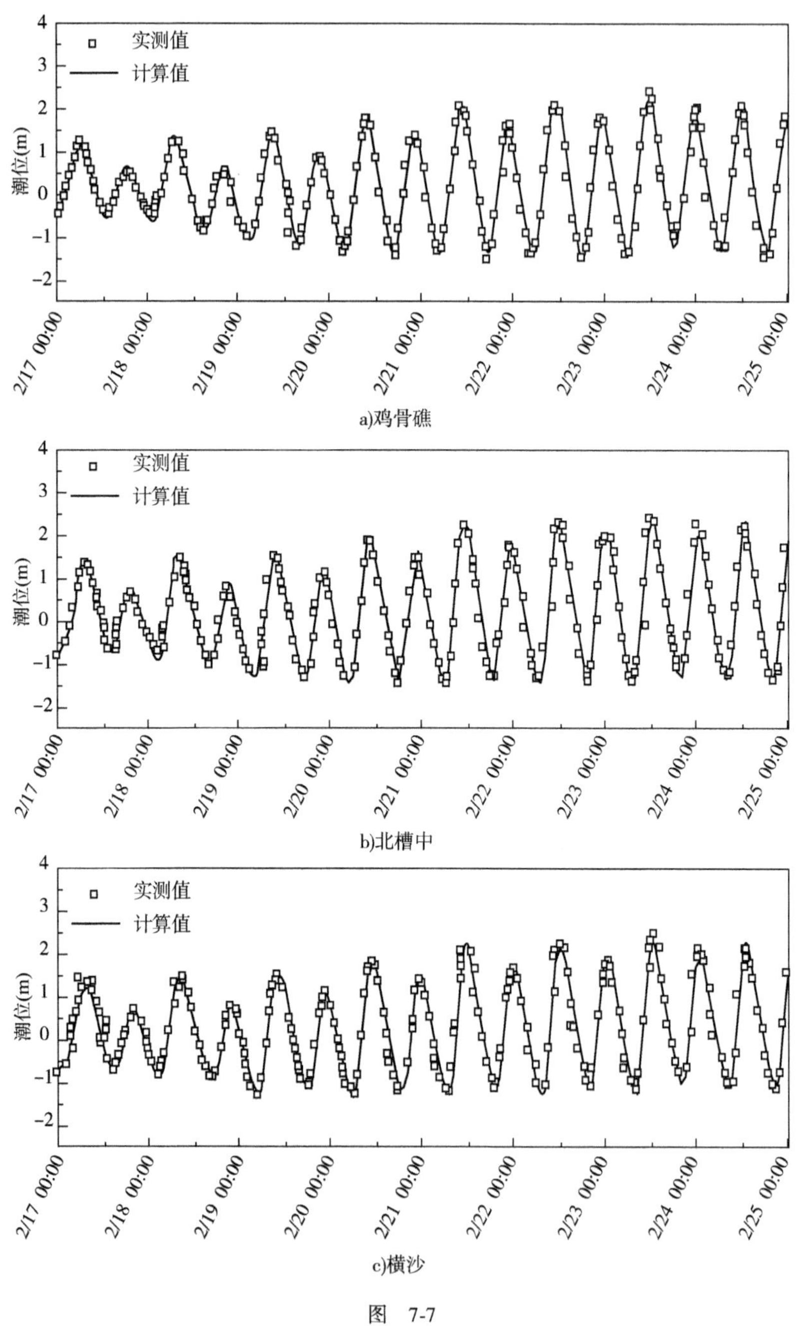

a)鸡骨礁

b)北槽中

c)横沙

图 7-7

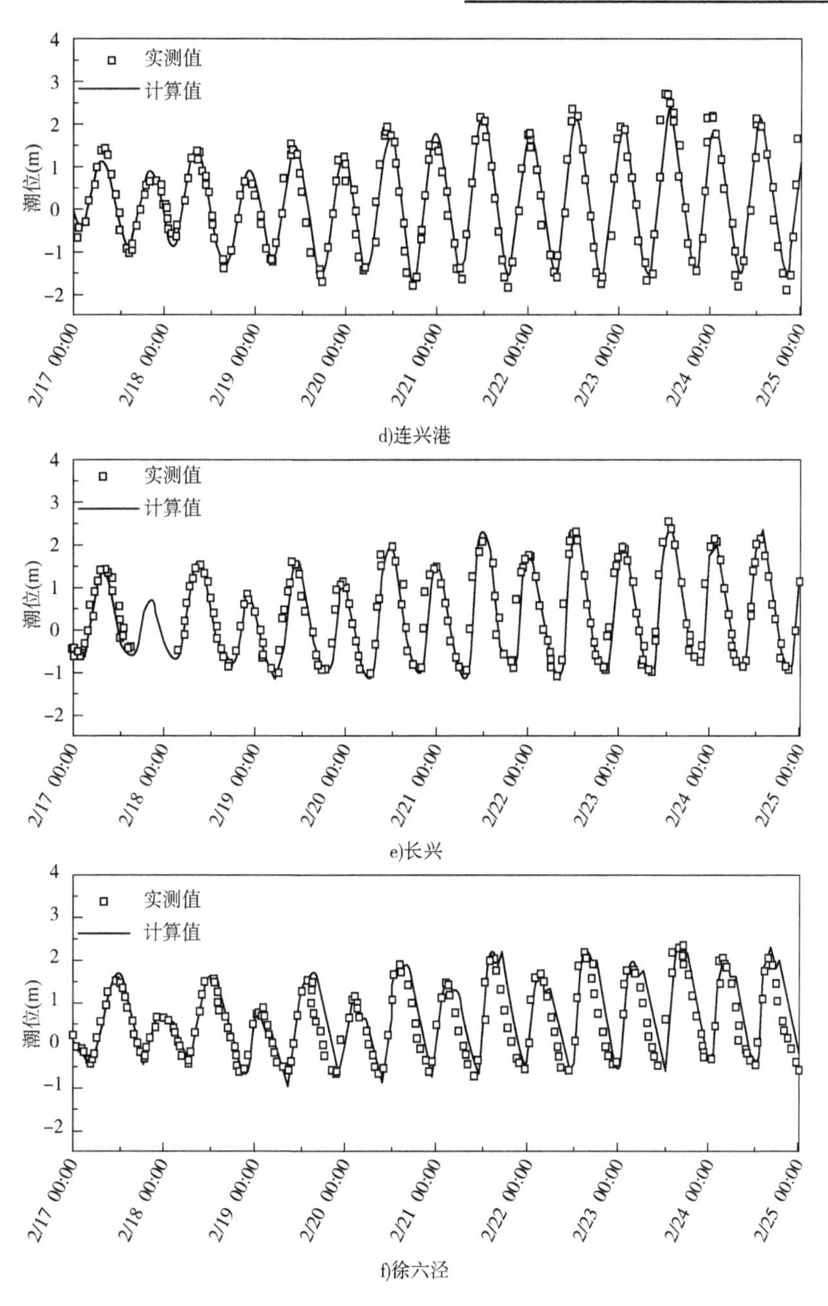

d)连兴港

e)长兴

f)徐六泾

图 7-7 2012 年 2 月潮位验证部分结果

图7-8列举了部分垂向平均流速流向验证结果。可见,计算值与实测值吻合良好,说明水流率定工作良好,三维水动力数学模型合理反映率定时段长江口深水航道及其附近海域的流场运动。

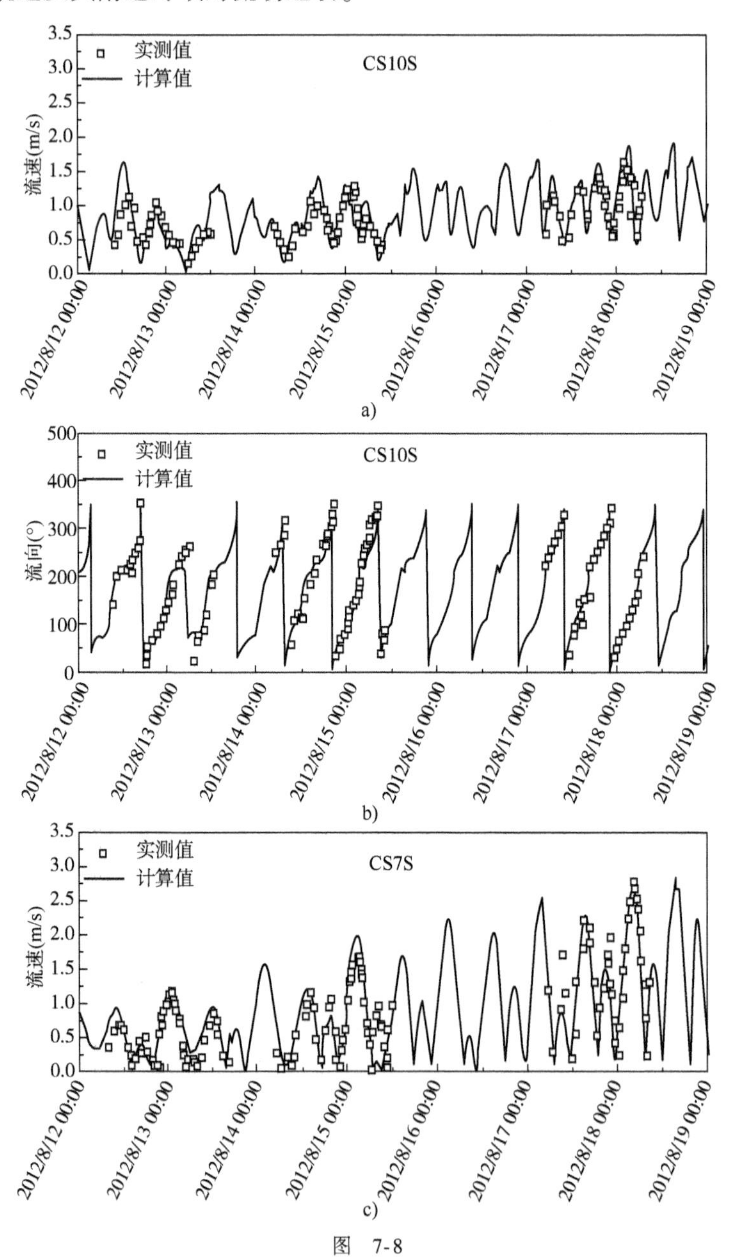

图 7-8

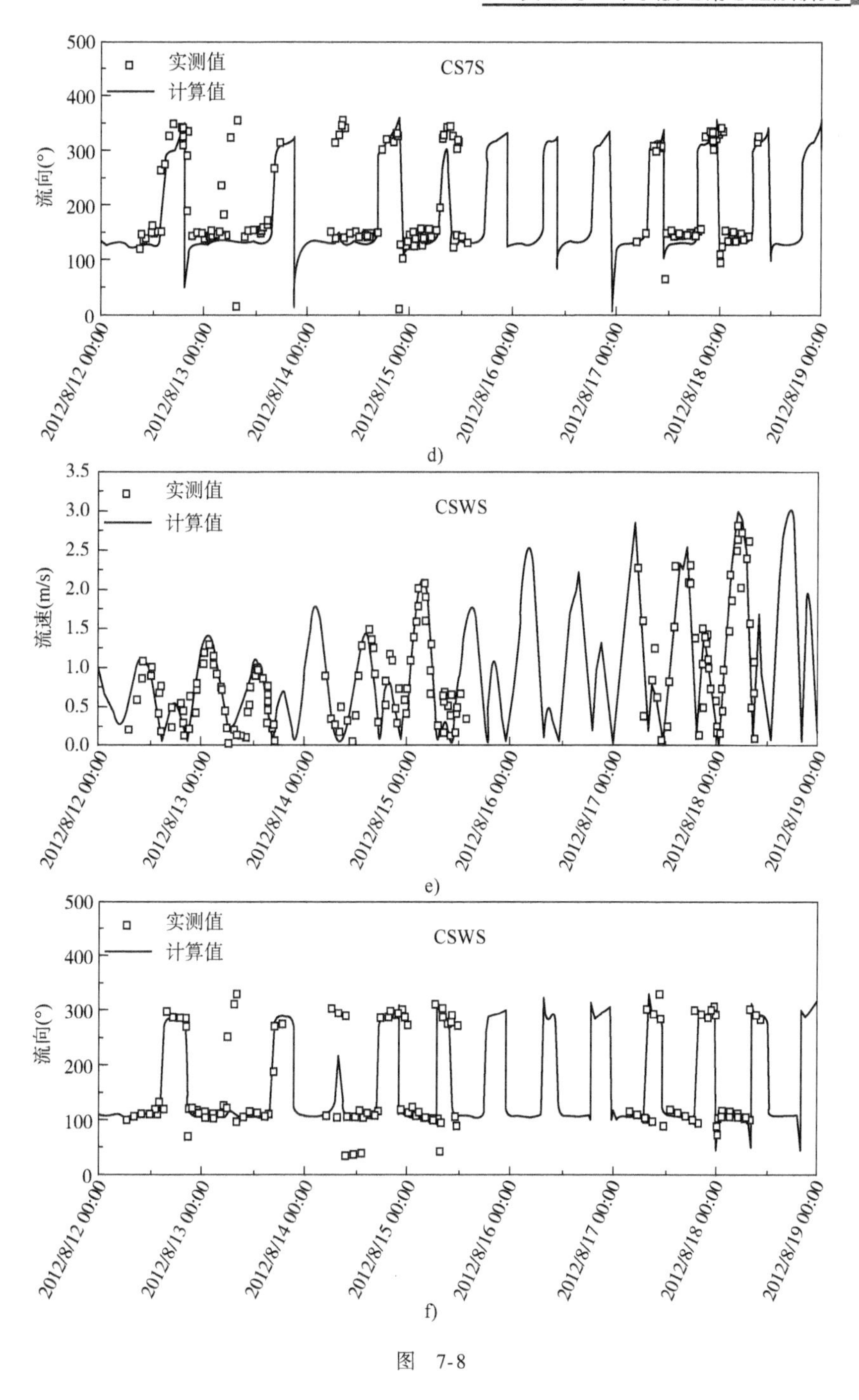

图 7-8

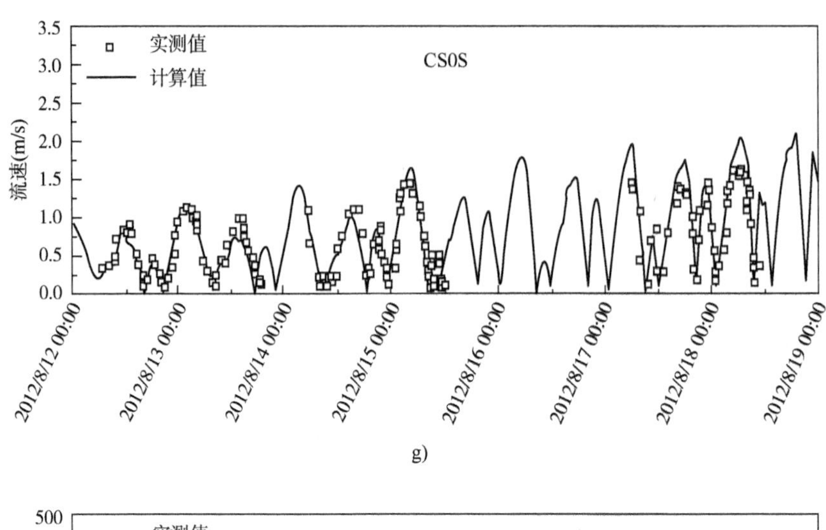

g)

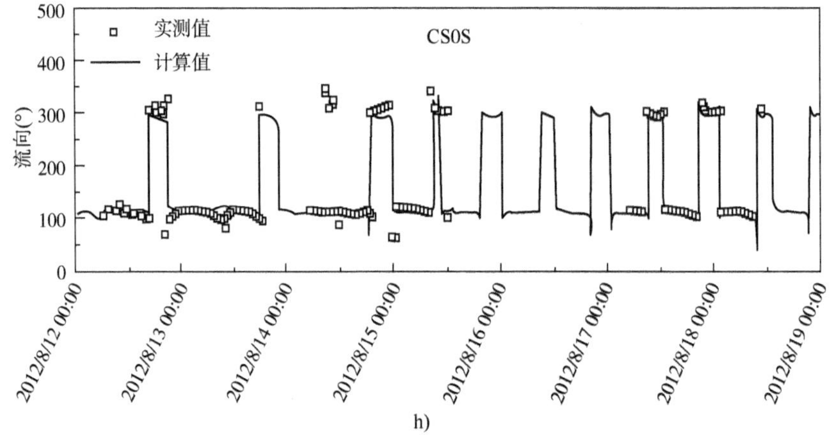

h)

图 7-8　2012 年 8 月流速流向率定部分结果

3)盐度验证

盐度率定时间以及测点布置与流速流向率定一致,盐度现场测量时采用 OBS 法以及氯度滴定法测量该层水深的含盐度。研究比较了 2012 年 2 月 20 日~2 月 25 日和 2012 年 8 月 12 日~8 月 19 日长江口深水航道北槽中各测点的垂向分层盐度历时曲线实测与计算结果,图 7-9 列举了部分盐度验证结果。计算值与实测值吻合良好,说明盐度验证工作良好,三维水动力数学模型合理反映率定时段长江口深水航道及其附近海域盐度场的变化。

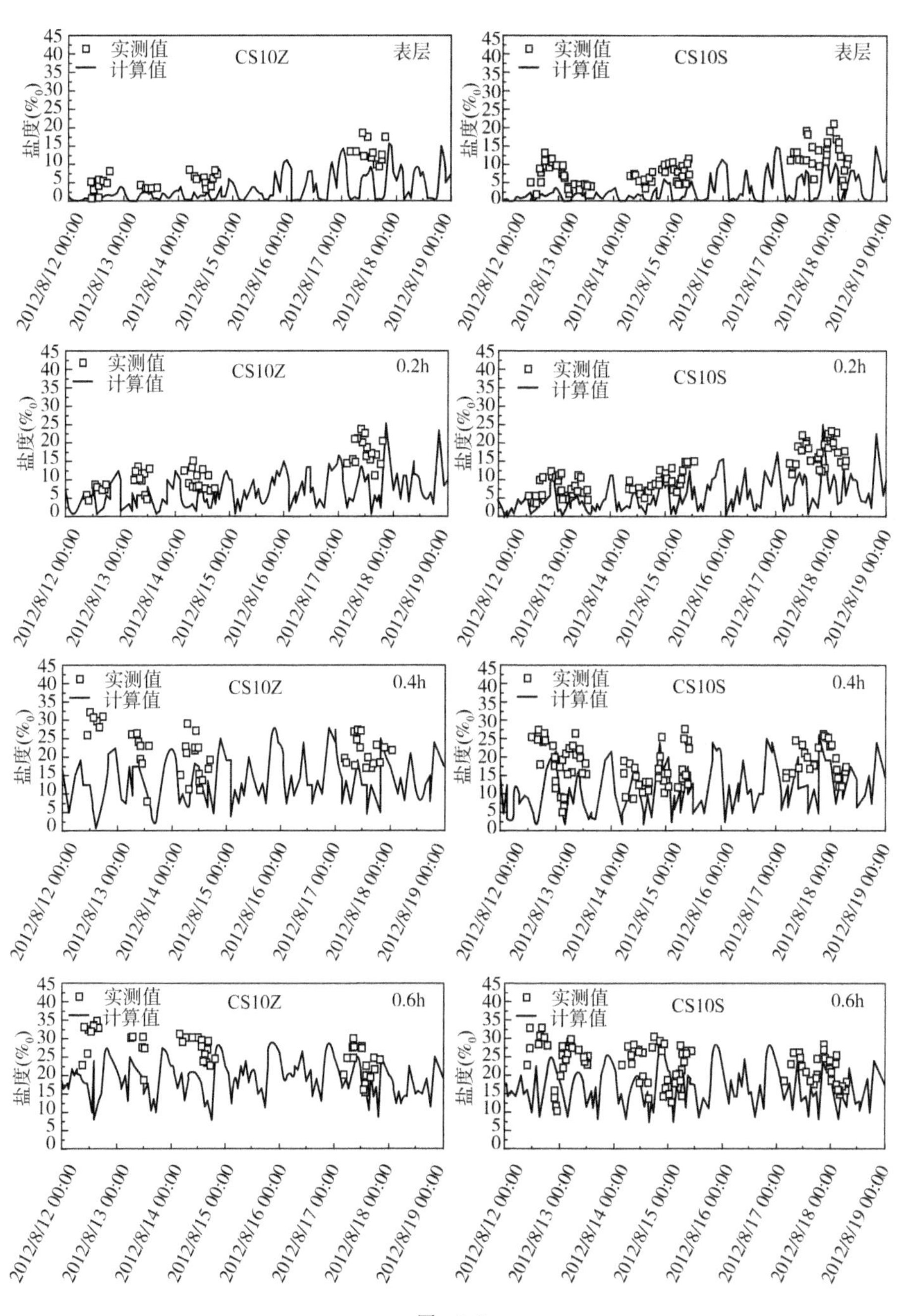
实测值
计算值
CS10Z
表层
CS10S
0.2h
0.4h
0.6h
盐度(‰)
2012/8/12 00:00
2012/8/13 00:00
2012/8/14 00:00
2012/8/15 00:00
2012/8/16 00:00
2012/8/17 00:00
2012/8/18 00:00
2012/8/19 00:00

图 7-9

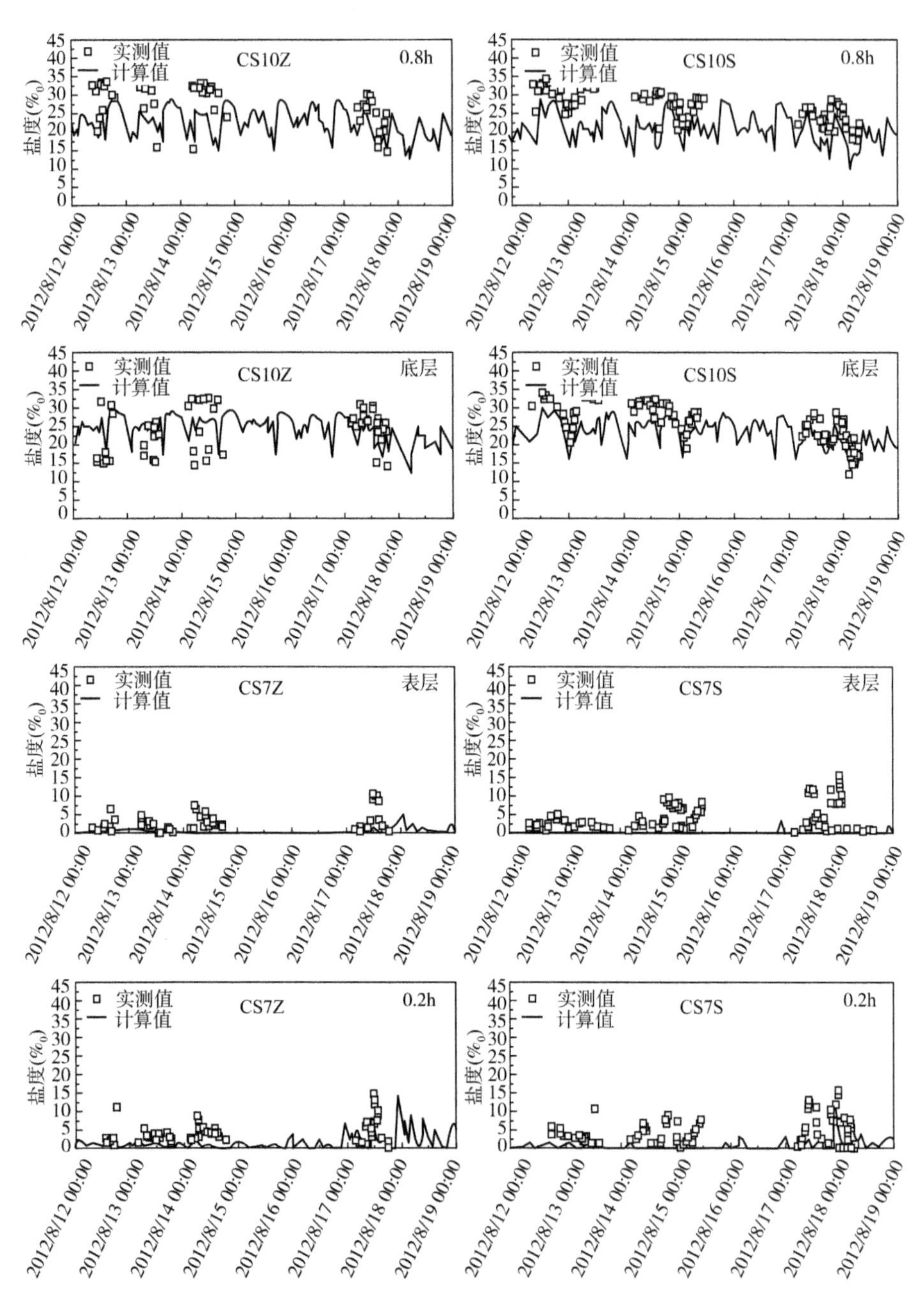
实测值
计算值
CS10Z
0.8h
CS10S
0.8h
CS10Z
底层
CS10S
底层
CS7Z
表层
CS7S
表层
CS7Z
0.2h
CS7S
0.2h
盐度(‰)
2012/8/12 00:00
2012/8/13 00:00
2012/8/14 00:00
2012/8/15 00:00
2012/8/16 00:00
2012/8/17 00:00
2012/8/18 00:00
2012/8/19 00:00

图　7-9

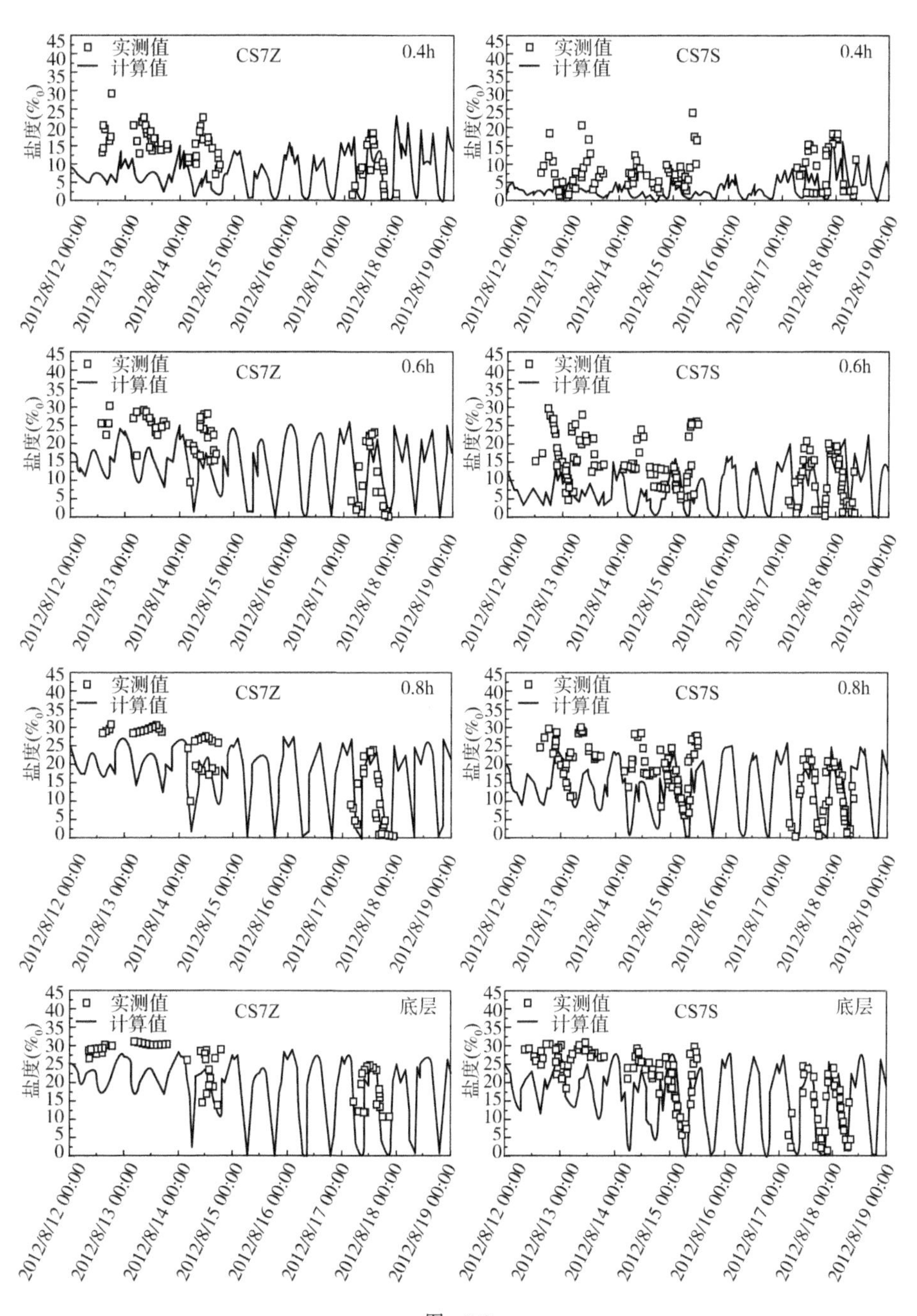

实测值
计算值
CS7Z
0.4h
CS7S
0.6h
0.8h
底层
盐度(‰)
2012/8/12 00:00
2012/8/13 00:00
2012/8/14 00:00
2012/8/15 00:00
2012/8/16 00:00
2012/8/17 00:00
2012/8/18 00:00
2012/8/19 00:00

图 7-9

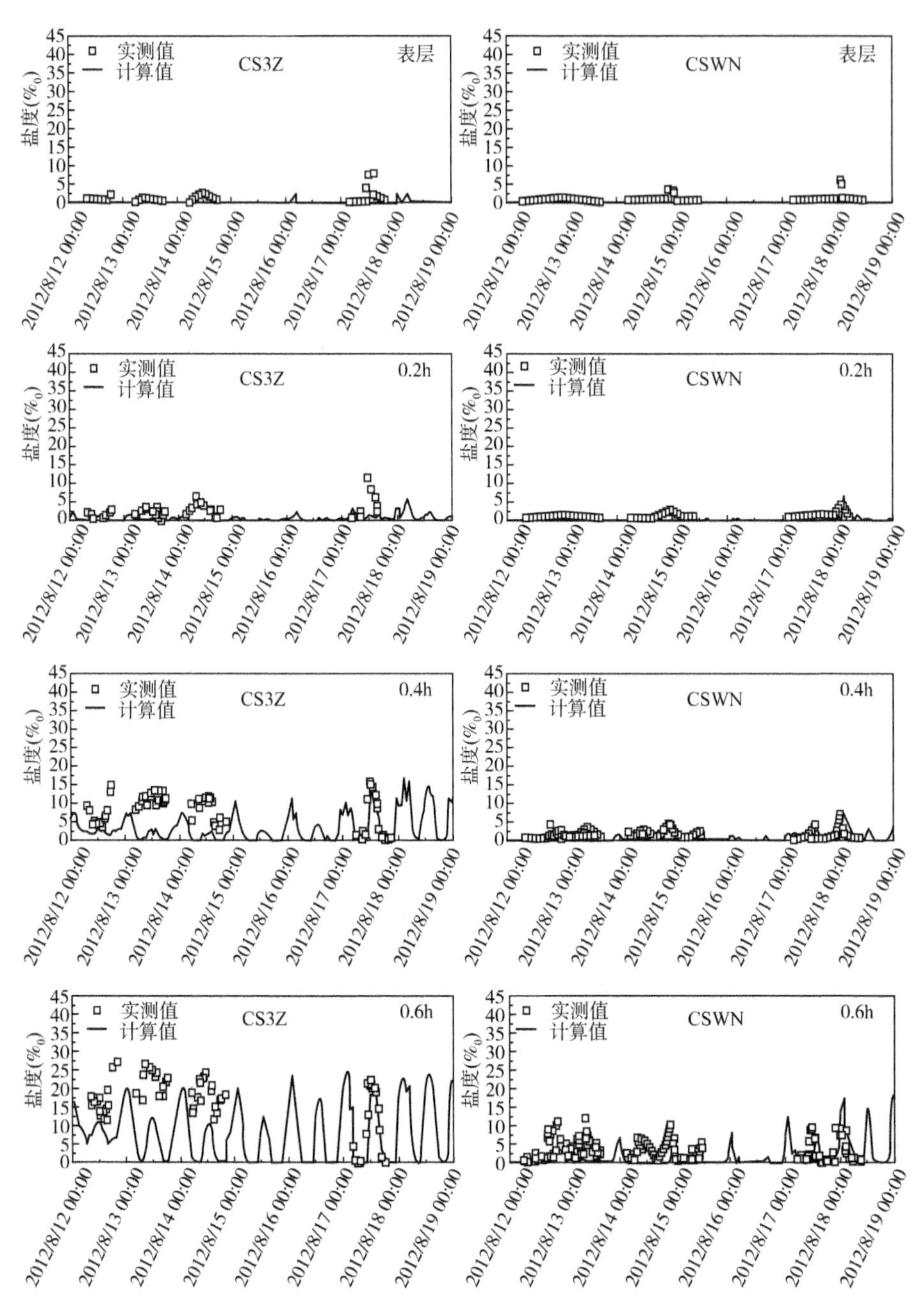

实测值
计算值
CS3Z
表层
CSWN
0.2h
0.4h
0.6h
盐度(‰)
2012/8/12 00:00
2012/8/13 00:00
2012/8/14 00:00
2012/8/15 00:00
2012/8/16 00:00
2012/8/17 00:00
2012/8/18 00:00
2012/8/19 00:00

图 7-9

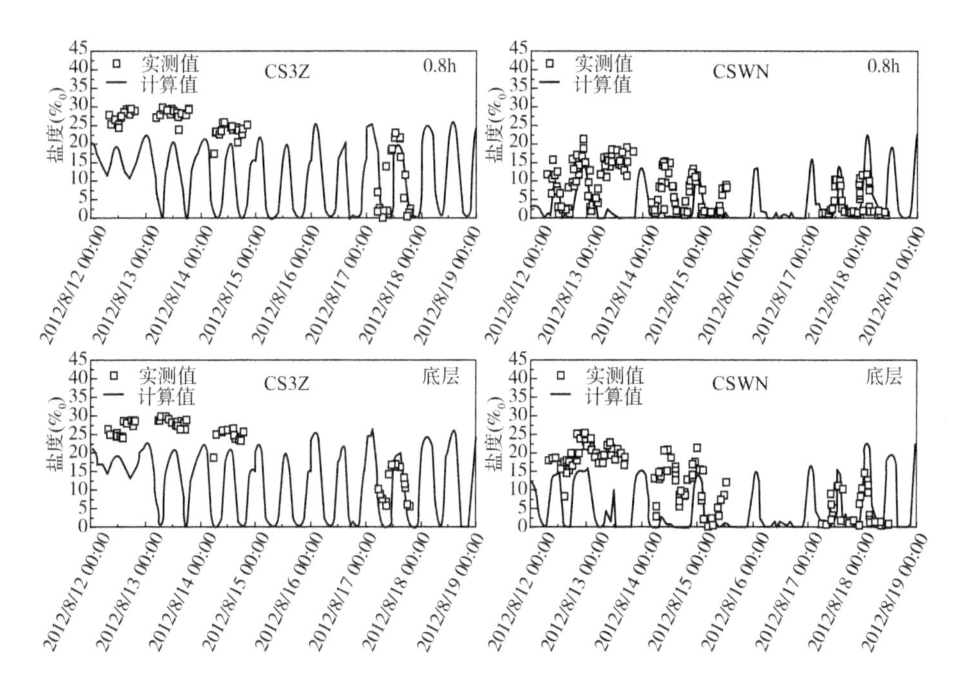

图 7-9　2012 年 8 月盐度验证部分结果

4)含沙量验证

含沙量率定时间和测点布置与水动力一致。本研究比较了 2012 年 2 月 20 日~25 日和 2012 年 8 月 12 日~19 日长江口深水航道北槽中各测点的垂向分层含沙量历时曲线计算和实测结果,图 7-10 列举了部分含沙量验证结果。计算值与实测值吻合良好,说明了含沙量验证工作良好,三维水动力数学模型合理反映率定时段长江口深水航道及其附近海域泥沙场的变化。

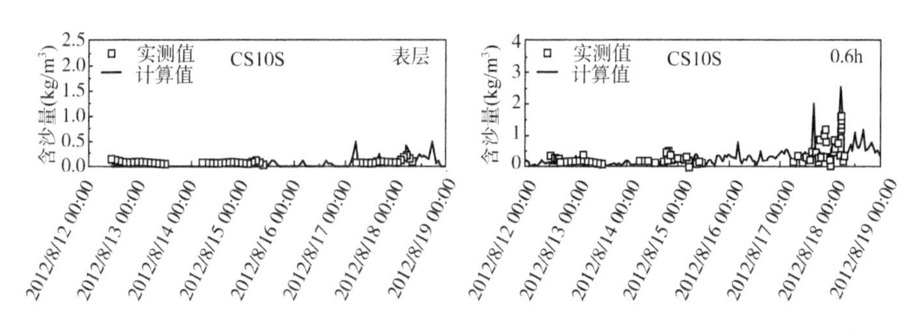

图　7-10

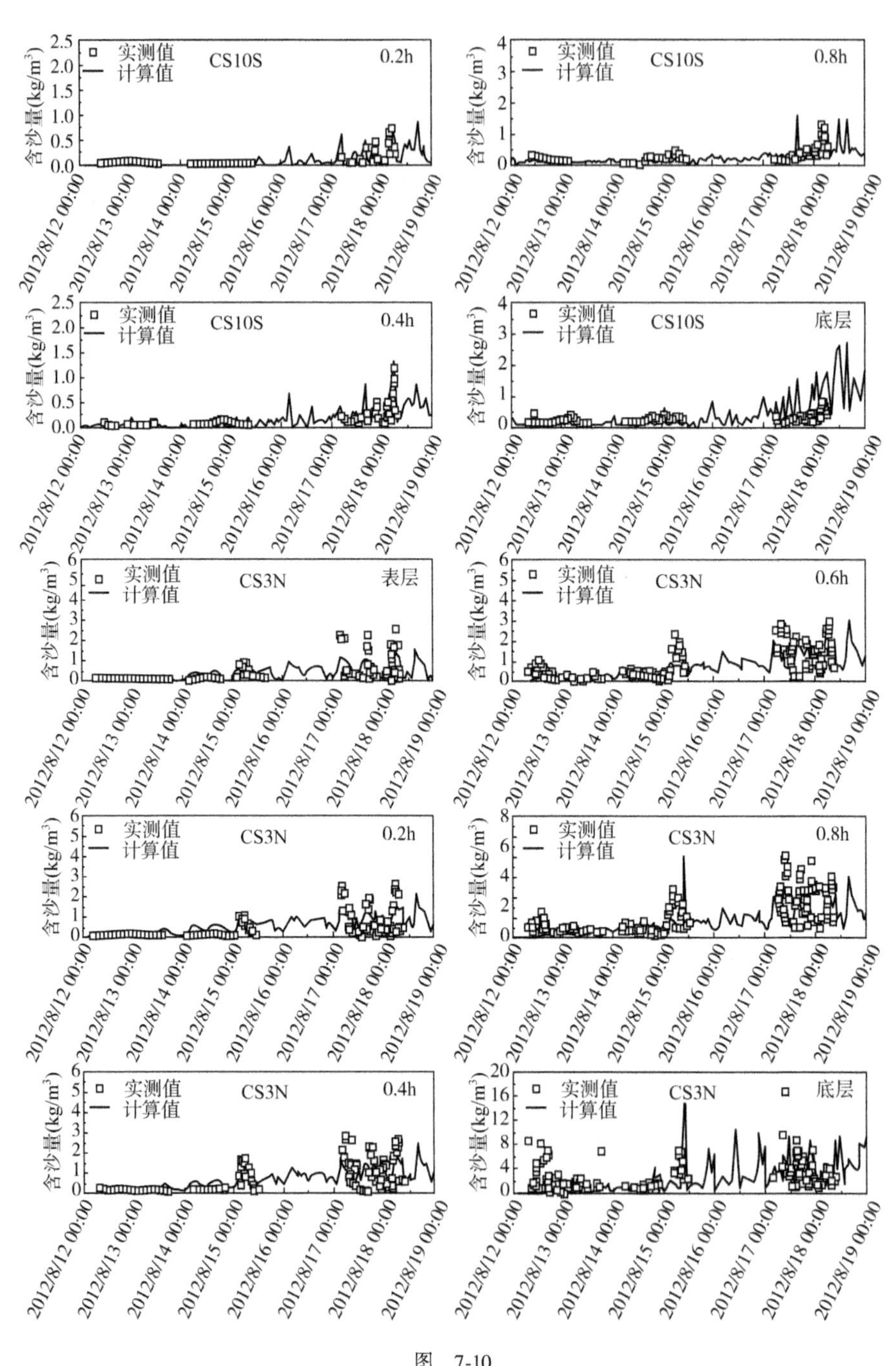
含沙量(kg/m³)
实测值
计算值
CS10S
0.2h
0.8h
0.4h
底层
CS3N
表层
0.6h
2012/8/12 00:00
2012/8/13 00:00
2012/8/14 00:00
2012/8/15 00:00
2012/8/16 00:00
2012/8/17 00:00
2012/8/18 00:00
2012/8/19 00:00

图 7-10

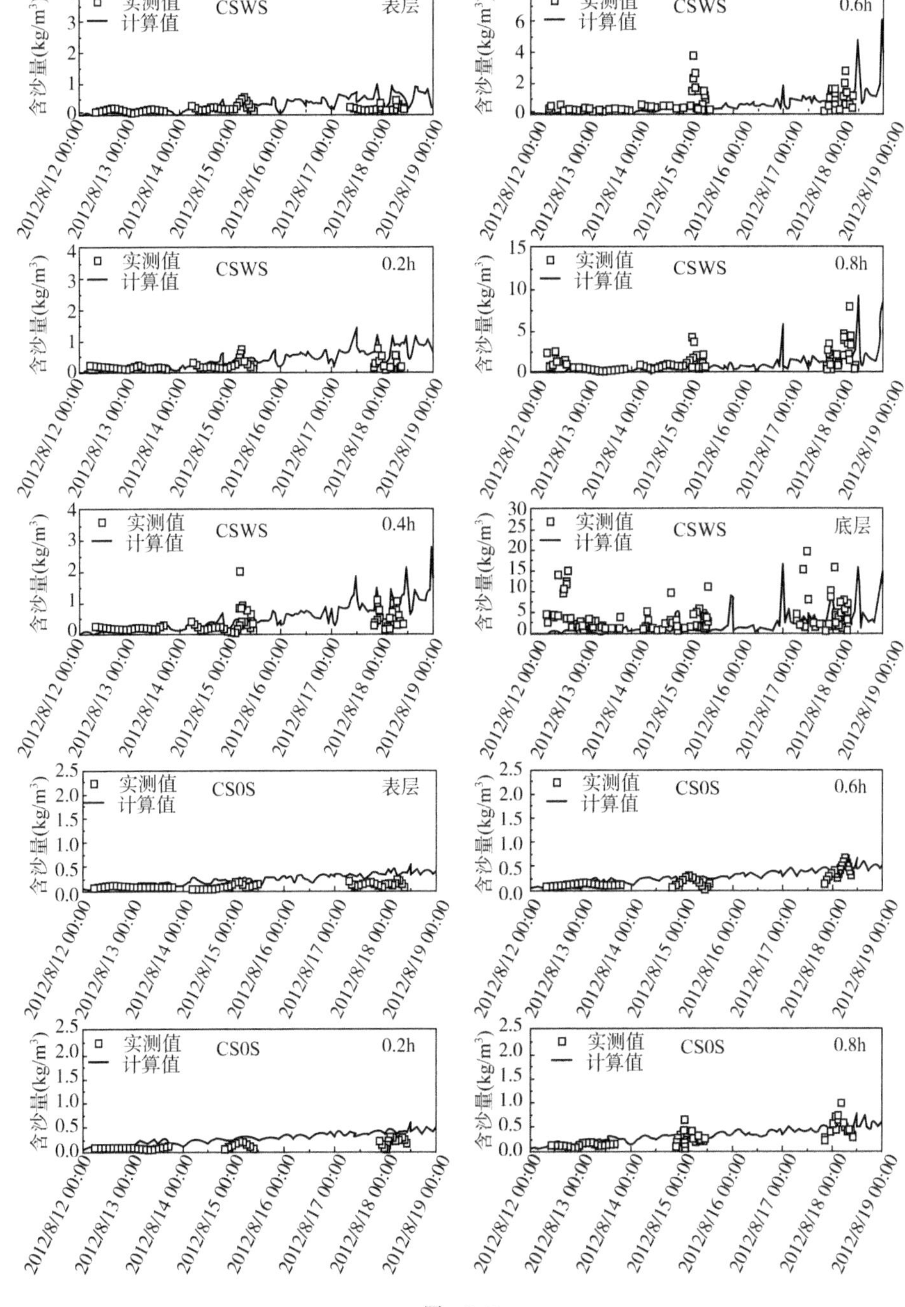
含沙量(kg/m³)
实测值
计算值
CSWS
表层
0.2h
0.4h
0.6h
0.8h
底层
CS0S
2012/8/12 00:00
2012/8/13 00:00
2012/8/14 00:00
2012/8/15 00:00
2012/8/16 00:00
2012/8/17 00:00
2012/8/18 00:00
2012/8/19 00:00

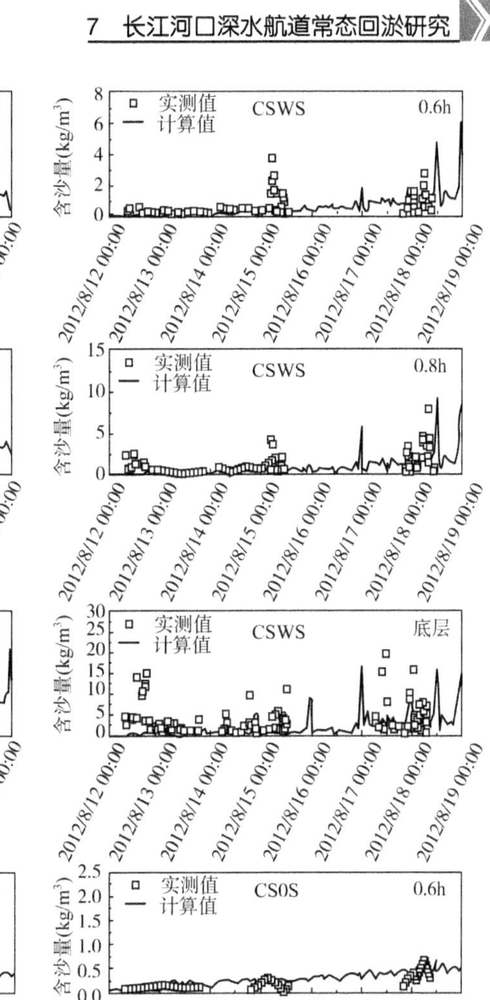

图 7-10

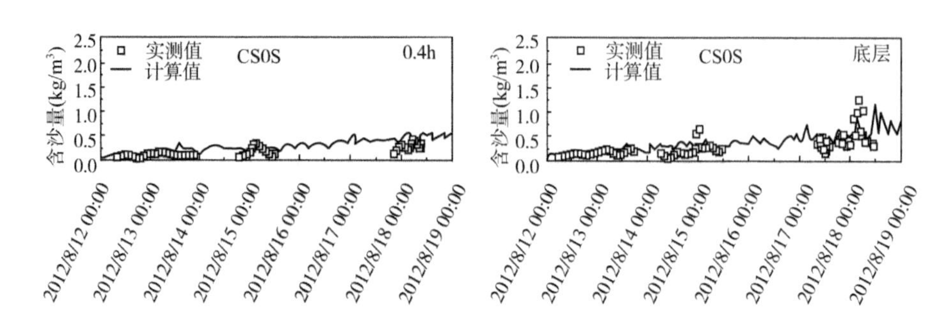

图 7-10 2012 年 8 月含沙量验证部分结果

5)淤积验证

图 7-11~图 7-13 为 2012 年南港—北槽航道夏秋季、冬春季以及全年常态淤积量与实测值比较。可见,模型计算得到的淤积分布基本反映了长江口北槽深水航道淤积分布趋势,模型能够反映夏秋季和冬春季回淤差异。从全航道淤积量看,计算结果与实测结果吻合较好,夏秋季全航道实测常态回淤总量为 7651 万 m^3(淤积量累加,不包含冲刷方量的抵消,下同),计算结果为 7716 万 m^3,与实测结果相差 1%;冬春季全航道实测常态回淤总量为 2739 万 m^3,计算结果为 1894 万 m^3,与实测结果相差-31%;全年航道实测常态回淤总量为 10390 万 m^3,计算结果为 9610 万 m^3,与实测结果相差-7.5%;模型计算的北槽圆圆沙及以上航道淤积量偏小,冬春季计算结果与实测结果差异较大,部分区段冲淤性质存在差异。

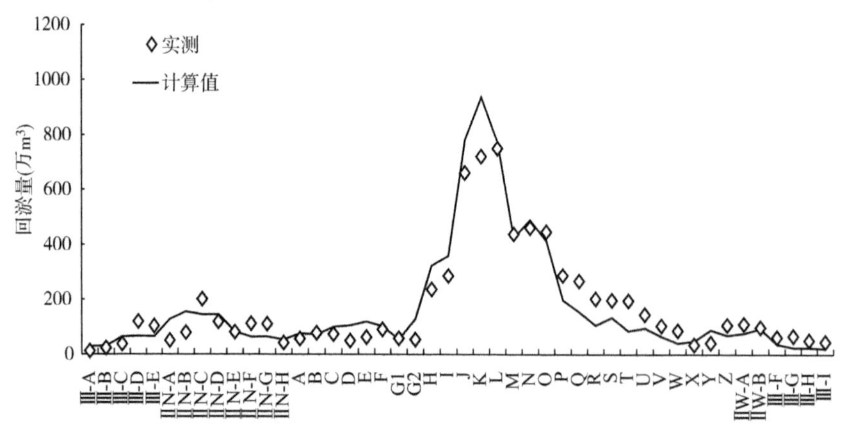

图 7-11 2012 年夏秋季航道常态淤积计算值与实测值比较

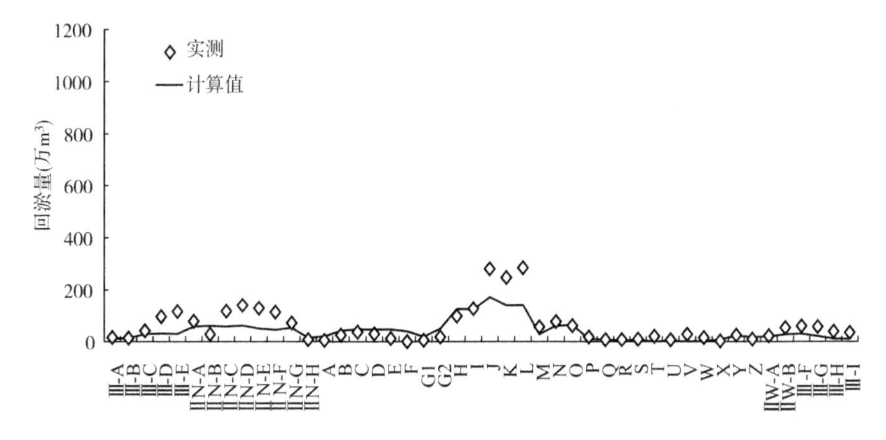

图 7-12　2012 年冬春季航道常态淤积计算值与实测值比较

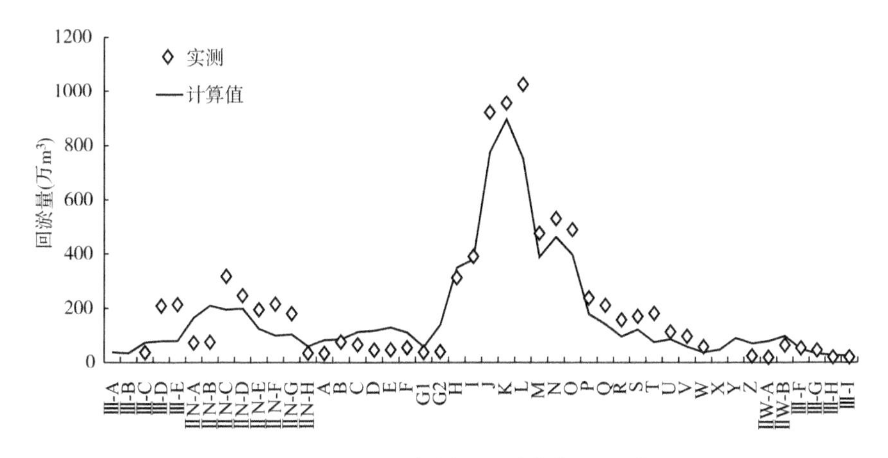

图 7-13　2012 年全年航道常态淤积计算值与实测值比较

研究还比较了 2005 年、2013 年、2014 年和 2015 年南港—北槽航道全年淤积量与实测值(图 7-14 ~ 图 7-17)。其中,2005 年全年航道实测回淤总量为 4871 万 m^3,计算结果为 4702 万 m^3,与实测结果相差-3.5%;2013 年全年航道实测常态回淤总量为 9745 万 m^3,计算结果为 10400 万 m^3,与实测结果相差 7%;2014 年全年航道实测常态回淤总量为 8234 万 m^3,计算结果为 8288 万 m^3,与实测结果相差不足 1%。2015 年全年航道实测回淤总量为 8440 万 m^3,其中常态回淤总量为 7641 万 m^3,非常态回淤总量为 799 万 m^3,计算的常态回淤总量结果为 7950 万 m^3,与实测常态回淤总量结果相差 4%。

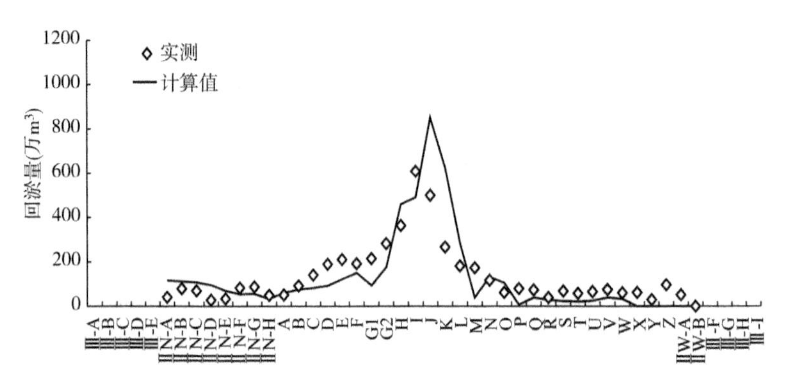

图 7-14　2005 年全年航道淤积计算值与实测值比较

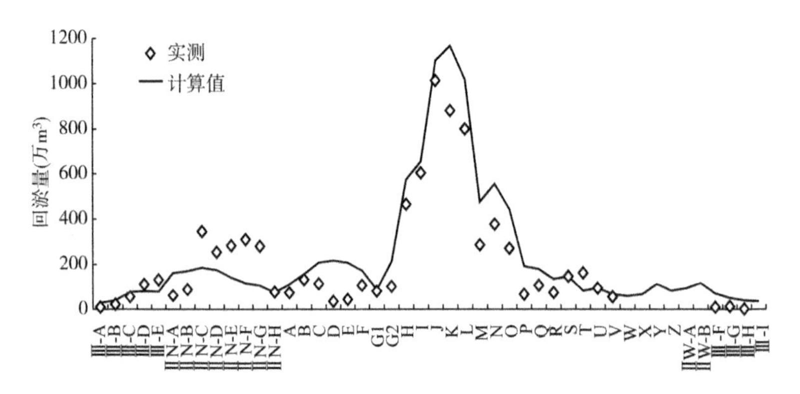

图 7-15　2013 年全年航道常态淤积计算值与实测值比较

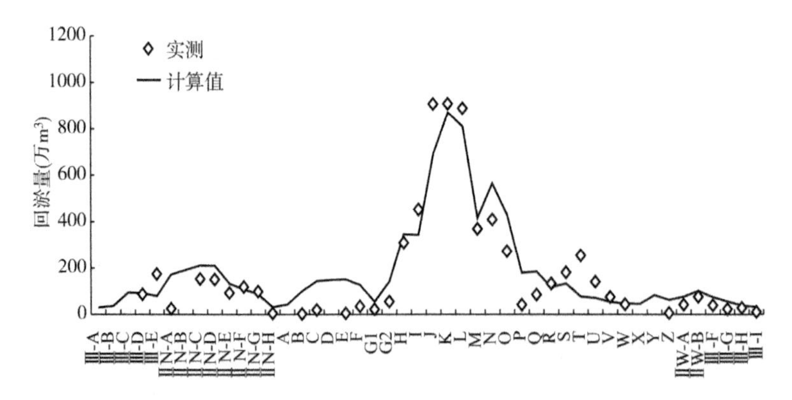

图 7-16　2014 年全年航道常态淤积计算值与实测值比较

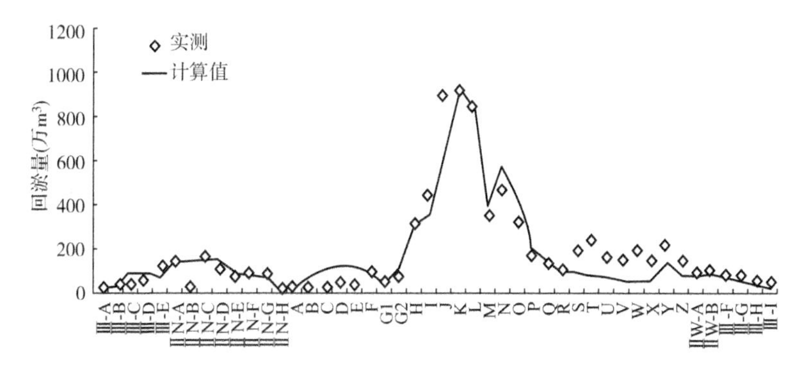

图 7-17 2015 年全年航道常态淤积计算值与回淤总量实测值比较

7.4 研究成果

7.4.1 水动力及泥沙因素对航道回淤影响分析

从径流量、外海潮差、外海盐度、泥沙沉降速度、航道深度、地形变化、高浓度泥沙特性六方面分析了解水动力场、盐度场以及泥沙场变化及对航道回淤的影响。具体计算方案、计算条件如表 7-2 所示。由于深水航道在夏秋季淤积强度最大,因此选取 2012 年夏秋季作为计算和比较条件。下面主要列出各种因素变化对回淤的影响结果。

方案说明及计算条件　　表 7-2

编号	分析内容	计算条件	
1	径流量	流量;50200m³/s	2012 年 8 月工程地形+航道水深+外海动力条件+泥沙参数
2		流量;30800m³/s	
3	外海潮差	8 月外海潮边界	2012 年 8 月工程地形+航道水深+上游流量+泥沙参数
4		8 月外海潮边界×0.9	
5	外海盐度	8 月外海盐度	2012 年 8 月工程地形+航道水深+水动力条件+泥沙参数
6		8 月外海盐度×0.9	
7	泥沙沉降速度	夏季沉降速度	2012 年 8 月工程地形+航道水深+水动力条件+其他泥沙参数
8		夏季沉降速度×0.6	
9	航道深度	2012 年 8 月实测航道	2012 年 8 月工程地形+水动力条件+泥沙参数
10		10m 航道	

续上表

编号	分析内容	计算条件	
11	外海潮位	8月外海潮边界	2012年8月工程地形+航道水深+上游流量+泥沙参数
12		8月外海潮边界+0.2m	
13		8月外海潮边界-0.2m	
14	高浓度泥沙特性	考虑高浓度泥沙抑制紊动作用	2012年8月工程地形+航道水深+水动力条件+泥沙参数
15		不考虑高浓度泥沙抑制紊动作用	

1)径流量对回淤的影响

夏秋季不同上游流量条件下,计算的航道回淤量比较见图7-18。比较可知:上游流量减小时,由于涨潮动力的相对增强,泥沙的上溯能力有所加强,整体回淤量有所增大,上游流量50200m^3/s时7328万m^3,上游流量30800m^3/s时8597万m^3,增大约17%。分布上,北槽上口和下口段基本没有变化,北槽中段变化较大,M至A区段,流量减小回淤量呈增大趋势,M至V区段,流量减小回淤量呈减小趋势,这与含沙量的变化是一致的。

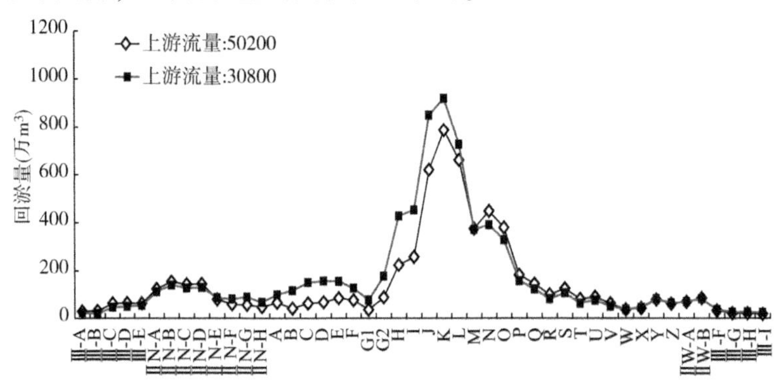

图7-18 不同径流流量条件下航道夏秋季回淤量计算值比较

2)外海潮差对回淤的影响

不同外海潮差条件下,计算的航道回淤量比较见图7-19。比较可知:外海潮汐边界减小10%时,由于涨潮动力的相对减弱,水体含沙量的降低,整体回淤量有所减小,航道回淤量由7716万m^3减少至6058万m^3,减少约21%。分布上,北槽上口和下口段变化较小,北槽中段变化较大。可见,外海潮汐变化对航道回淤作用较为显著。

3)外海盐度对回淤的影响

不同外海盐度条件下,计算的航道夏秋季回淤量比较见图7-20。比较可

知：外海盐度减小 10%时，航道回淤量由 7716 万 m^3 减少至 7272 万 m^3，减少约 6%，减淤区段主要集中在北槽中偏下段（J～R 段）。可见，虽然外海盐度变化 10%对水动力影响非常有限，水体含沙量的变化也不显著，但依然影响航道淤积量的变化。

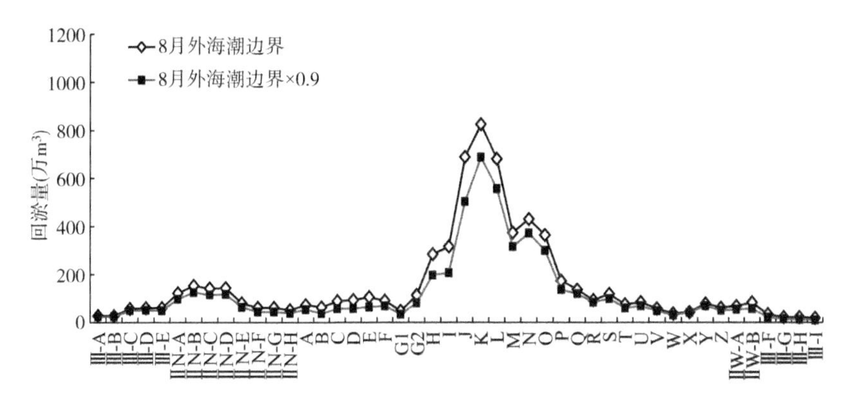

图 7-19　不同外海潮差条件下航道夏秋季回淤量计算值比较

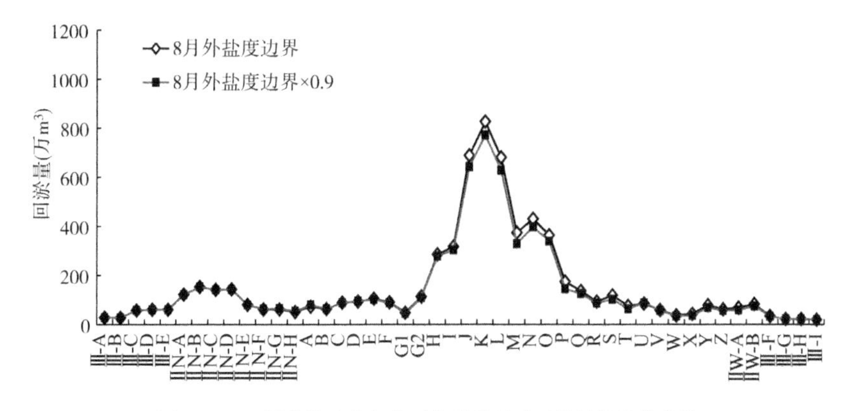

图 7-20　不同外海盐度条件下航道夏秋季回淤量计算值比较

4）泥沙沉速对回淤的影响

不同泥沙沉降速度条件下，计算的航道夏秋季回淤量比较见图 7-21。比较可知：沉降速度减小 40%时，航道回淤量由 7116 万 m^3 减少至 5233 万 m^3，减少约 32%，减淤区段主要集中在北槽中下段，中段淤积量减少最多。可见，沉降速度对航道淤积的影响是显著的。

5）航道深度对回淤的影响

不同航道深度条件下，计算的航道夏秋季回淤量比较见图 7-22。比较可知:仅航道由 10m 增深至 12.5m(其他区域地形不变)情况下,航道回淤整体上呈增加趋势,航道回淤量由 5775 万 m^3 增加至 7716 万 m^3,增加约 25%;北槽中段增加最多,G1~R 段回淤量增加 1465 万 m^3,增加约 28%。可见,航道深度变化对航道淤积影响是显著的。

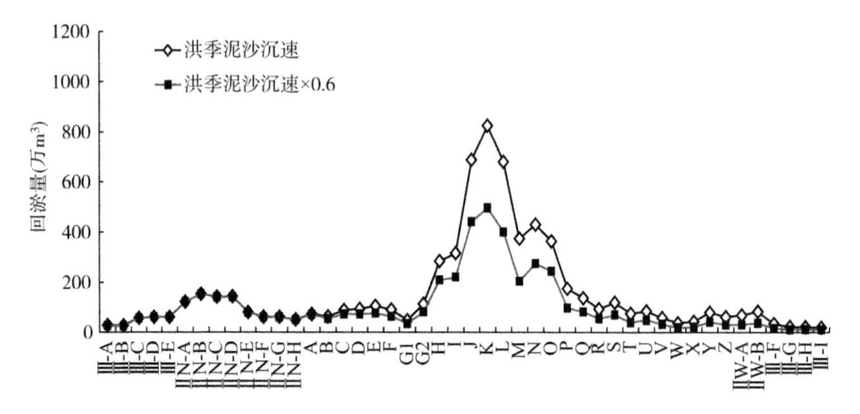

图 7-21　不同沉降速度条件下航道夏秋季回淤量计算值比较

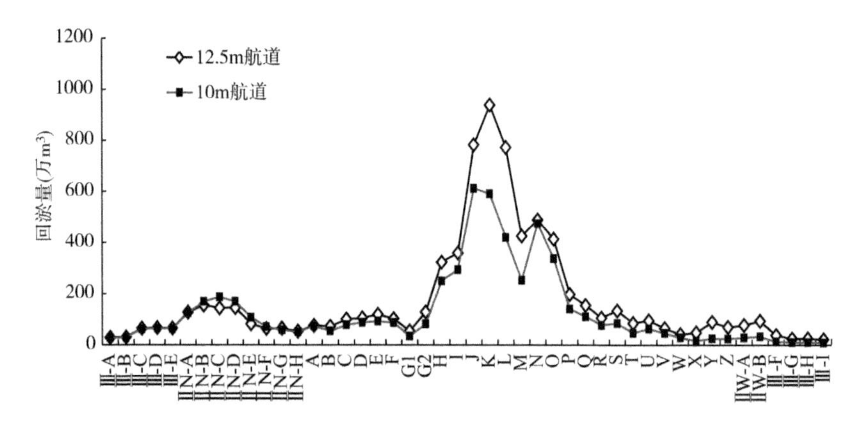

图 7-22　不同航道深度条件下航道夏秋季回淤量计算值比较

6)外海潮位对回淤的影响

不同外海盐度条件下,计算的航道夏秋季回淤量比较见图 7-23。比较可知:外海潮位+0.2m 时,航道回淤量由 7716 万 m^3 增加至 7882 万 m^3,全航道增加约 2%,主要集中在北槽 K~P 段,局部增加约 8%;外海潮位-0.2m 时,航道回淤量由 7716 万 m^3 减少至 7548 万 m^3,全航道减少约 2%,主要集中在北槽 J~R 段,局部减少约 6%。可见,外海平均潮位对航道淤积量是有影响的。

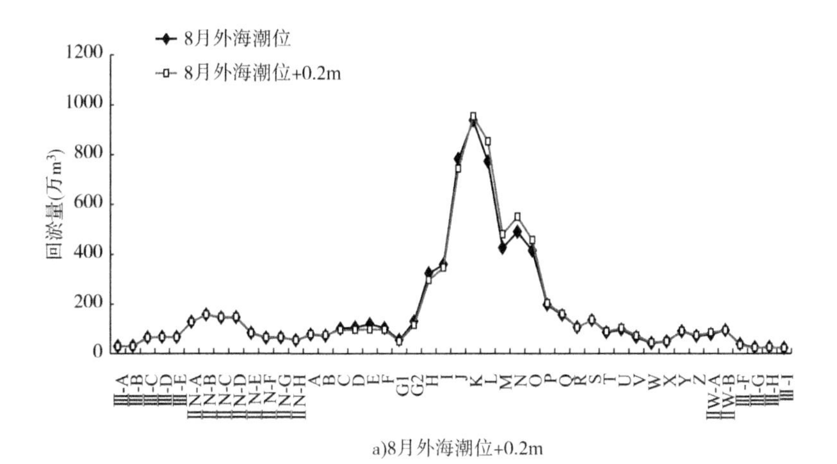

a)8月外海潮位+0.2m

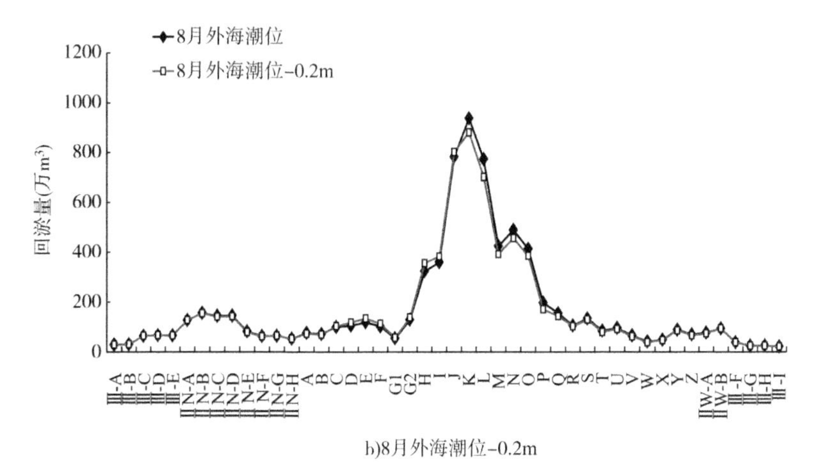

b)8月外海潮位-0.2m

图 7-23 不同外海潮位条件下航道夏秋季回淤量计算值比较

7)高浓度泥沙特性对回淤的影响

计算的航道夏秋季回淤量比较见图 7-24。比较可知:不考虑高浓度泥沙抑制紊动作用情况下,航道回淤整体上呈减小趋势,航道回淤量由 7716 万 m^3 减少至 4831 万 m^3,减少约 37%,减淤区段主要集中在泥沙含量较高的北槽中段。可见,近底高浓度泥沙抑制紊动作用在北槽航道回淤中的作用显著。

8)各种因素影响比较

计算分析了七重因素变化对航道回淤的影响,计算条件及航道回淤量变化见表 7-3,各种因素对航道回淤影响由小到大排列。

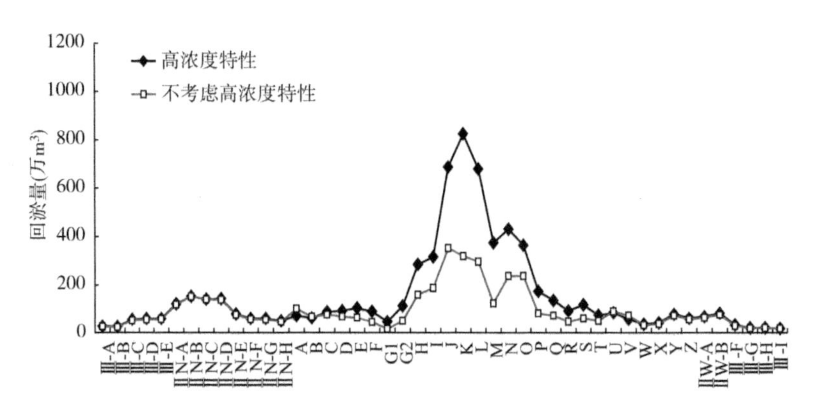

图 7-24　是否考虑高浓度特性航道夏秋季回淤量计算值比较

不同计算方案航道回淤量变化　　表 7-3

编号	分析内容	计算条件	淤积量(万 m³)及变化(%)		
1	外海潮位	8 月外海潮边界	7716	全航道	中段
		外海潮位+0.2m	7882	+2%	+4%
		外海潮位-0.2m	7548	-2%	-3%
2	外海盐度	8 月外海盐度	7716	-6%	-7%
		8 月外海盐度×0.9	7272		
3	上游流量	上游流量:50200m³/s	7328	+17%	+19%
		上游流量:30800m³/s	8597		
4	外海潮差	8 月外海潮边界	7716	-21%	-21%
		8 月外海潮边界×0.9	6058		
5	航道深度	10m 航道	5775	+34%	+39%
		12.5m 航道	7716		
6	泥沙沉降速度	夏季沉降速度	7716	-32%	-37%
		冬季沉降速度(夏×0.6)	5233		
7	高浓度泥沙特性	考虑高浓度泥沙抑制紊动作用	7716	-37%	-52%
		不考虑高浓度泥沙抑制紊动作用	4831		

7.4.2　深水航道水流特征

1)外海潮波潮流环境基本特征

潮波从太平洋经琉球群岛分两支进入东中国海:一支沿西北偏西方向进入

浙江沿海;另一支则经由西北经东海,继而进入黄海。长江口是中等强度的潮汐河口,主要受东海前进波影响,口外基本为正规半日潮,口内为非正规浅海半日潮。半日潮以 M_2分潮为主,S_2分潮次之。

潮波按其传播性质可分为前进波和驻波两种基本类型。长江口外海的潮波基本为前进波;南支属于前进波为主的变态潮波;北支由于地形影响,入射波和反射波相结合,潮波从前进波向驻波转化,青龙港断面上,潮波具有驻波特点。

潮流按运动形式分为旋转流与往复流两种,口外海为旋转流,受岛屿、岸线、河槽等约束,进入河口后水流逐渐过渡为往复流。口外涨、落潮波主要从SE~NW方向传入、传出(图7-25)。潮位等值线与岸线走向有一定夹角,潮波先抵达长江口南岸,后抵达北岸,两者相差大约1h,与牛皮礁与连兴港实测潮波相位差是一致的(图7-26)。在该种潮波驱动下,口外海流具有以下基本特征:

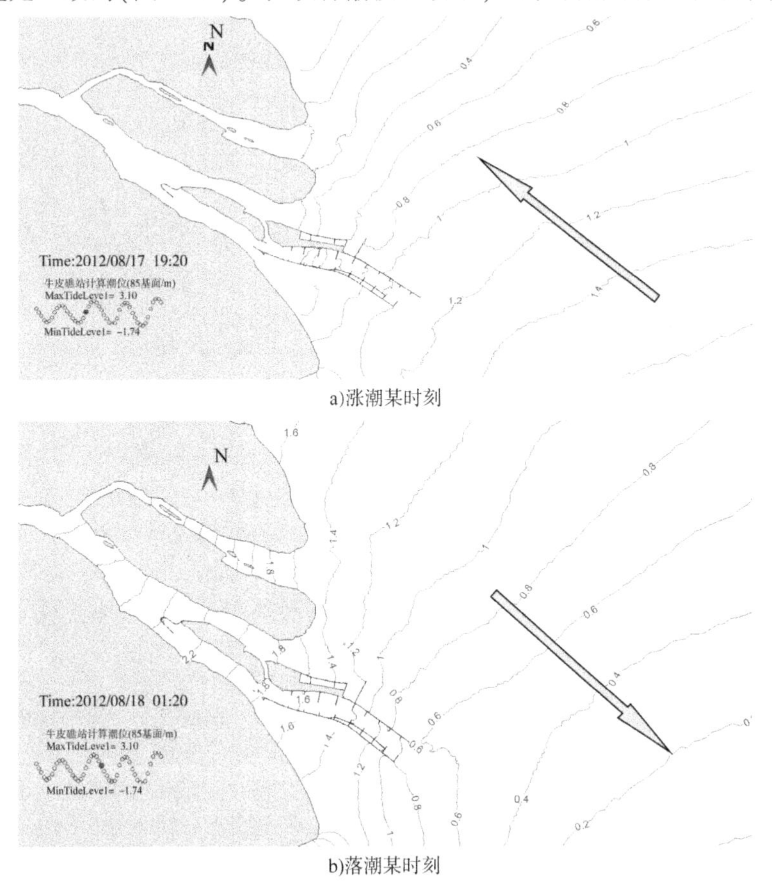

图7-25 长江口外海潮位等值线图

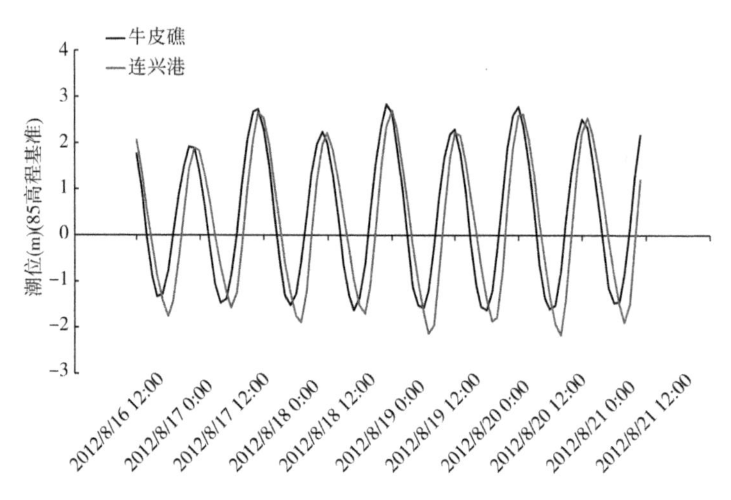

图 7-26　牛皮礁潮位站与连兴港潮位站潮位历时变化(实测值)

(1)在科氏力作用下,口外潮流以顺时针旋转流形式运动。

(2)低潮位时刻,外海主流自北向南运动;高潮位时刻,外海主流自南向北运动。

(3)涨潮中潮位时刻,外海主流自东向西运动;落潮中潮位时刻,外海主流自西向东运动。

(4)高、低潮位时刻潮流流速大于涨、落潮中潮位时刻流速。

(5)近岸水流强度大于外海。

2)水流平面分布特征

长江口外海为旋转流,受岛屿、岸线、河槽、导堤等约束,进入河口后水流逐渐过渡为往复流,其中,南港—北槽沿程均呈落潮优势。除了这些宏观的、一般性的水流特征,从平面分布上看,南港—北槽还有以下特殊的水流运动现象。

(1)平面环流

落潮后期坝田内存在环流,北侧坝田内环流逆时针方向运动,南侧坝田内环流顺时针方向运动,环流宽度与坝田大小相当,环流持续时间 1~3h 不等(图 7-27)。环流最先出现在距离下口门最近的坝田内,然后靠近上游的坝田内逐渐出现环流。

落潮向涨潮转换过程中,在拐弯段主槽内有多个环流同时存在,环流持续时间约 20~40min,环流平均强度在 0.2~0.3m/s,大小环流结构交错相间,水流紊乱,流态复杂(图 7-28)。

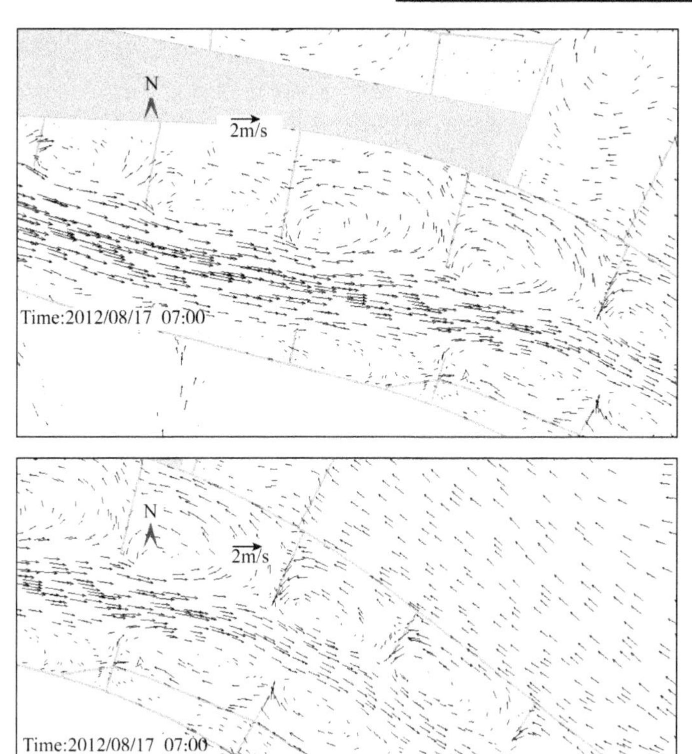

图 7-27 坝田中的环流

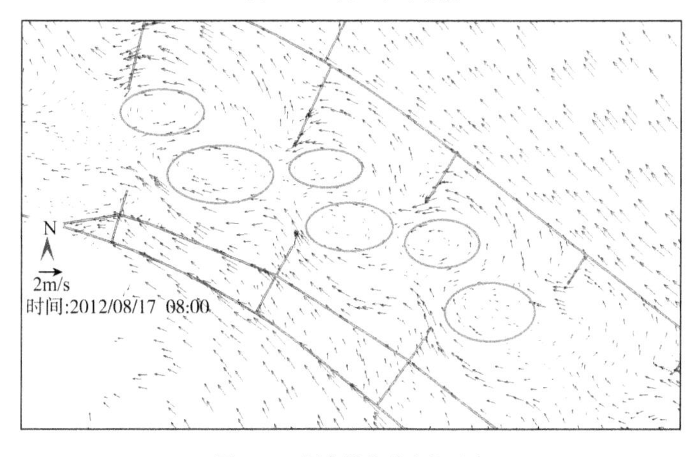

图 7-28 拐弯段航道中的环流

从泥沙运动角度看，这些环流的存在为泥沙在坝田、边滩和航道间运动提供了动力条件，是泥沙横向输移动力因素之一。

(2)表、底层流向差异

在涨、落潮转换期间，不同深度上水流流向不一致，某些时刻表、底层流速相反(图7-29)。图7-29a)为落潮向涨潮转变过程中北槽中段流场，其中灰色和黑色箭头分别表示底层、表层流速矢量，可见：底层水流较表层更早转向上游，这说明表、底层水流涨潮存在相位差(时间差)，按照流向判断，涨潮是从底层水流先开始的，底层水流先完成落潮到涨潮的转换；北槽内涨潮晚于南槽和北港。图7-29b)为涨潮向落潮转变过程中北槽中段流场，可见：表层水流较底层更早转向下游，这说明表、底层水流落潮存在相位差(时间差)，按照流向判断，落潮是从表层水流先开始的，表层水流先完成涨潮到落潮的转换。涨、落潮相位差现象与河口地区特殊的环流体系有关，将在后面水流垂向分布特征中进行进一步说明和分析。

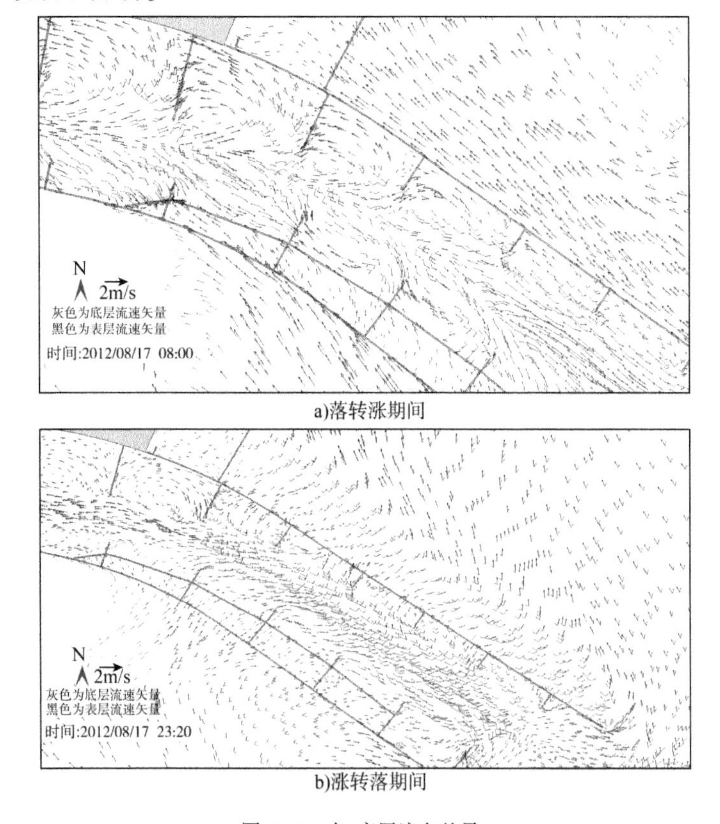

a)落转涨期间

b)涨转落期间

图7-29 表、底层流向差异

(3)下口门及北槽中下段流路

任一时刻流体的速度在空间上是连续分布的,如果 t 时刻空间一条曲线在该曲线上任何一点 A 上的切线和 A 点处流体质点的速度方向相同,则称这条曲线为时刻 t 的流线。流线表示的是某一瞬时流场中许多处于这一流线上的流体质点的运动方向,但不是某一个流体质点的运动轨迹,因此,这里采用流线和质点轨迹两种方式反映北槽下口门附近流路的变化。图 7-30 显示了涨、落潮期间某时刻下口门附近流线情况,图 7-31 显示了涨、落潮过程下口门附近水质点运动轨迹。可见,北槽中下段涨、落潮流路不一致,涨潮水流偏北,落潮水流偏南。这主要与外海水流运动特征、航槽和导堤走向以及科氏力作用等因素有关。此外,比较水质点运动轨迹可见,落潮情况下水质点运动距离明显大于涨潮情况,这一现象与落潮优势的水流特征是一致的。

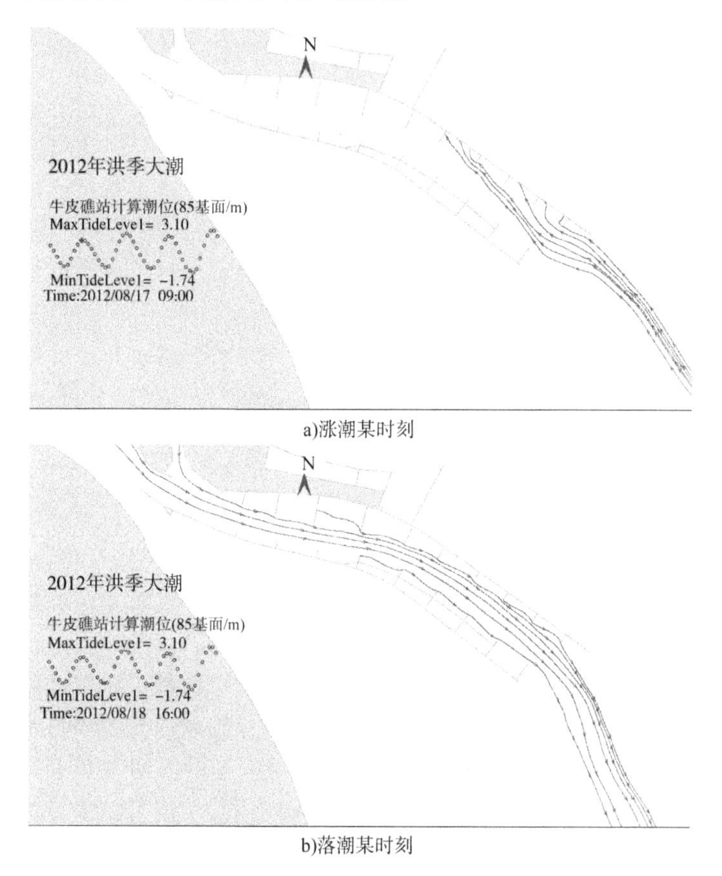

a)涨潮某时刻

b)落潮某时刻

图 7-30 涨、落潮期间某时刻下口门附近流线

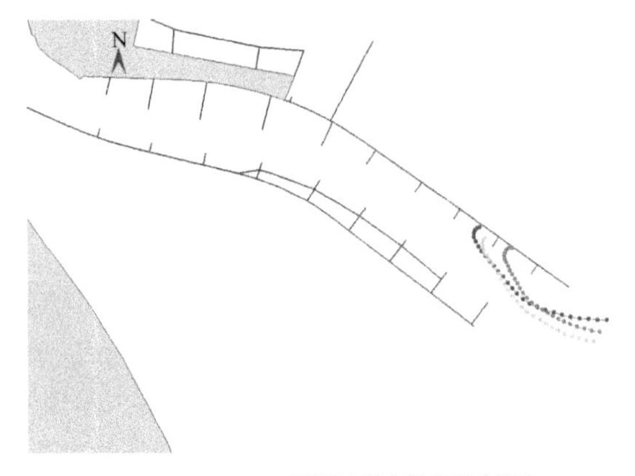

a)涨潮过程水质点运动轨迹

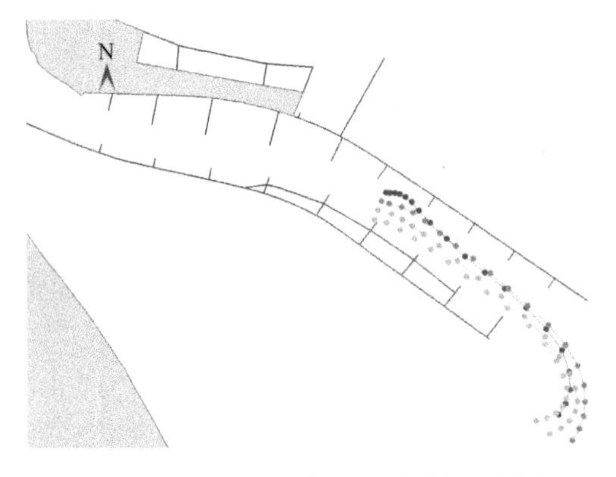

b)落潮过程水质点运动轨迹

图 7-31　涨、落潮过程下口门附近水质点运动轨迹

水体作为泥沙运动的载体，涨、落潮水流在北槽下口门以及中下段流路的不一致对泥沙进入和输出的路径也会产生影响。关于这些方面的内容将在下一阶段开展相关的研究工作。

(4)上口门附近落潮流路

图 7-32 显示了落潮期间某时刻北槽上口门附近流线，图 7-33 显示了落潮过程上层水体运动轨迹。可见，南北槽分流口的分流点位置并不在分流潜堤延伸线上，而是位于延伸线方向偏北侧。图 7-33 还给出了 2013 年夏季漂流实验的轨迹图，对比可见，虽然计算时间与实测时间不同步，但都清楚地反映了上述规律，说明计算结果和实测结果是一致的，也从侧面说明南北槽分流点位置偏北的现象具有普遍性。

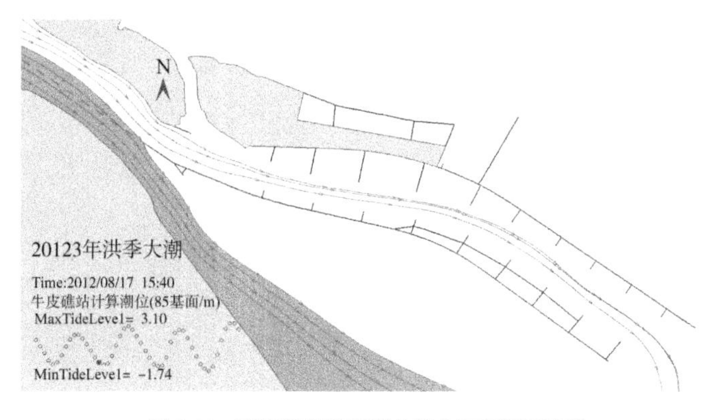

图 7-32 落潮期间某时刻北槽上口门附近流线

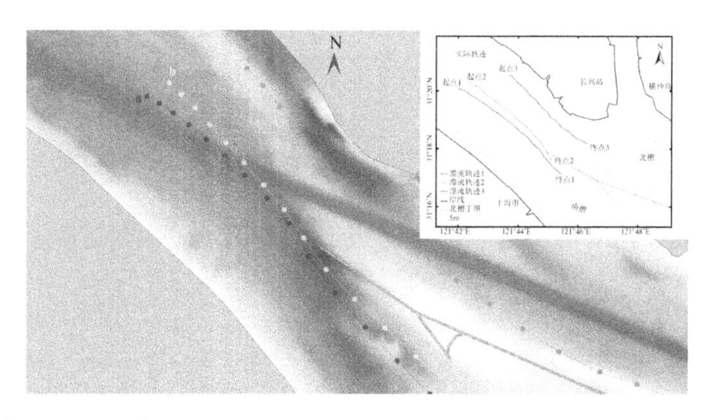

图 7-33 落潮过程上层水体运动轨迹计算值(2012 年夏季)与现场漂移观测结果(2013 年夏季)比较

(5)南港中上段落潮流路

图 7-34 给出了南港入口处水质点落潮运动轨迹。可见:落潮水流从南港上口流出后水流有所分散,向偏北方向扩散;从运动距离看,断面上中部水体运动距离更长,两侧水体运动距离相对较短,这与该区域主流分布特征有关;在一个完整的落潮过程中,水体质点可以运动到南港中下段,不能到达南、北槽。

3)水流垂向特征

通常,水流在垂向上表现为表层流速大、底层流速小的分布特征,表、底层流向是一致的。但河口地区受外海潮流和上游径流双重作用,上游径流通常为淡水,密度相对较小,外海水体为盐水,密度相对较大,两者交汇,容易形成密度分层现象,加大了水流的复杂程度,在垂向结构上有些特殊现象。具体到南港—北槽深水航道内,主要有以下几点:

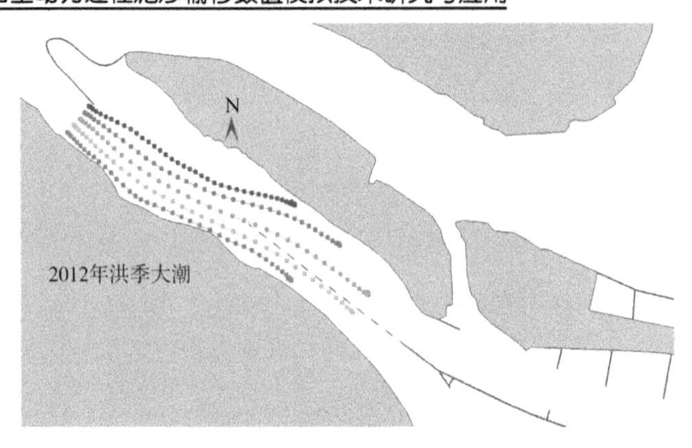

图 7-34　落潮过程南港水质点运动轨迹

(1)涨潮过程中北槽中、下段存在表层流速小、底层流速大的现象

涨潮过程中,北槽中、下段存在表层流速小、底层流速大的现象(如图 7-35 流场)。有如下几个特点:时间上主要发生于初涨至涨潮中期;空间上主要存在于北槽中、下段;随着涨潮发展,范围不断扩大,最大可达 L－W 段[图 7-35 的 19 时)]。

(2)落潮初期下口门附近存在中层流速大、表层和底层流速小的现象

下口门是旋转流向往复流转变的区域,加之深水航道走向在下口门处发生变化,走向从东南—西北转为东—西,转角 55°,该区域水流结构异常复杂,存在表层和底层流速小,中层流速大的现象(如图 7-36 竖虚线间流场所示)。该现象在落潮初期产生,存在时间段短,20~30min,范围集中在口门以里,约在 S–V 段。

(3)表、底层水体涨、落潮水流转向不同步

在前面水流平面特征分析中发现,在涨、落潮转换期间,不同深度上水流流向不一致,某些时刻表、底层流速相反,分析推断认为涨潮是从底层水流先开始的[图 7-29a)],落潮表层水流较底层更早转向下游[图 7-29b)]。

图 7-35 显示了航道纵断面沿水深垂线流速分布,从水流垂向结构上进一步说明了不同深度水体涨潮水流转向的不同步,根据流向判断,涨潮水流从底层先开始,表现为表层涨潮流速小、底层涨潮流速大的分布特点,且底层涨潮历时大于表层。

图 7-37 给出了涨潮转落潮期间垂向流速分布。可见,上层水体流向已经转向下游(上虚线框内流速),而中下层水流流向还未转向,依然指向上游(下虚线框内流速),表、底层流向相反。这说明了落潮是从表层水流先开始的,表层水流先完成涨潮到落潮的转换。

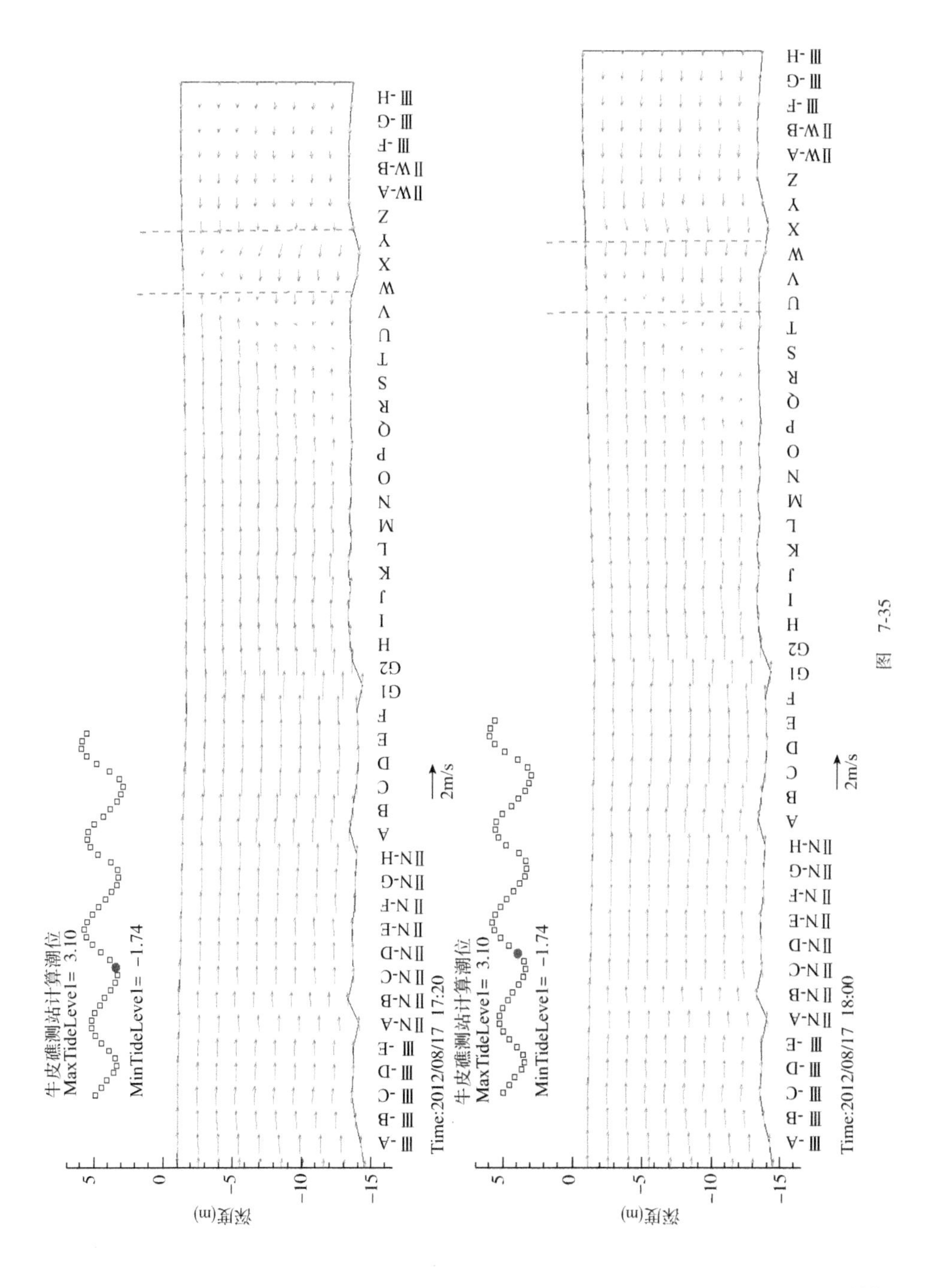
牛皮礁测站计算潮位
MaxTideLevel1= 3.10
MinTideLevel1= -1.74
Time:2012/08/17 17:20
2m/s
深度(m)
5
0
-5
-10
-15
牛皮礁测站计算潮位
MaxTideLevel1= 3.10
MinTideLevel1= -1.74
Time:2012/08/17 18:00
2m/s
深度(m)

图 7-35

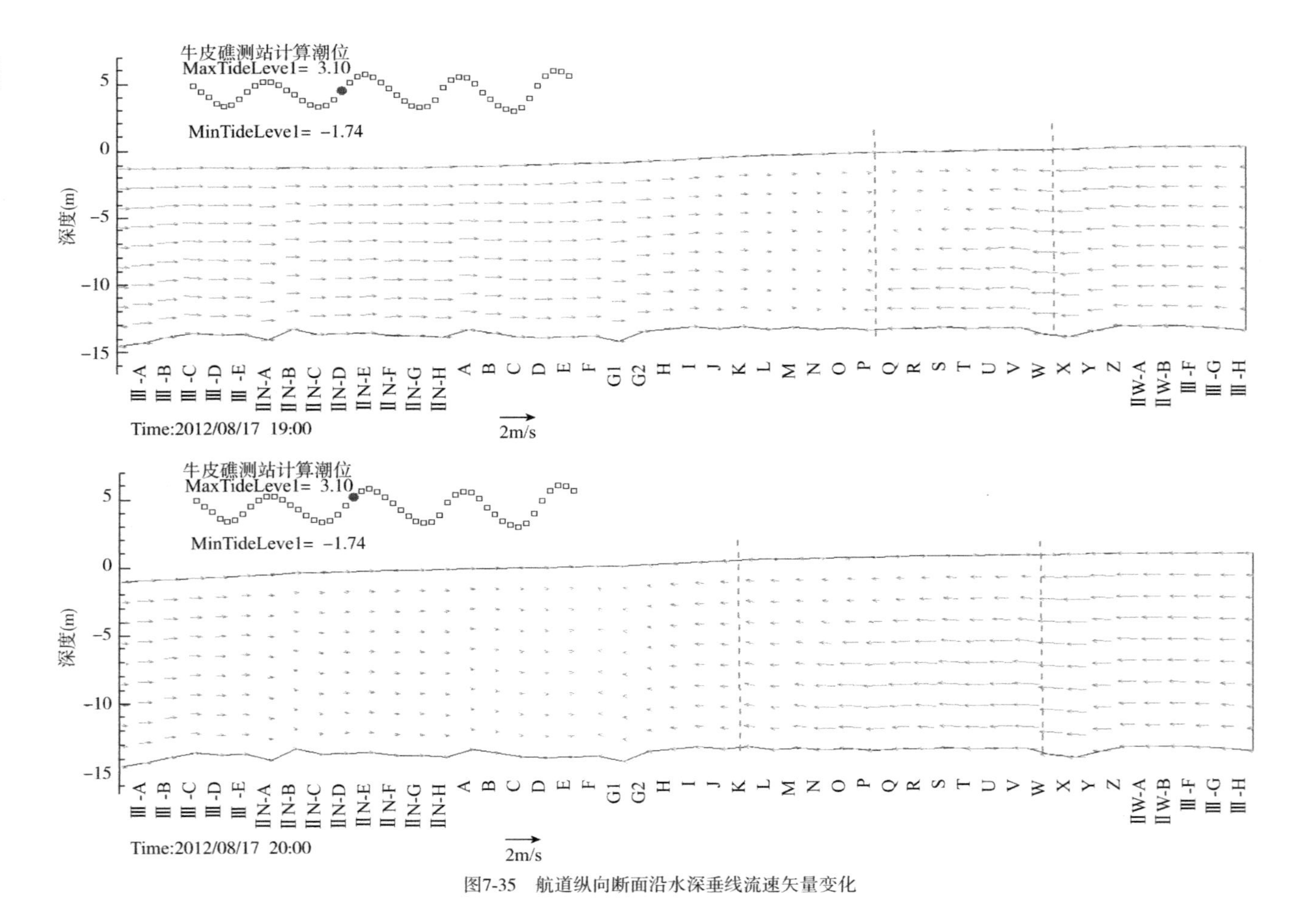

图7-35 航道纵向断面沿水深垂线流速矢量变化

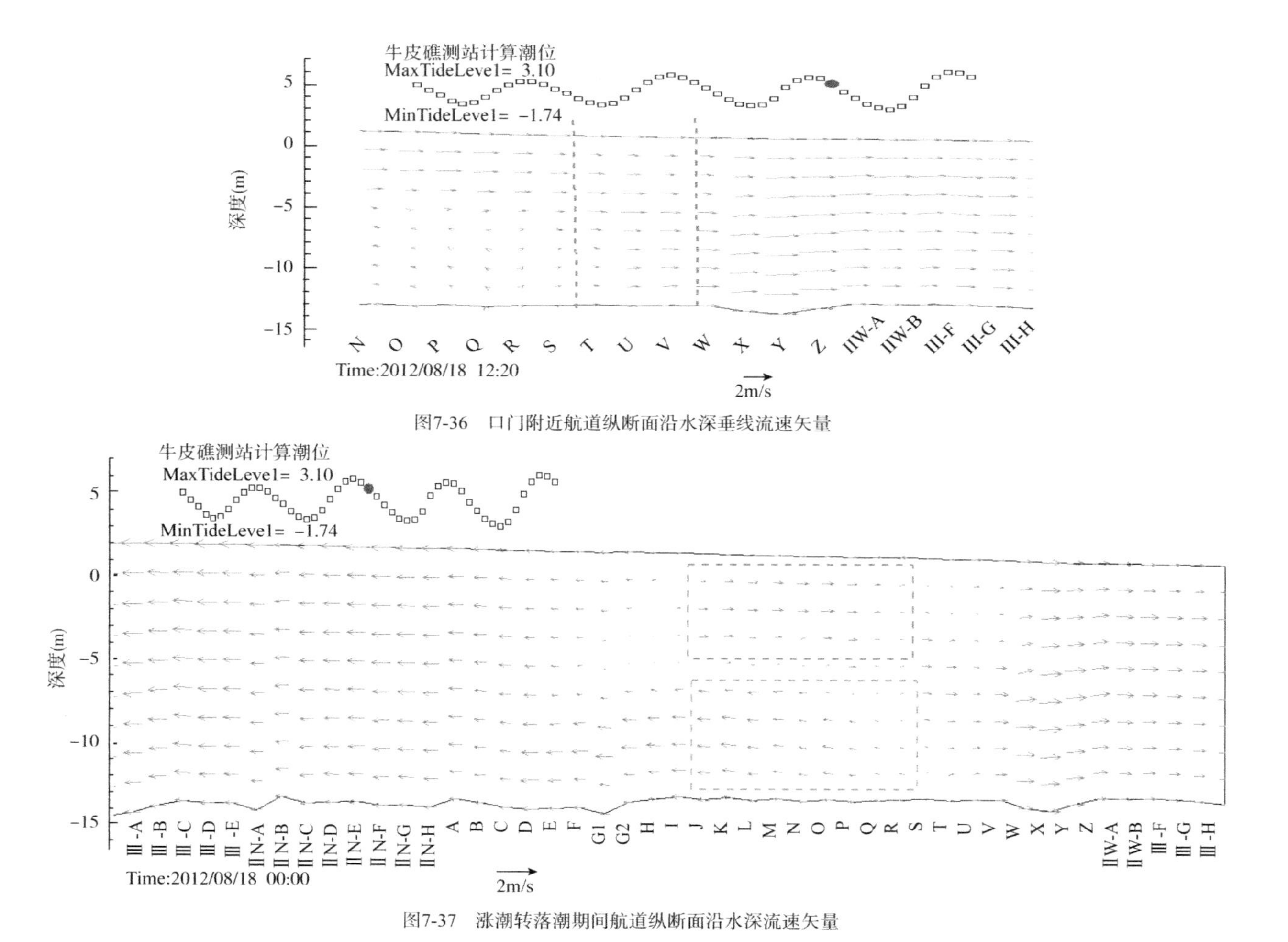

图7-36 口门附近航道纵断面沿水深垂线流速矢量

图7-37 涨潮转落潮期间航道纵断面沿水深流速矢量

(4)北槽中下段纵剖面存在垂向环流结构

在涨、落潮转换期间某些时刻表、底层流向相反的特征说明在垂向上存在环流结构。将视野集中到更小的范围内,图 7-38 和图 7-39 分别显示了涨、落潮期间航道内水流垂向环流结构。可见:涨、落潮环流结构都是上层水体指向下游、下层水体指向上游;随着涨潮的发展,涨潮环流从下口门附近开始形成[图 7-38a)],逐渐向上游移动,可至北槽中段[图 7-38b)];落潮环流主要存在于北槽中段,下段不明显;在某个固定区域垂向环流存在时间较短,大约在20~40min。

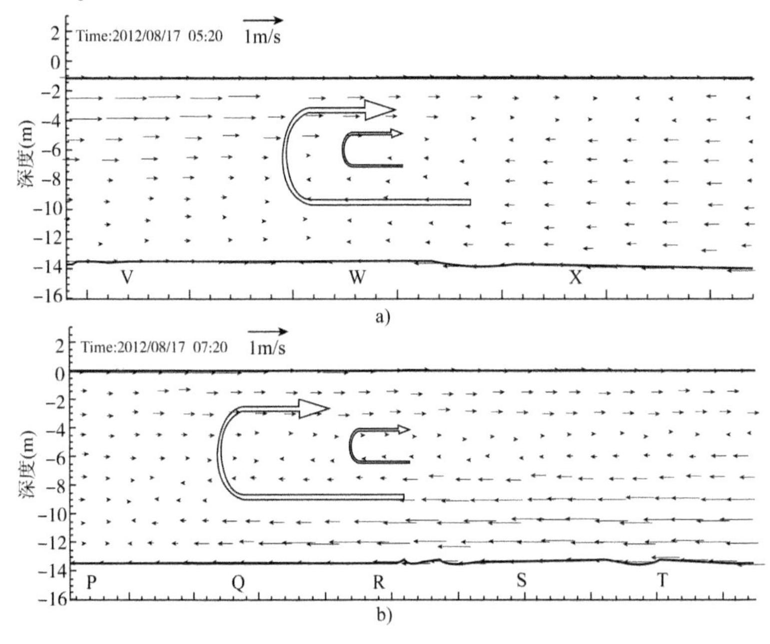

图 7-38 涨潮期间深水航道内水流垂向环流结构

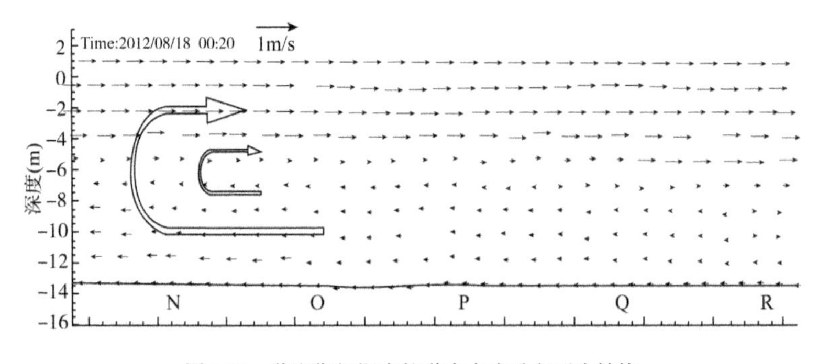

图 7-39 落潮期间深水航道内水流垂向环流结构

4)水流横向特征

在北槽内布置 a~e 共 5 个横向断面(图 7-40),每个断面上以 100m 间隔设置观测点,以考察北槽内横向水流的分布特征。

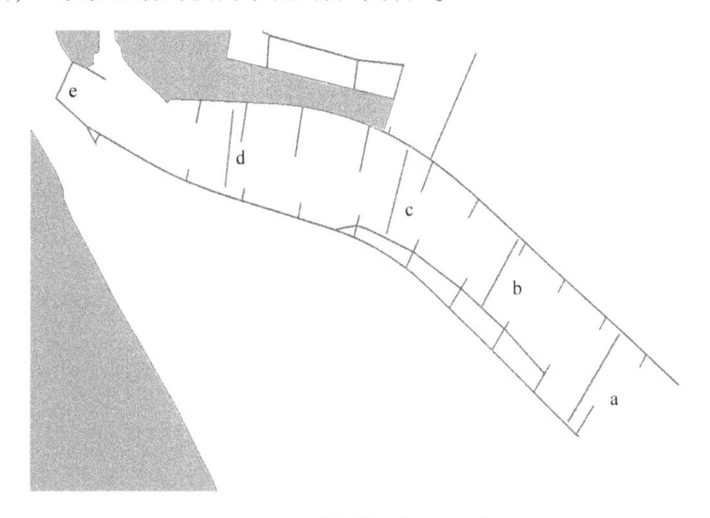

图 7-40 横向断面布置示意图

图 7-41 显示了 a~e 断面上某时刻横流分布情况(视角为从上游向下游看,视图左端为北侧,右段为南侧,下同)。可见:北槽内横流在空间和时间上都广泛存在;横流流态复杂,如形态各异的垂向环流、同一断面的流向不同、上层横流小下层横流大、中层横流大上下层横流小等现象;横流强度较大,通常在 0.1~0.3m/s,有些横流可达 0.4~0.6m/s;某些时刻垂向流速分量相对较大;较强横流的普遍存在必定带动泥沙横向运动,促使滩槽间泥沙运动。

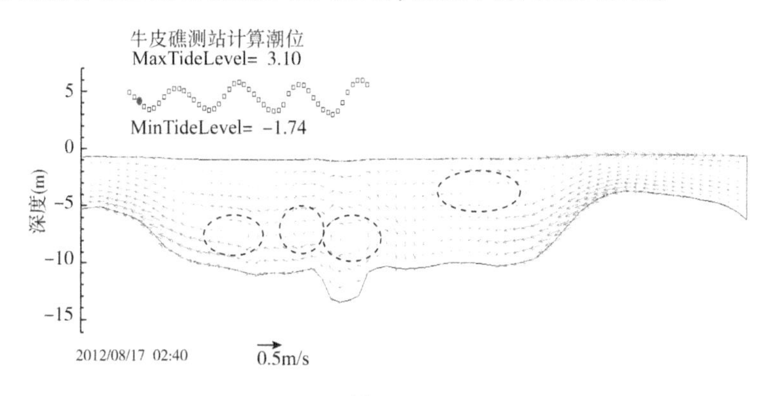

图 7-41

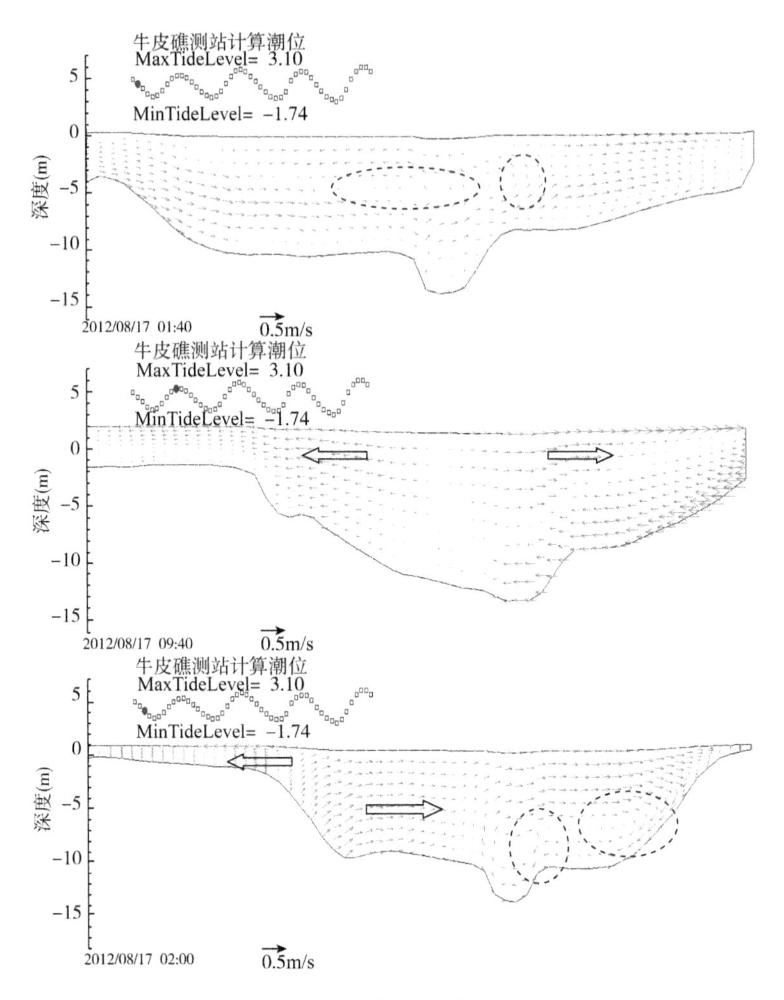

图 7-41　横向断面流场

7.4.3　深水航道泥沙特征

1)长江口含沙量分布基本特征

长江口附近泥沙运动变化主要受长江径流、潮流、波浪等因素的控制。前人研究表明:总体而言,在横向上,北支含沙量大于南支,北支青龙港附近水域平均含沙量达到 1.5kg/m³以上;在纵向上拦门沙水域大于口内、口外水域,呈现"低—高—低"变化,南支—南港上段,含沙量普遍较低,平均含沙量一般都小于 0.5kg/m³,拦门沙和最大浑浊带区域平均含沙量一般都在 1.0kg/m³左右,口外水域含沙量较低，除南槽口外略高外，其余均小于 0.5kg/m³。

本研究建立的泥沙数学模型重点反演南港—北槽深水航道局部区域的含沙量特征，重点考虑了潮流、径流的影响，未考虑风浪、涌浪等动力因素，但在宏观上也反映了长江口泥沙分布的一些基本规律，这说明常规天气下在该区域潮流和径流是泥沙运动最重要的动力因素。反映的基本规律具体如下（图 7-42）：

（1）在整个海域含沙量分布上，北支口外、北港口外和南北槽区域在整个河域含沙量分布上较高，反映了拦门沙位置含沙量高、外海以及上游水域含沙量较低的分布特征。

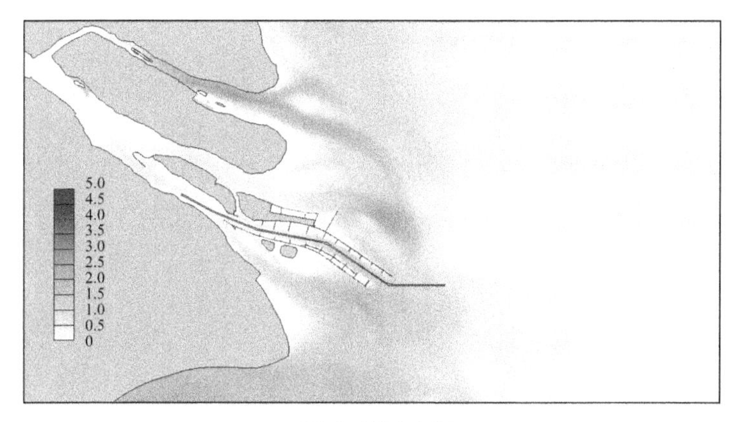

a)涨潮某时刻含沙量场

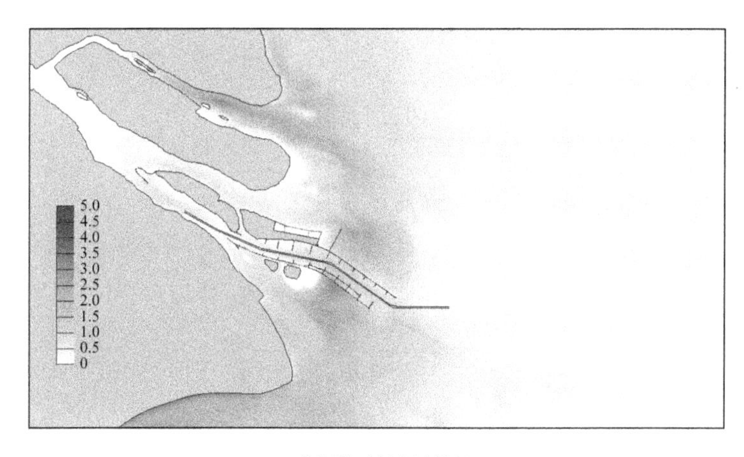

b)落潮某时刻含沙量场

图 7-42 2012 年夏季大潮涨、落潮某时刻含沙量场

(2)涨潮过程中浅滩水域高含沙量带位置更靠近口内,涨潮携带泥沙向口内运移;而落潮过程则相反。

(3)涨潮含沙量略大于落潮含沙量。

(4)横向上,北支泥沙最为活跃,含沙量较南支略高。

(5)高含沙量水域区域主要集中在北槽、北港横沙东滩和崇明东滩东侧以及北支口附近。

(6)口外水域含沙量较低,均小于0.5kg/m^3。

(7)长江口南北两侧海域含沙量存在差异,北侧海域较低,南侧杭州湾含沙量相对较高。

2)南港—北槽含沙量平面分布特征

长江口属于“河—潮型”河口,河口地形受河、潮动力及其陆、海域来沙共同塑造,使得长江口的浅滩水域泥沙受多种作用的综合影响,水体含沙量高,同时咸淡水交汇和重力环流活跃,再加上床沙与悬沙交换频繁,泥沙又容易在此聚集,发育着最大浑浊带,构成了“低—高—低”的泥沙分布规律。除了这些宏观的、一般性的河口含沙量特征,从平面分布上看,南港—北槽还有以下的含沙量分布特征。

(1)涨、落潮含沙量差异

图7-43显示了夏季大潮情况下北槽涨、落潮平均含沙量场。可见:北槽内含沙量较高区域主要集中在中、下段;涨潮过程,含沙量基本呈自口门向拐弯段逐渐增大的趋势;落潮过程则相反,含沙量基本呈自拐弯段向口门逐渐增大的趋势;北槽上段涨、落潮含沙量均较小;最大平均含沙量出现在涨潮拐弯段;以上趋势与实测规律一致。

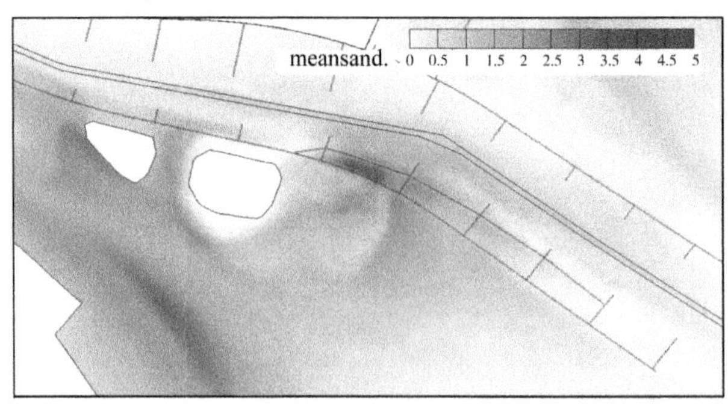

a)涨潮平均中层含沙量场

图 7-43

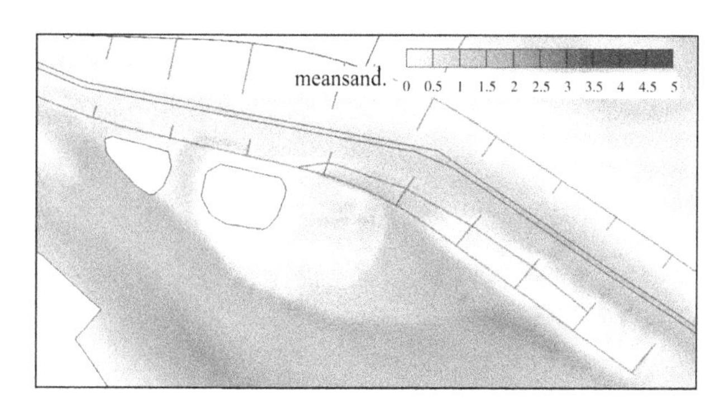

b)落潮平均中层含沙量场

图 7-43 2012 年夏季大潮北槽中层涨、落潮平均含沙量场

(2)航道南北两侧水域含沙量差异

从图 7-43 还可见:航道南北两侧平均含沙量存在差异,南侧含沙量高于北侧;这种差异在北槽中下段更为显著;坝田内含沙量明显低于航道两侧边滩。

(3)南导堤越堤泥沙

越堤流和沙是航道常态回淤研究不可忽视的因素之一,南导堤下段是南导堤涨潮越堤水沙进入北槽的主要贡献者之一,需要格外关注。前面章节对夏季大潮作用下南导堤下段越堤水流流动过程以及运动路径进行计算和分析,这里进一步显示了泥沙越堤过程(图 7-44)。

3)南港—北槽含沙量垂向分布特征

悬浮泥沙运动主要受到上游径流量和潮流双重动力因素的作用以及水体密度分层的影响,径流和潮流的相互消长,使得较高浓度泥沙的运动范围、垂向分布不断变化,整体上表现为涨潮上溯、落潮后退的现象。图 7-45 给出了三期夏季南港—北槽航道内大潮涨、落潮过程沿航道流速、盐度、含沙量垂向分布。在涨落过程中径流强度、潮流强度、垂向掺混强度之间相互影响,此消彼长,表现出如下特征:

(1)航道内含沙量沿程垂向分布

北槽内含沙量场历时变化显著,具有一定的周期性,这主要受潮流动力周期性控制。

各层水体含沙量整体上均表现为中下段相对较大、外海和上段相对较小的分布特征,其中近底层表现得更为突出,表层差异较小。

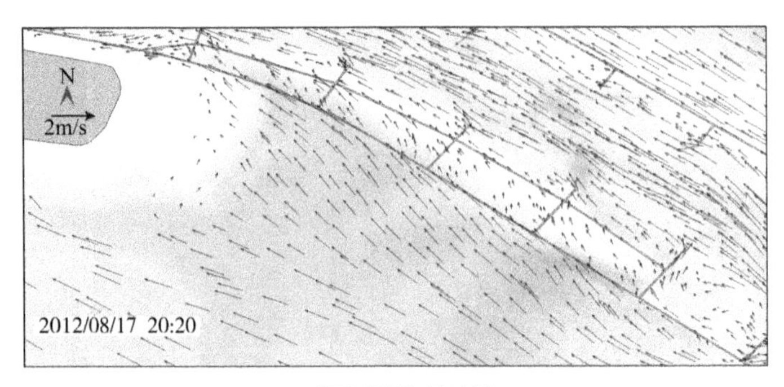

a)泥沙越堤初始时刻

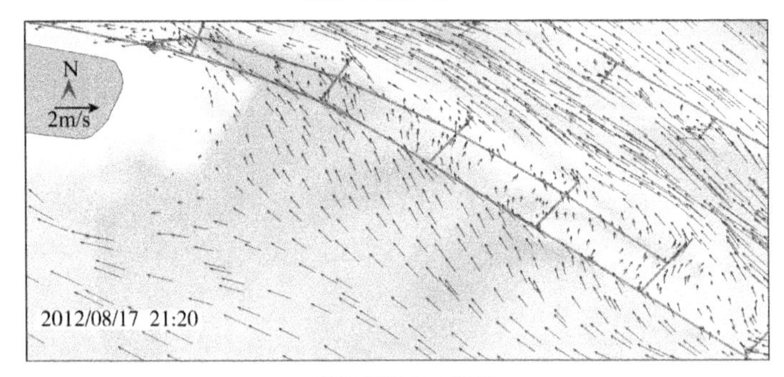

b)泥沙越堤,进入隔堤

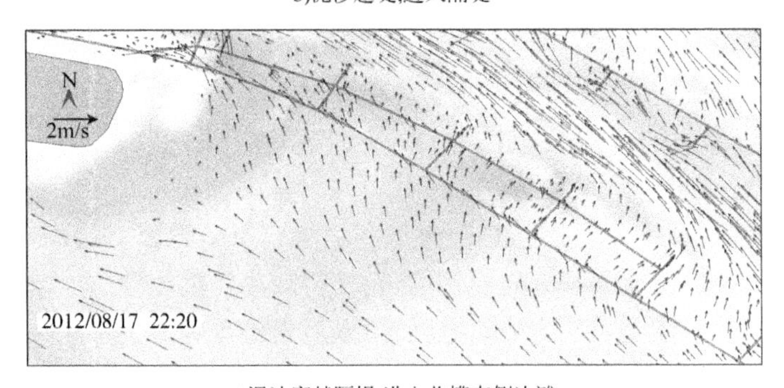

c)泥沙穿越隔堤,进入北槽南侧边滩

图 7-44　2012 年夏季大潮涨潮过程中南导堤外水和泥沙的越堤过程

泥沙运动较为活跃的中下段,表底层泥沙浓度差异较大,而上段和外海含沙量较低,表底层差异较小。

圆圆沙及以上航道泥沙运动基本不受盐水楔的影响。

涨潮过程中高含沙段集中出现在拐弯段及邻近的下段区域,靠近口门的下段含沙量相对较低。

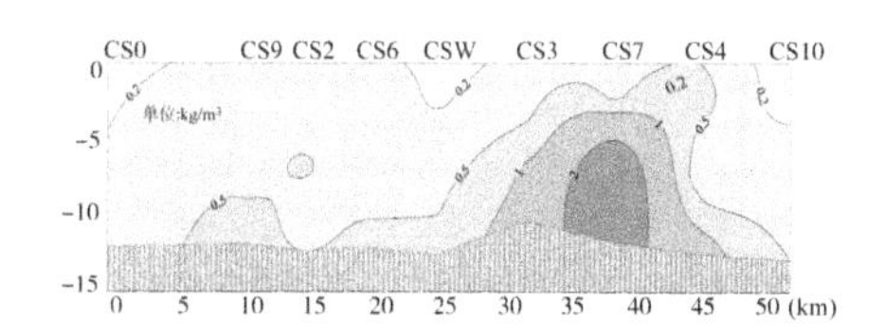
CS0
CS9 CS2 CS6 CSW CS3 CS7 CS4 CS10
单位:kg/m³
0 5 10 15 20 25 30 35 40 45 50 (km)

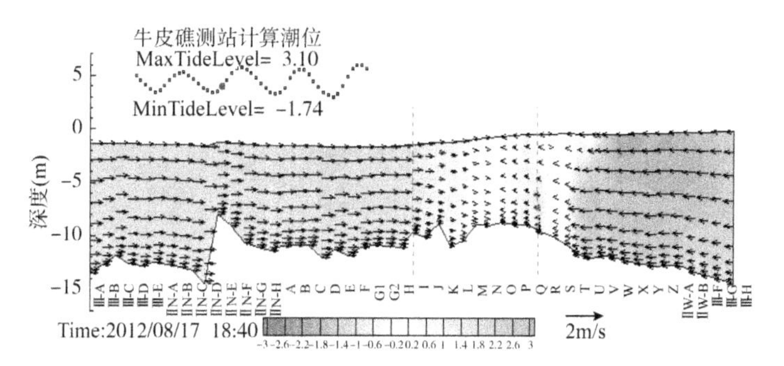
牛皮礁测站计算潮位
MaxTideLevel= 3.10
MinTideLevel= −1.74
深度(m)
Time:2012/08/17 18:40
2m/s

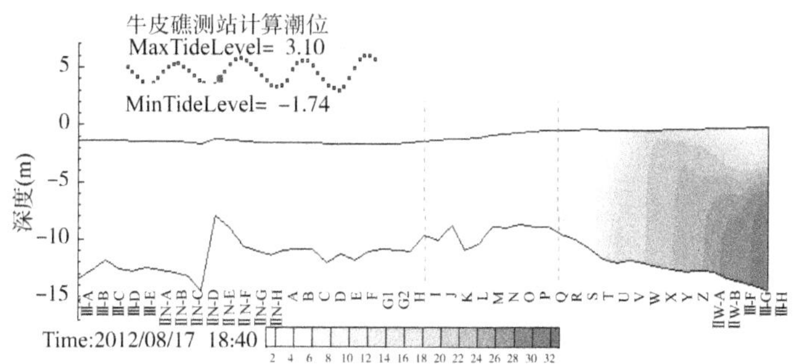
牛皮礁测站计算潮位
MaxTideLevel= 3.10
MinTideLevel= −1.74
深度(m)
Time:2012/08/17 18:40

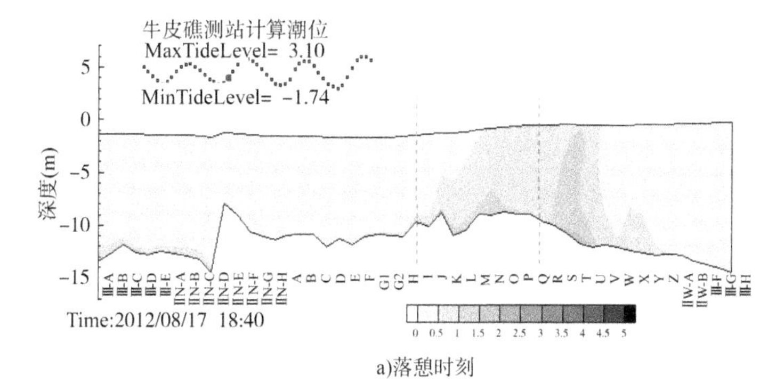
牛皮礁测站计算潮位
MaxTideLevel= 3.10
MinTideLevel= −1.74
深度(m)
Time:2012/08/17 18:40

a)落憩时刻

图 7-45

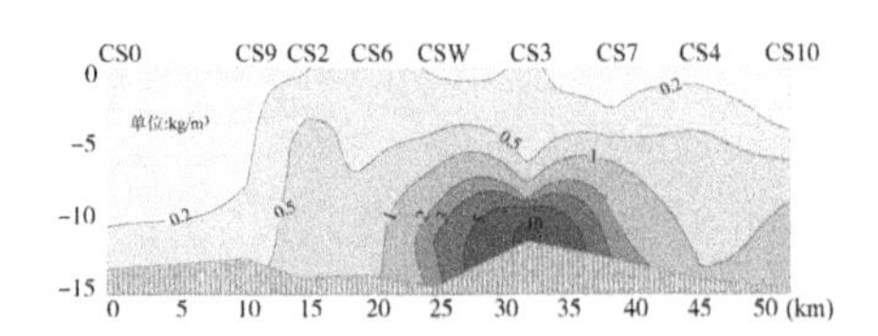
CS0
CS9
CS2
CS6
CSW
CS3
CS7
CS4
CS10
单位:kg/m³
0
-5
-10
-15
0 5 10 15 20 25 30 35 40 45 50 (km)

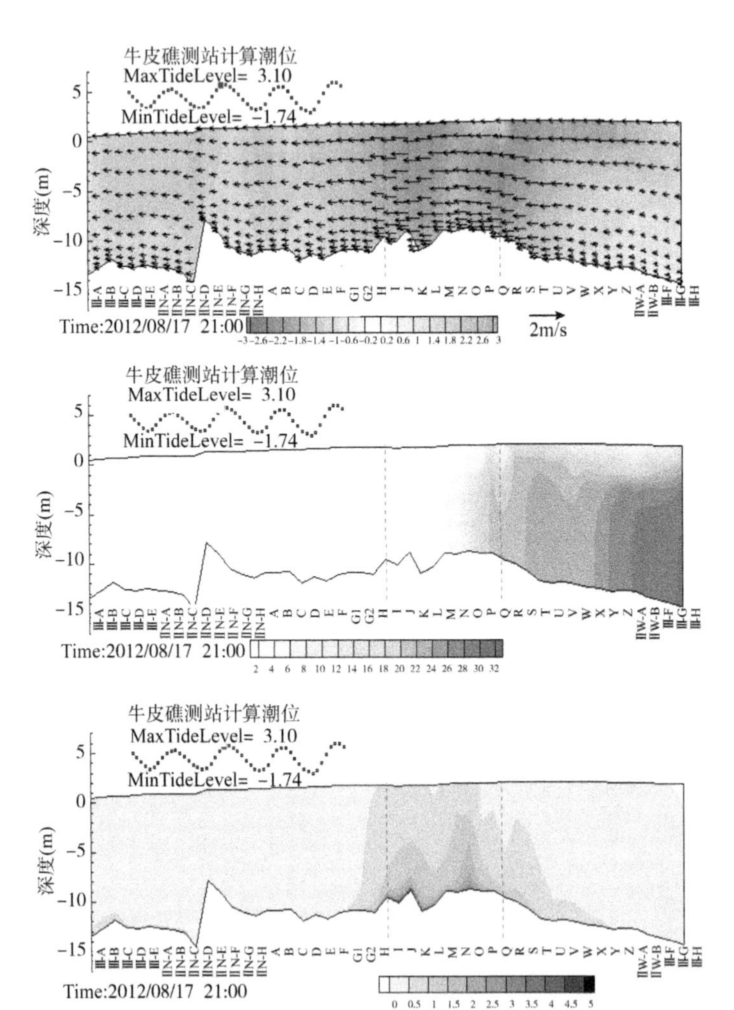
牛皮礁测站计算潮位
MaxTideLevel= 3.10
MinTideLevel= −1.74
深度(m)
Time:2012/08/17 21:00
2m/s
−3 −2.6 −2.2 −1.8 −1.4 −1 −0.6 −0.2 0.2 0.6 1 1.4 1.8 2.2 2.6 3
牛皮礁测站计算潮位
MaxTideLevel= 3.10
MinTideLevel= −1.74
深度(m)
Time:2012/08/17 21:00
2 4 6 8 10 12 14 16 18 20 22 24 26 28 30 32
牛皮礁测站计算潮位
MaxTideLevel= 3.10
MinTideLevel= −1.74
深度(m)
Time:2012/08/17 21:00
0 0.5 1 1.5 2 2.5 3 3.5 4 4.5 5

b)涨急时刻

图 7-45

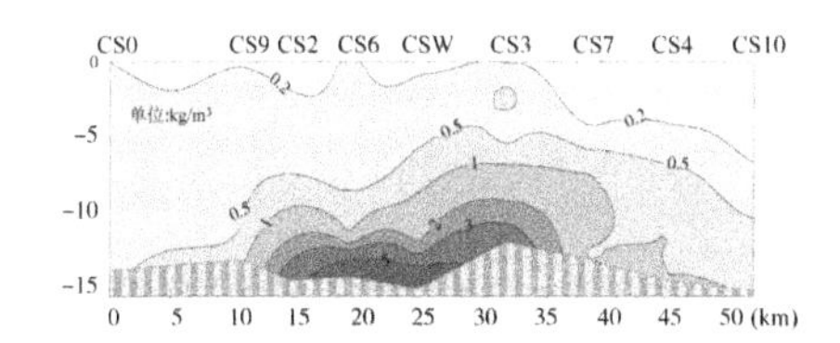
CS0
CS9 CS2 CS6 CSW CS3 CS7 CS4 CS10
单位:kg/m³
0 5 10 15 20 25 30 35 40 45 50 (km)

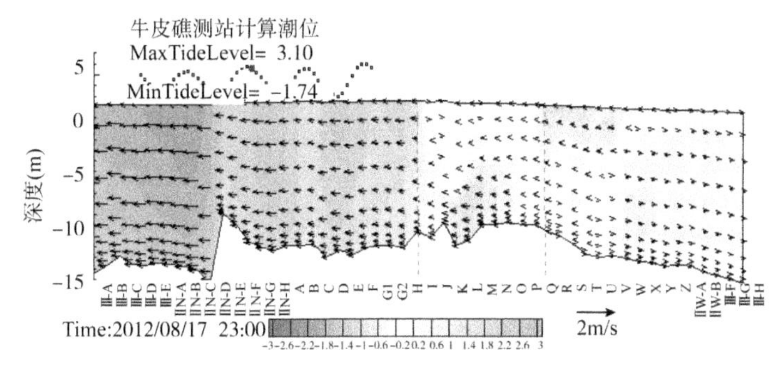
牛皮礁测站计算潮位
MaxTideLevel= 3.10
MinTideLevel= -1.74
深度(m)
Time:2012/08/17 23:00
2m/s

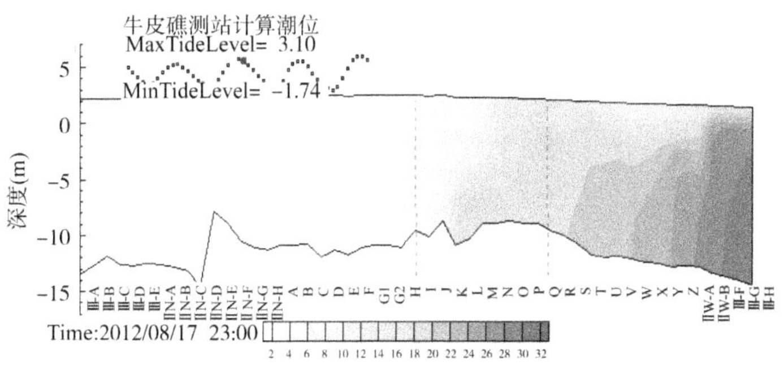
牛皮礁测站计算潮位
MaxTideLevel= 3.10
MinTideLevel= -1.74
深度(m)
Time:2012/08/17 23:00

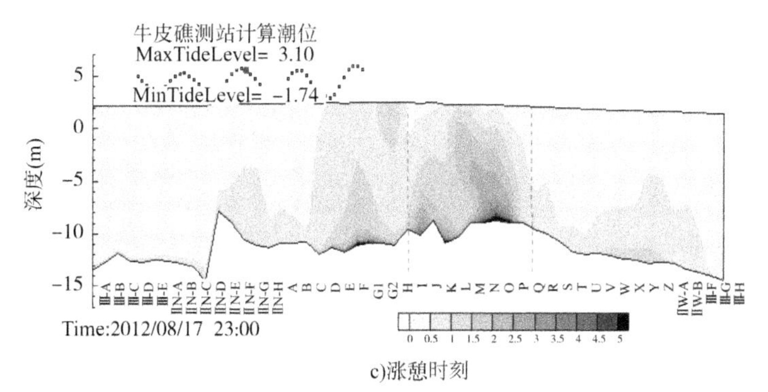
牛皮礁测站计算潮位
MaxTideLevel= 3.10
MinTideLevel= -1.74
深度(m)
Time:2012/08/17 23:00

c)涨憩时刻

图 7-45

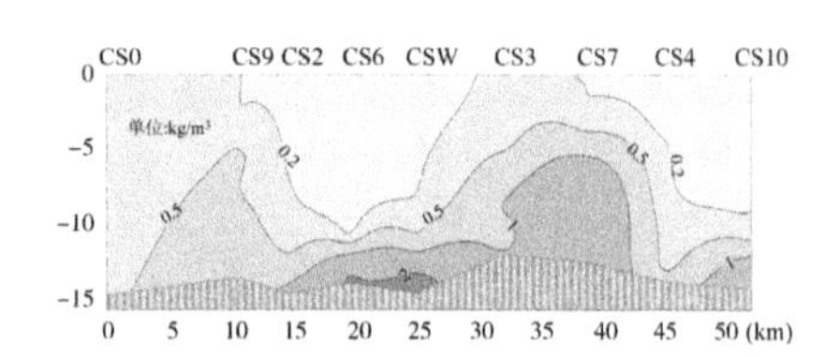
CS0
CS9 CS2 CS6 CSW CS3 CS7 CS4 CS10
单位:kg/m³
0 5 10 15 20 25 30 35 40 45 50 (km)

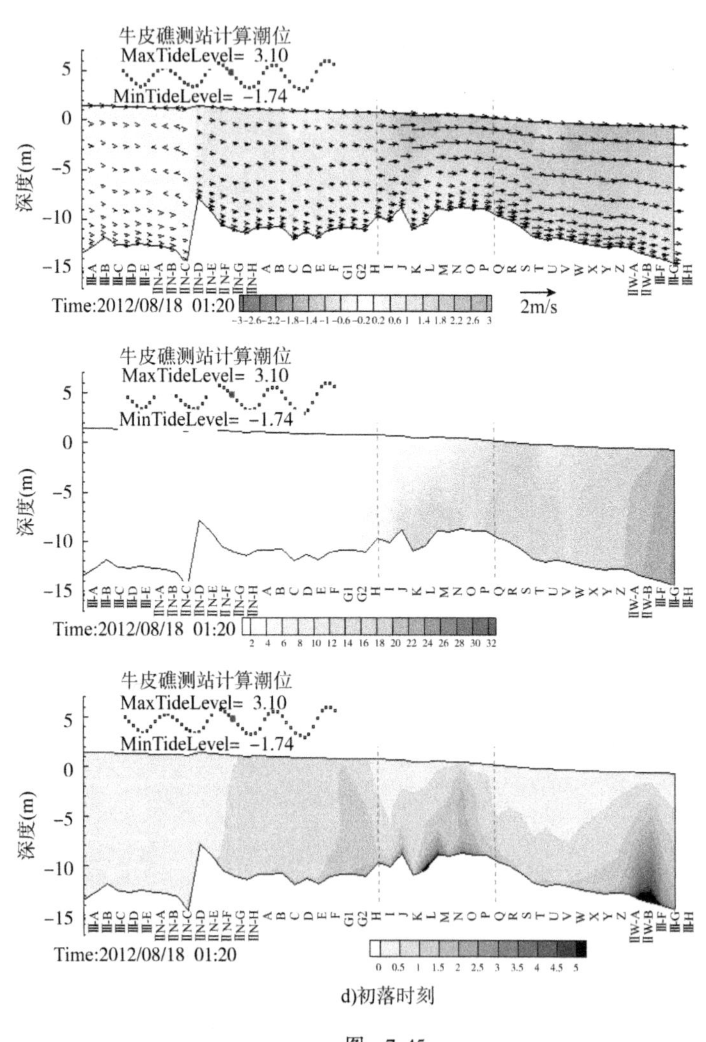
牛皮礁测站计算潮位
MaxTideLevel= 3.10
MinTideLevel= −1.74
深度(m)
Time:2012/08/18 01:20
2m/s

d)初落时刻

图 7-45

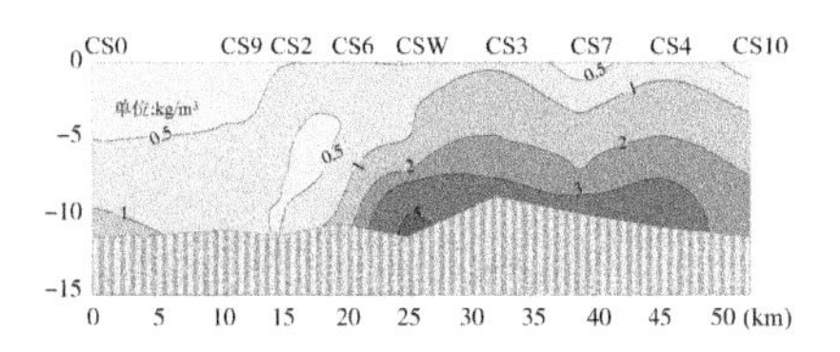
CS0
CS9 CS2 CS6 CSW CS3 CS7 CS4 CS10
单位:kg/m³
0 5 10 15 20 25 30 35 40 45 50 (km)

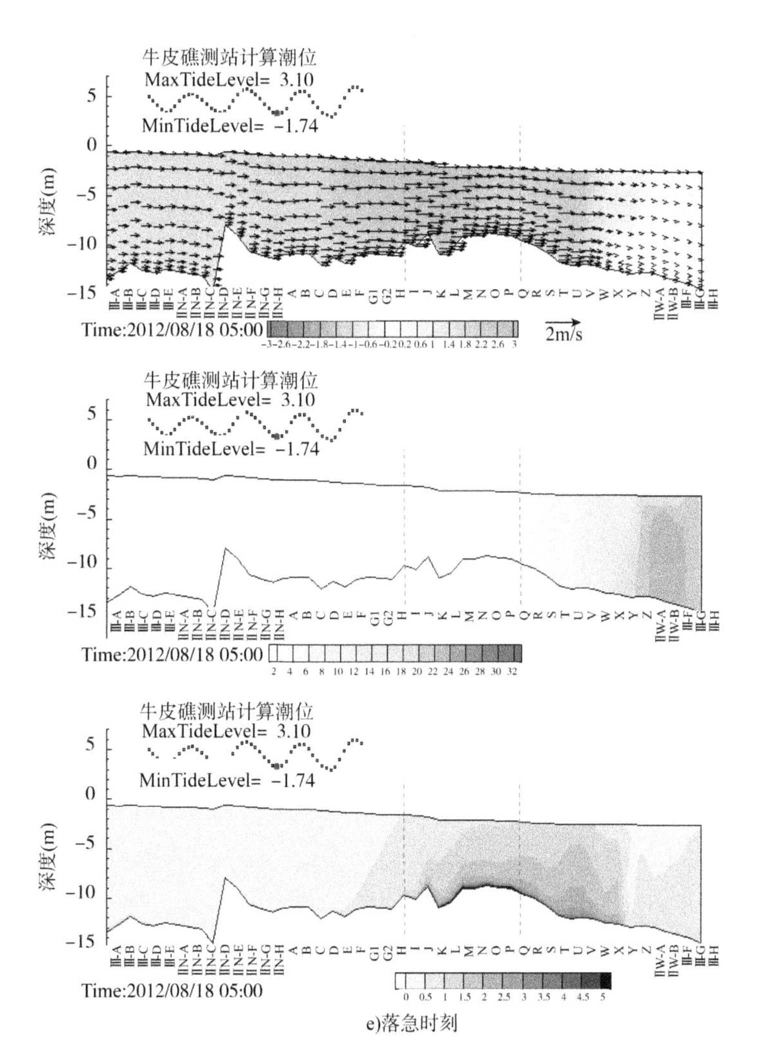
牛皮礁测站计算潮位
MaxTideLevel= 3.10
MinTideLevel= −1.74
深度(m)
Time:2012/08/18 05:00
2m/s
牛皮礁测站计算潮位
MaxTideLevel= 3.10
MinTideLevel= −1.74
深度(m)
Time:2012/08/18 05:00
牛皮礁测站计算潮位
MaxTideLevel= 3.10
MinTideLevel= −1.74
深度(m)
Time:2012/08/18 05:00

e)落急时刻

图 7-45

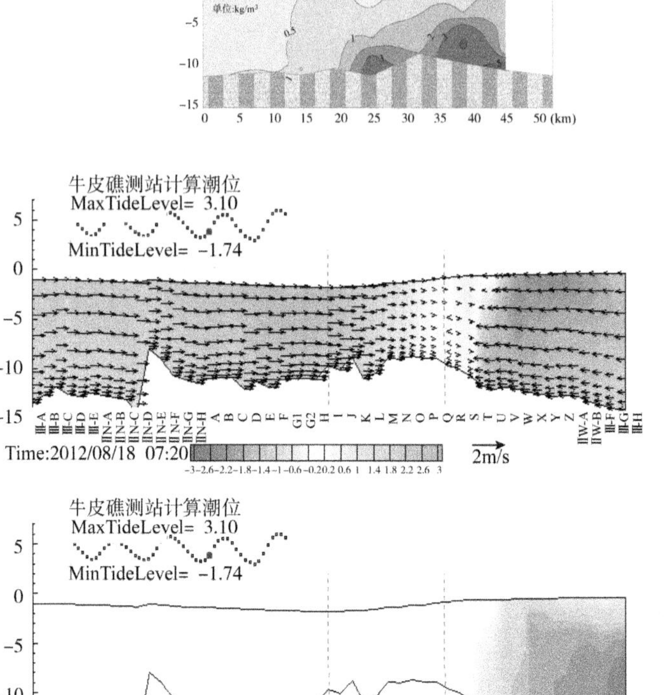

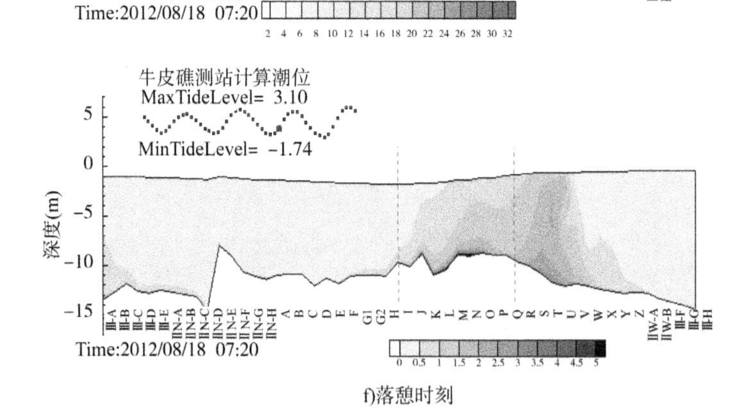

f)落憩时刻

图 7-45 2012 年夏季大潮涨落潮过程沿航道流速、盐度、含沙量垂向分布

落潮过程中高含沙段集中出现在靠近口门的下段,拐弯段含沙量相对较低。

(2)含沙量与流速

大潮期间高含沙量与高流速之间有很好的对应关系,通常流速大的情况下,含沙量也大。但涨落潮有一定的差异,某些时刻高含沙出现时刻滞后于高流速时刻。

(3)含沙量与盐水上溯

涨潮过程中高含沙出现位置与盐水楔位置基本一致,落潮过程中高含沙出现位置与盐水楔位置无明显对应关系。

如前面章节所述,在单纯水流作用下,水体紊动产生的垂向掺混是泥沙悬浮的主要因素,悬沙通常表现为上层水体含沙量小、下层水体大的分布特点。盐度的密度分层使得密度大的水体位于下层、密度小的位于上层,减小了向上运动的紊动旋涡所受的浮力,加大了向下运动的紊动旋涡的所受的浮力,从而抑制了紊动的发展,对泥沙而言将减弱向上的扩散,进一步加剧水体的密度分层,这使得更多泥沙聚集在底层,容易形成近底高浓度泥沙层。

4)含沙量横向分布特征

图7-49给出了北槽中段c横断面(位置见图7-40)涨、落潮含沙量分布情况(视图为从上游向下游看,视图左侧为北,右侧为南),选取时刻与含沙量垂向分布特征分析的图7-45一致。可见:北槽含沙量横向分布是不均匀的,在大潮历时过程中,主要表现为南侧含沙量偏高,或者说南侧更易于出现近底高含沙;拐弯段涨急时刻近底泥沙含量较高、高含沙水体较厚,落潮过程中近底高含沙水体较薄,这与前面分析结论"涨潮过程中高含沙段集中出现在拐弯段及邻近的下段区域,靠近口门的下段含沙量相对较低。落潮过程中高含沙段集中出现在靠近口门的下段,拐弯段含沙量相对较低"是一致的。

7.4.4 深水航道底部高浓度含沙水体的横向输移

北槽内人工航道、自然深槽、浅滩依次分布,坝田与深槽间地形坡度较大(图7-46)。从二、三期边坡变化看(图7-47),这两个阶段都存在较陡的边滩,且三期比二期更陡,水流横向运动更强。这与两个时期航道淤积量均较大、三期淤积量比二期更大的规律是一致的。另一方面,夏秋季三期北槽中下段泥沙运动均较二期更为活跃,含沙量更高,近底层泥沙对水流紊动发展的抑制作用加速了泥沙淤积。因此,北槽横向断面进一步向窄深的变化也是三期航道回淤量比二期大的原因之一。

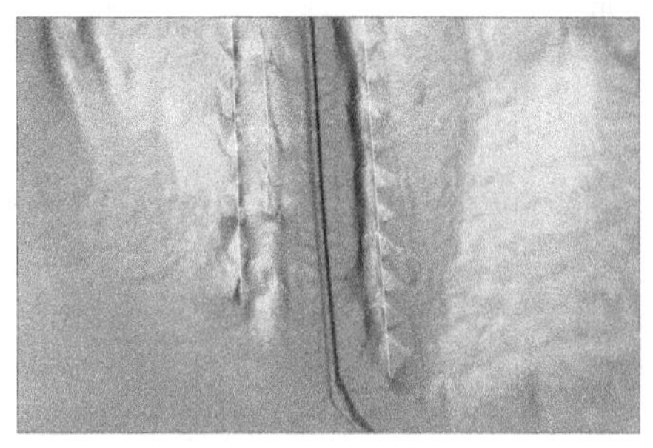
a)北槽下段

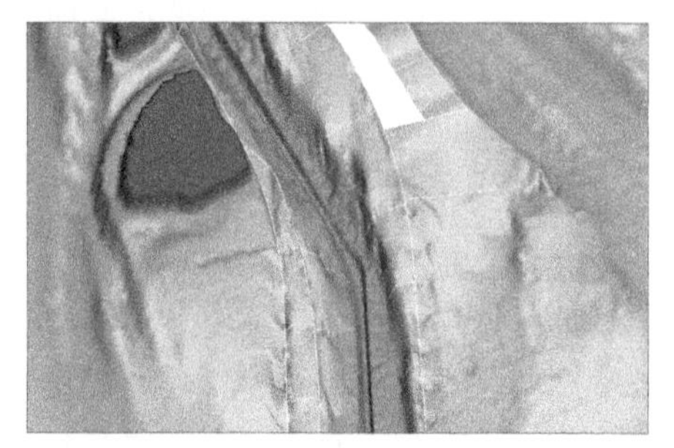
b)北槽中上段

图 7-46　三期深水航道三维地形

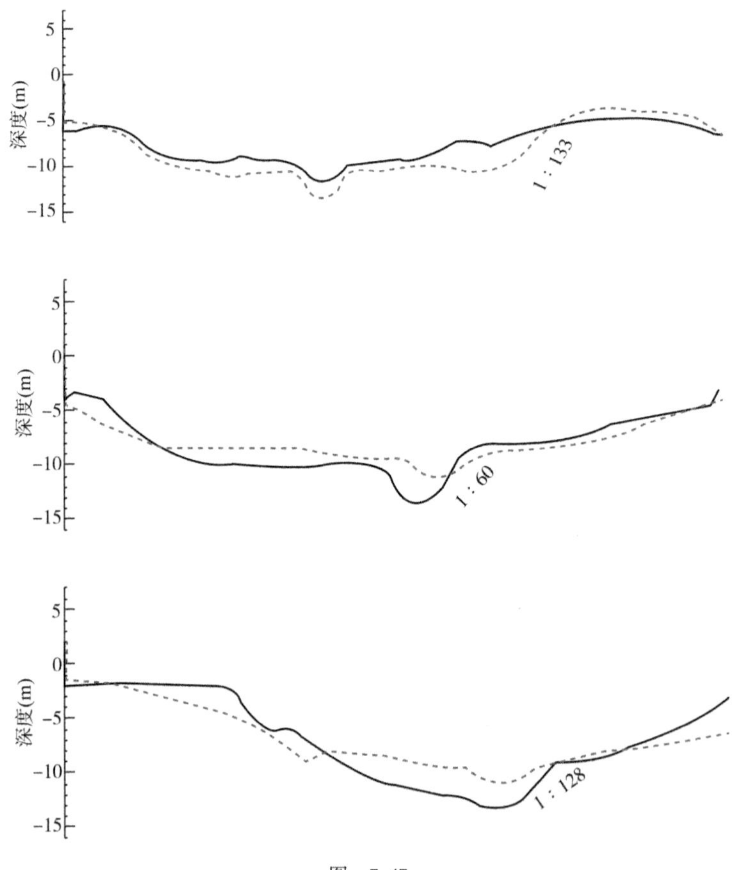

图　7-47

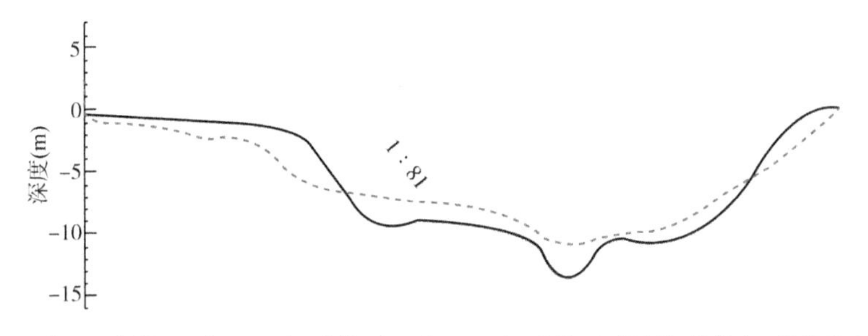

图 7-47 北槽 a~d 横断面二期(2005 年,虚线)和三期(2012 年,实线)水深比较(数值为三期地形边坡比例)

在北槽拐弯段选取横向断面 c(图 7-48),考察北槽内高浓度泥沙的横向运动。图 7-49 显示了近底高浓度泥沙横向运动过程。潮流落转涨时(18 时 40 分),断面 c 上含沙量均较低,存在自南向北的横流;随着涨潮发展至涨急时刻(21 时),c 断面南侧存在越堤水流,北侧边滩横流依然向北,航道以纵向流为主,横流较小,水体含沙量呈增大趋势;随着涨潮水流(航道北侧涨潮快于南侧)和南导堤越堤含沙水流的进一步发展,至涨憩时刻(23 时),上层水体横流向北,下层水体横流向南,泥沙随水运动,某些位置含沙量中间大、上下层小,同时,一方面航道南侧边滩上近底形成高浓度含沙水体,向航道内汇聚的运动趋势越来越显著,另一方面,航道北侧边滩也存在近底高浓度含沙水体的横向运动;涨潮逐渐转为落潮(1 时 20 分),边滩上含沙量降低,而航道内含沙量依然较高,表层落潮水流偏南,底层横流向北。

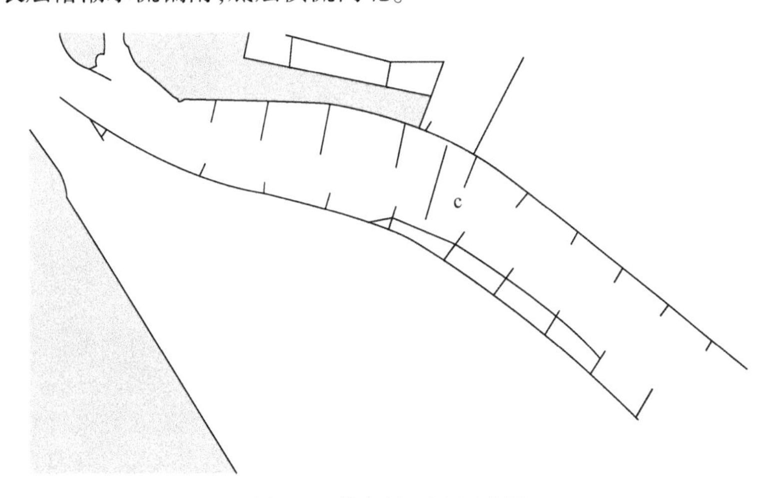

图 7-48 横向断面布置示意图

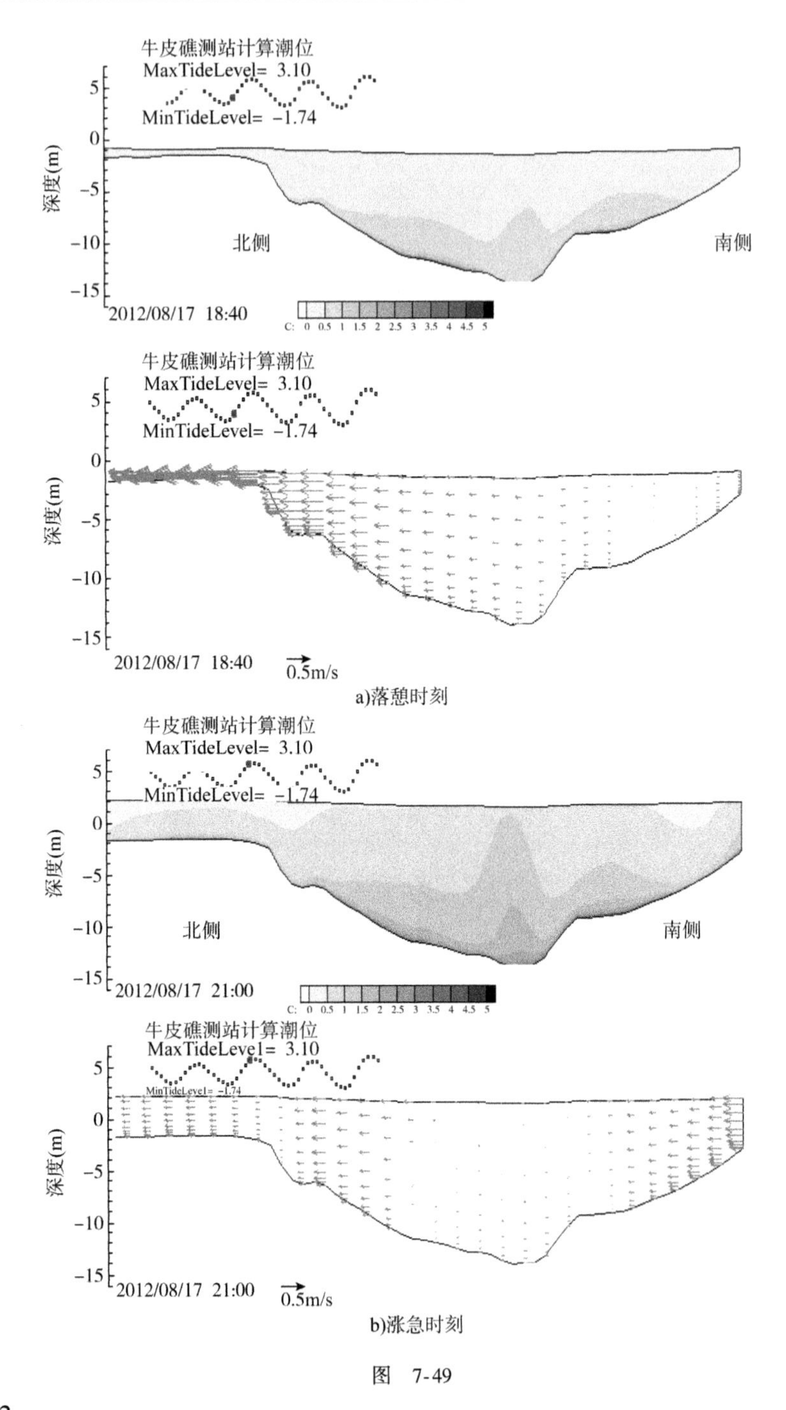

a)落憩时刻

b)涨急时刻

图 7-49

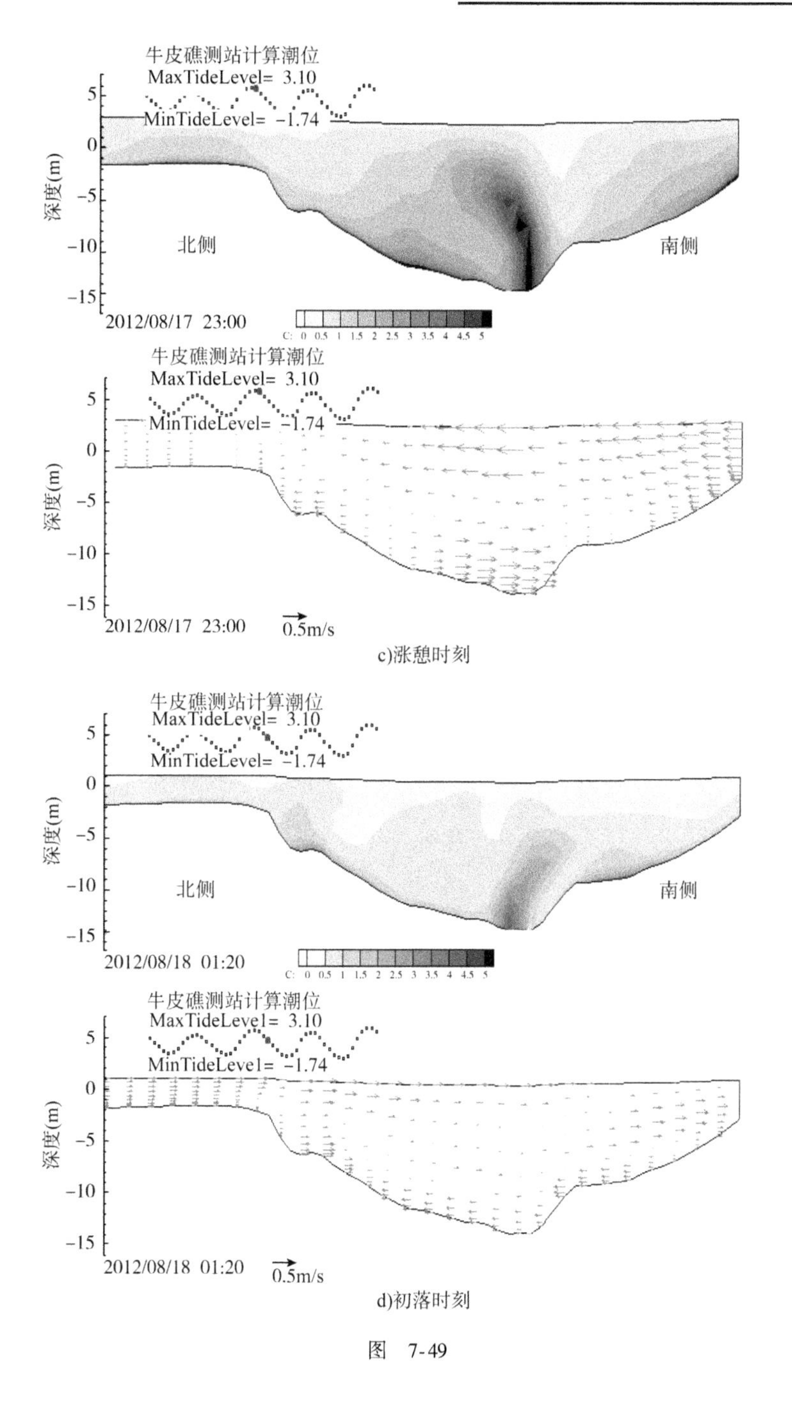

c)涨憩时刻

d)初落时刻

图 7-49

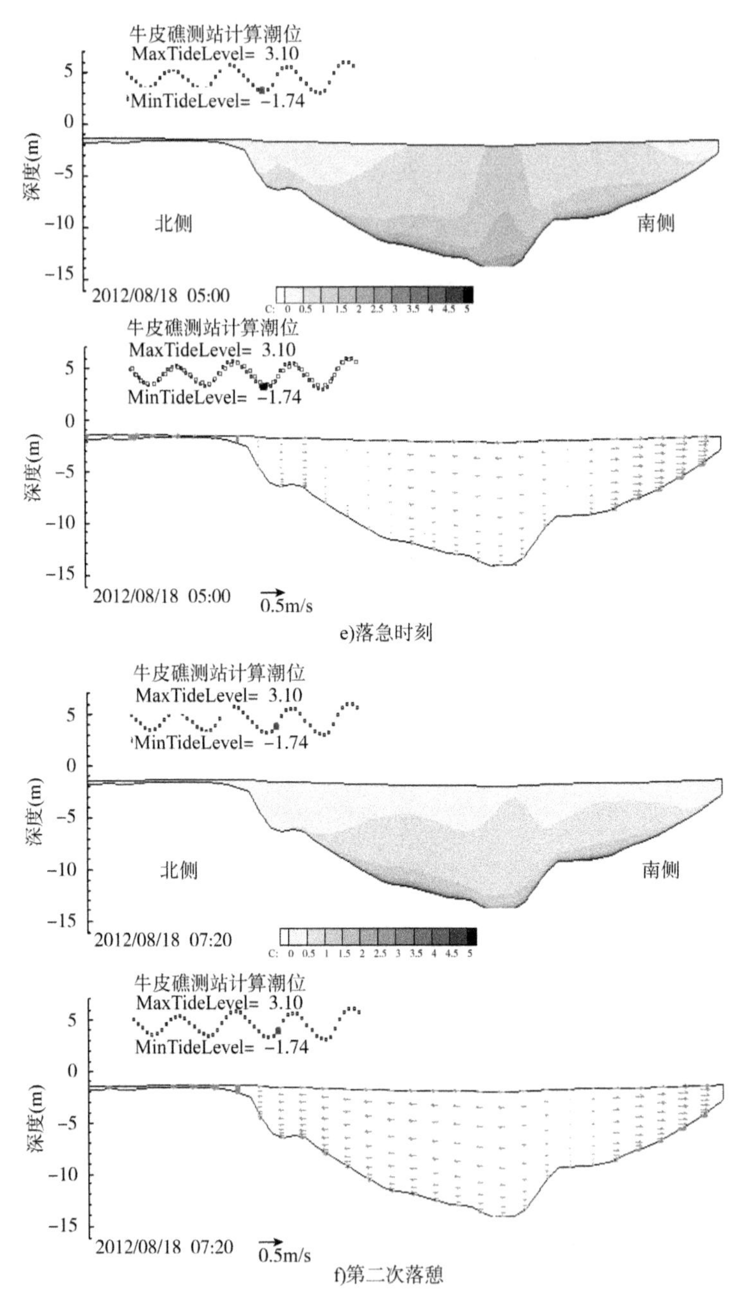

e)落急时刻

f)第二次落憩

图 7-49　近底高浓度泥沙的横向运动

7.4.5 南导堤越堤水沙影响

本节将利用所建水沙数学模型,计算南导堤下段加高情况下航道淤积情况,探讨南导堤越堤水沙对北槽泥沙环境以及航道淤积的影响。南坝田挡沙堤加高计算采用 NBJG2 方案,主要在现有 S3.5~S8 坝田挡沙堤基础上加高,并延长到 S9 丁坝,其中 S4~S8 丁坝区段加高至+4.5m(吴淞基面,下同),S8~S9 区段(新建堤段)高程由+4.5m 渐变至+0.5m,S3.5~S4 丁坝区段为过渡高程+3.5~+4.5m。

图 7-50 和图 7-51 显示了现状和加高方案实施后,北槽沿程涨、落潮平均流速变化。可见,南导堤下段加高后,落潮沿程流速变化较小,涨潮流速变化较大;落潮平均流速最大变化幅度 11%,涨潮平均流速最大变化幅度 36%;涨潮流速变化主要发生在ⅡN-H~U 段,其中ⅡN-H~J 段流速减小约 11%,M~U 段流速增大约 16%。

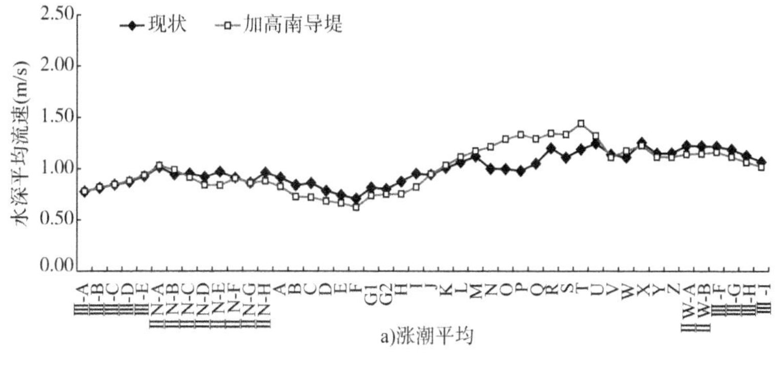

a)涨潮平均

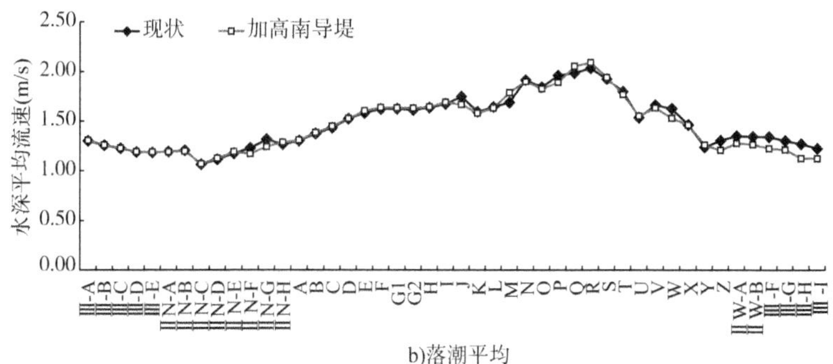

b)落潮平均

图 7-50 南导堤加高方案前后航道沿程流速变化

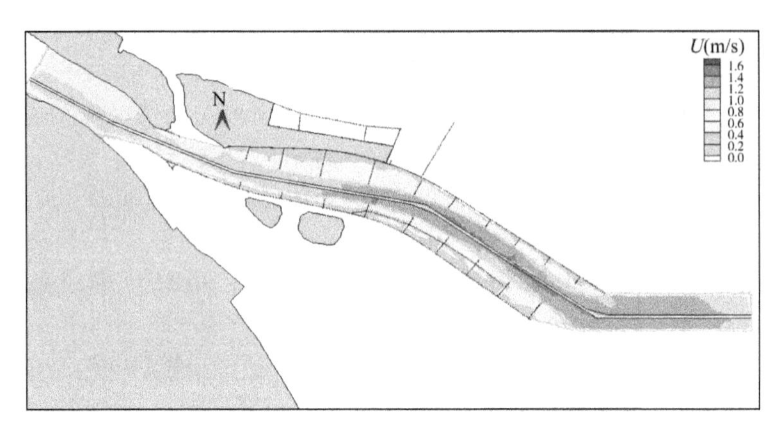

a)现状2012年夏季大潮平均流速分布图

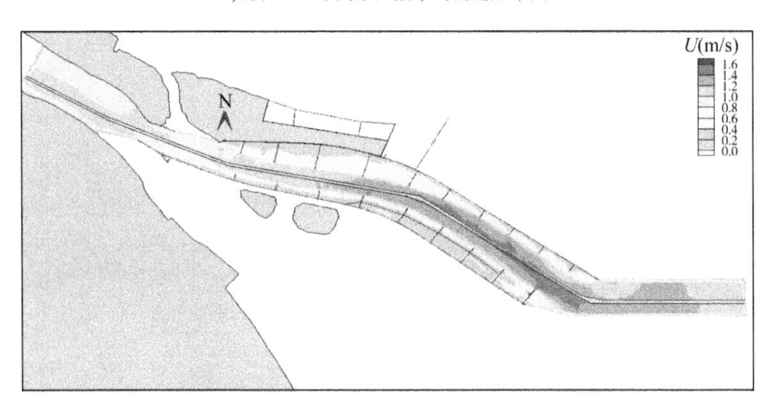

b)南导堤加高NBGJ2方案2012年夏季大潮平均流速分布图

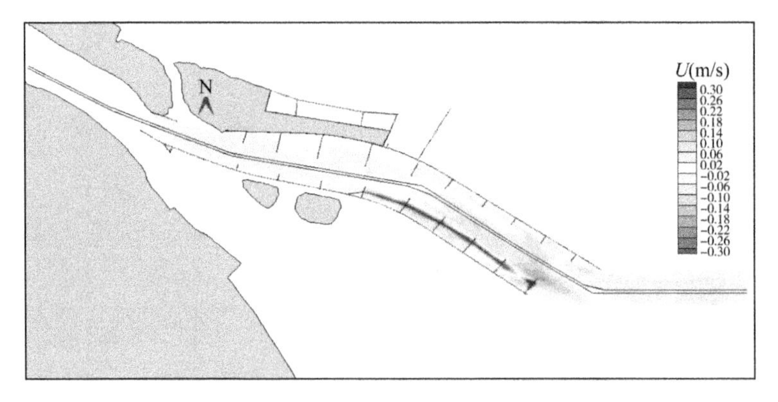

c)2012年夏季大潮平均流速差值图(NBJG2-现状)

图 7-51　南导导堤加高前、后大潮流速比较

流速沿程分布的这种变化,与纳潮量的再平衡有关。当工程实施后,涨潮过程中北槽下段原来由越堤水流补充的潮量减少,势必增大下口门的进潮量,在涨潮时间基本不发生变化的情况下,则涨潮流速增大。而从前述水质点运动距离(图7-31)可知,涨潮过程口门水体向上游运动距离有限,即使考虑涨潮流速增加的因素,也不应超过拐弯段。这样,J~M段成为流速变化的转折点,J段以上由于越堤潮量的减少,且得不到口门水流的补充,呈现涨潮减小的趋势。

图7-52显示了现状和加高方案实施后,北槽横流沿程平均变化。南导堤加高前后,横流变化主要发生在加高段附近的航道南侧边滩,除口门南侧小范围内横流有所增大外,其余变化区域主要以横流减小为主。横流是泥沙横向运动的主要动力,横流减小对于减小泥沙横向运动,进而减少航道淤积是有利的。

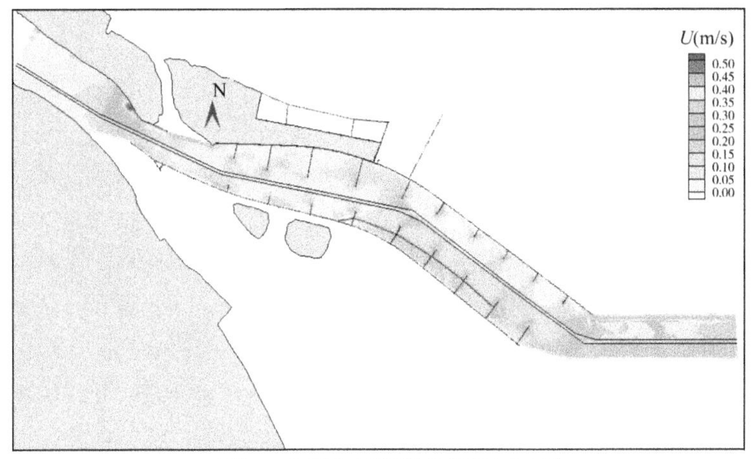

a)现状2012年夏季大潮平均横流流速分布图

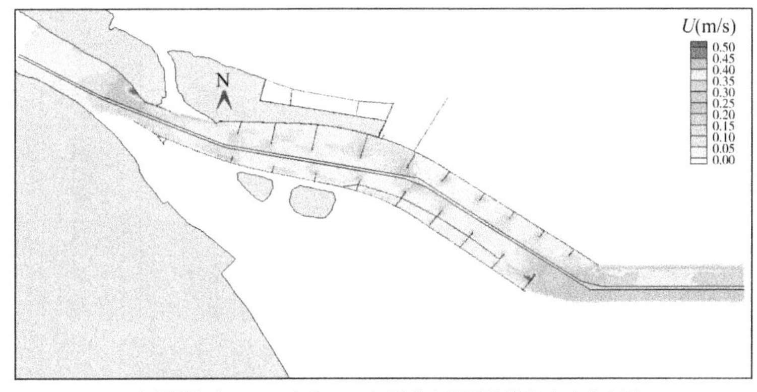

b)南导堤加高NBGJ2方案2012年夏季大潮平均横流流速分布图

图 7-52

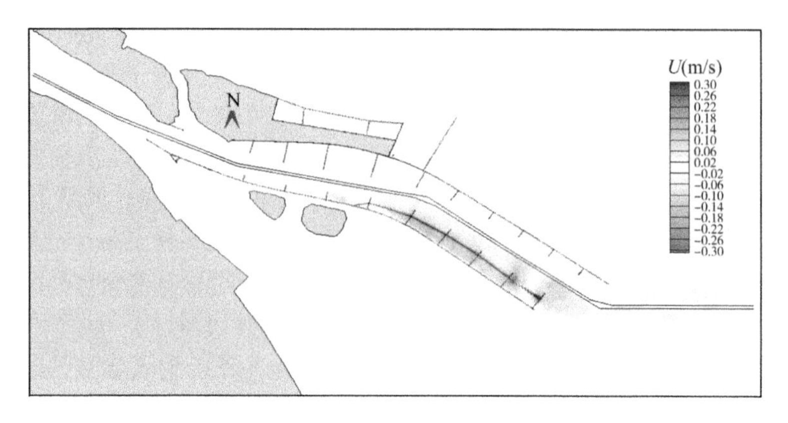

c)2012年夏季大潮平均流横流速差值图(NBJG2-现状)

图 7-52 南导堤加高前、后大潮平均横流流速差异

图 7-53 统计了南导堤加高前后上下口断面水量变化。可见,上口进入北槽的水量减小 1.8%,变化很小,而出水量减小为 11.4%,表现为进入北槽的净水量增加 12.2%;下口进入北槽的水量增加 21.9%,出水量减小 7%,表现为流出北槽的净水量减小 57.8%。图 7-54 显示了南导堤加高前后,北槽内大潮平均水位的变化。其中,除隔堤内由于南导堤加高平均水位是增大外,北槽内其他区域均为减小,北槽下段减小幅度较大,约 4~5cm;减幅自下段向上、下区域递减,上口门附近减幅约 1cm 左右,下口门以外基本没有变化。这说明,南导堤加高后北槽夏秋季总体纳潮量是减少的。

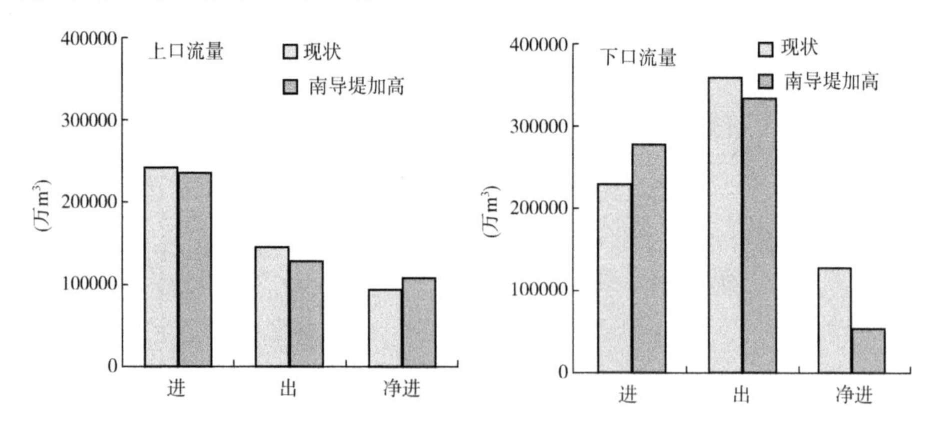

图 7-53 上、下口断面水量变化

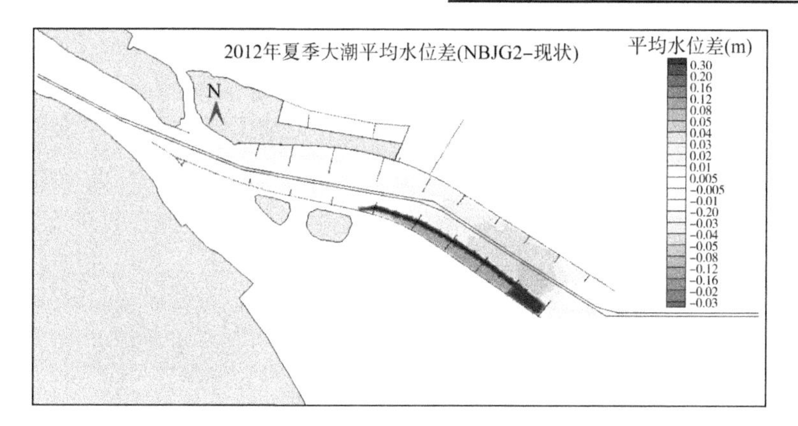

图 7-54　加高南导堤前后大潮平均水位变化

图 7-55 显示了南导堤加高前后北槽航道沿程大潮平均含沙量变化。可见，含沙量变化主要发生在北槽拐弯段及以下区域，上段和口门以外含沙量变化较小；I～V 段含沙量明显减小，T～Y 段含沙量略有增加。

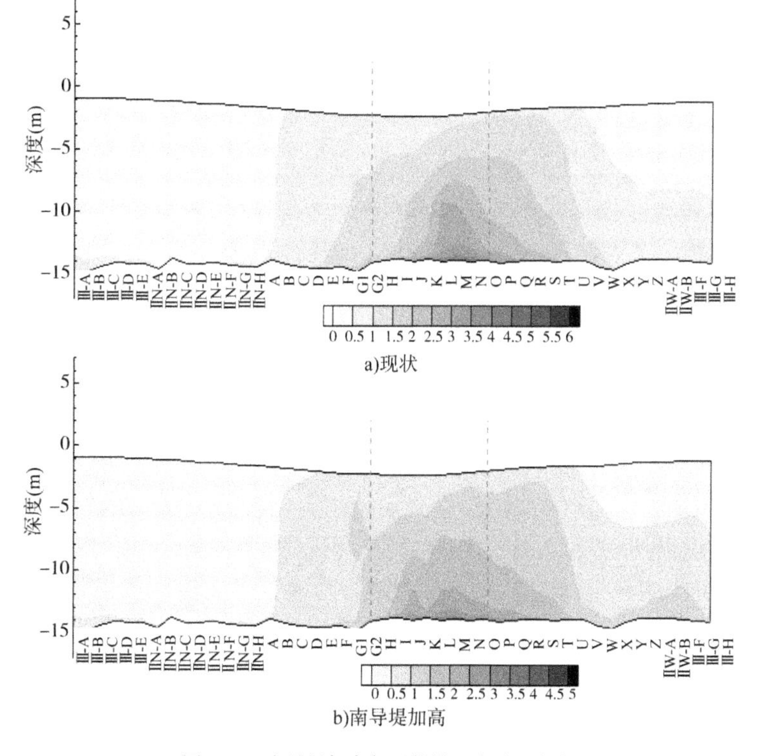

图 7-55　南导堤加高与现状沿程含沙量变化

图 7-56 给出了南导堤加高前后航道年淤积分布。可见，南导堤加高后，北槽中段回淤峰值有所减小，其他航段差异不大，整个航道淤积量由现状的 9610 万 m^3减少至 8385 万 m^3，减淤约 1225 万 m^3，约 12.7%，J~N 段淤积量减少约 24%。

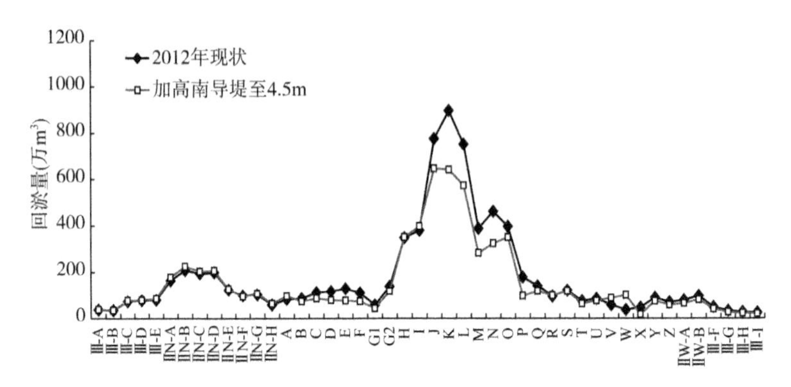

图 7-56　航道年淤积变化

综上所述，南导堤加高将拦截部分越堤潮量和泥沙，改变北槽泥沙环境，加大下口进水进沙量，削减淤积峰值，全航道总淤积量减少约 12.7%，集中回淤段（J~N）淤积量减少约 24%。

需要注意的是，以上计算是在现状地形条形下短时间周期内计算得到的，南导堤加高后地形如何做适应性调整，进而水动力和泥沙场会有哪些相应变化，相对平衡后航道淤积情况还需要结合其他研究手段进行深入的研究和探讨。

7.4.6　调整口门对航道淤积影响的分析

针对北槽段航道减淤思路，提出宜采用“拦沙、放水”的整治措施来减少航道的泥沙淤积较为合适。其中拦沙就是拦截、减少进入北槽的泥沙，放水就是将航道落潮和径流下泄的水体以不受阻挡的流势扩散入海。具体设想为：

（1）拦截、减少进入北槽水道的泥沙沙源（即“拦沙”）。

其一，提高南导堤（或南隔坝）堤线高程，减少浅滩泥沙越隔坝进入北槽航道；其二，修复 S8~S9 段南导堤，并向东调整其堤头方向，拦截九段沙下段涨潮高含沙水流进入北槽；第三，在实施完善 S8~S9 段南导堤工程时，应对南导堤向东延伸减淤措施的可能性、必要性和减淤效果等进行深入研究。

（2）可结合横沙港的开发，在可能的条件下，调整北导堤走向和堤头过长，

解决 N8~N10 丁坝阻水、泄流不畅的问题(即“放水”)。

本节针对上述设想,构建两个方案(图 7-57):方案一为修复 S8~S9 段南导堤,向东延伸潜堤约 6.7km,北堤 N10 以下调整方向,南、北堤头基本平齐;方案二在方案一基础上,部分增高南导堤高度至 4.5m,增高延伸段至 4.5m。

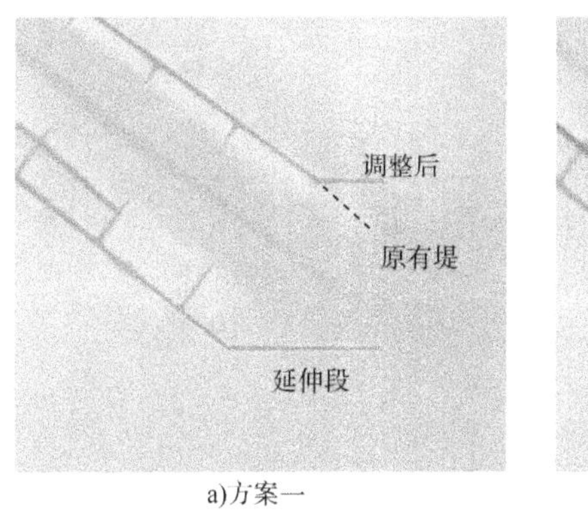

a)方案一

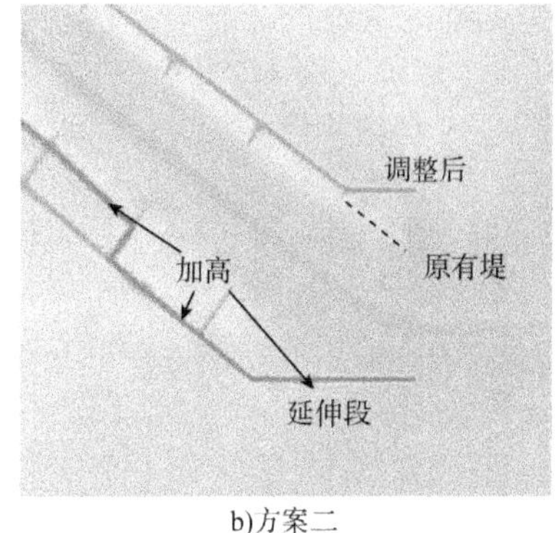

b)方案二

图 7-57 设想方案示意图

方案与现状航道沿程涨落潮平均流速差异见图 7-58 和图 7-59。比较可知:方案一情况下,北槽下口段涨潮流速呈减小趋势,平均减小 0.12m/s,最大减小 0.22m/s,落潮流速变化较小;方案二情况下,涨潮流速以减小为主,平均减幅 0.11m/s,仅 M~S 段略有增大,平均增幅 0.06m/s,南港段基本不变,落潮流速变化较小。

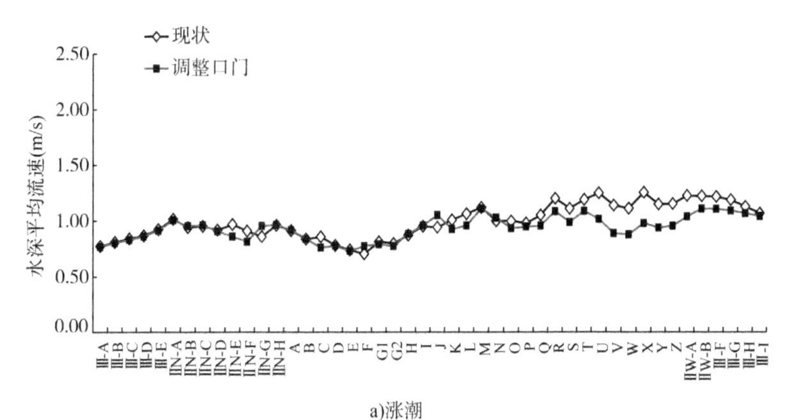

a)涨潮

图 7-58

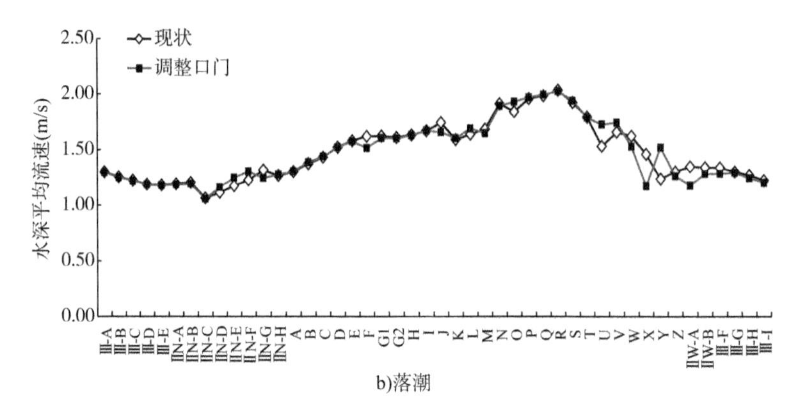

图 7-58 方案一和现状航道测点涨落潮平均流速比较

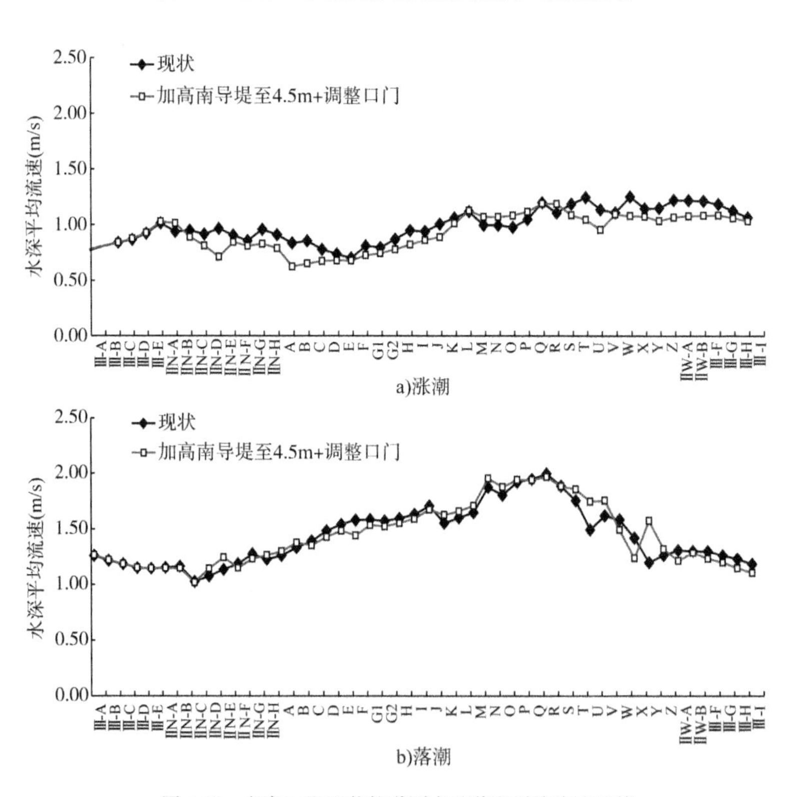

图 7-59 方案二和现状航道测点涨落潮平均流速比较

方案与现状同时刻航道沿程垂向盐度场差异见图 7-60。比较可知:方案一(仅调整口门)情况下,集中回淤段水体盐度明显减小,19‰盐度线由现状下的

J~K段，后退至N~O段，垂向盐度梯度也有所减小，口门附近盐度有所增加；方案一（仅调整口门+加高南导堤）情况下，集中回淤段（H~P）盐度进一步降低，下段（P~Z）较方案一略有变化。

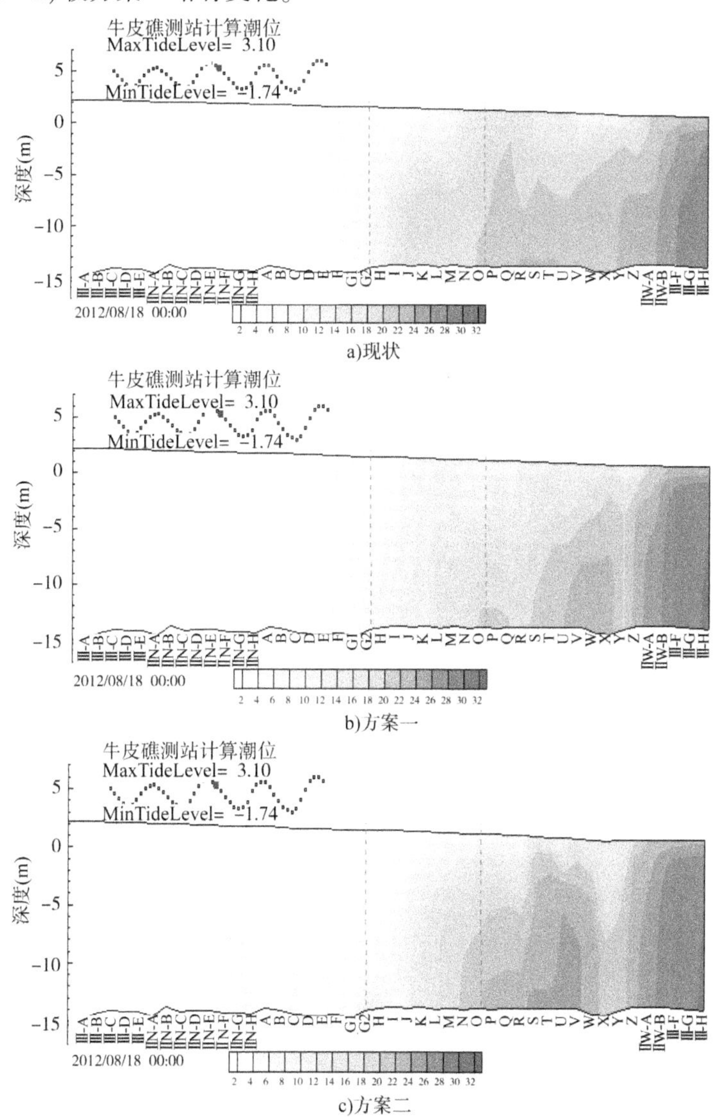

a)现状

b)方案一

c)方案二

图7-60　方案和现状航道沿程垂向盐度场比较

方案与现状航道沿程大潮平均含沙量差异见图7-61。比较可知：方案一情况下水体含沙量有所减小，高浓度区域有所下移；方案二水体含沙量进一步减小。

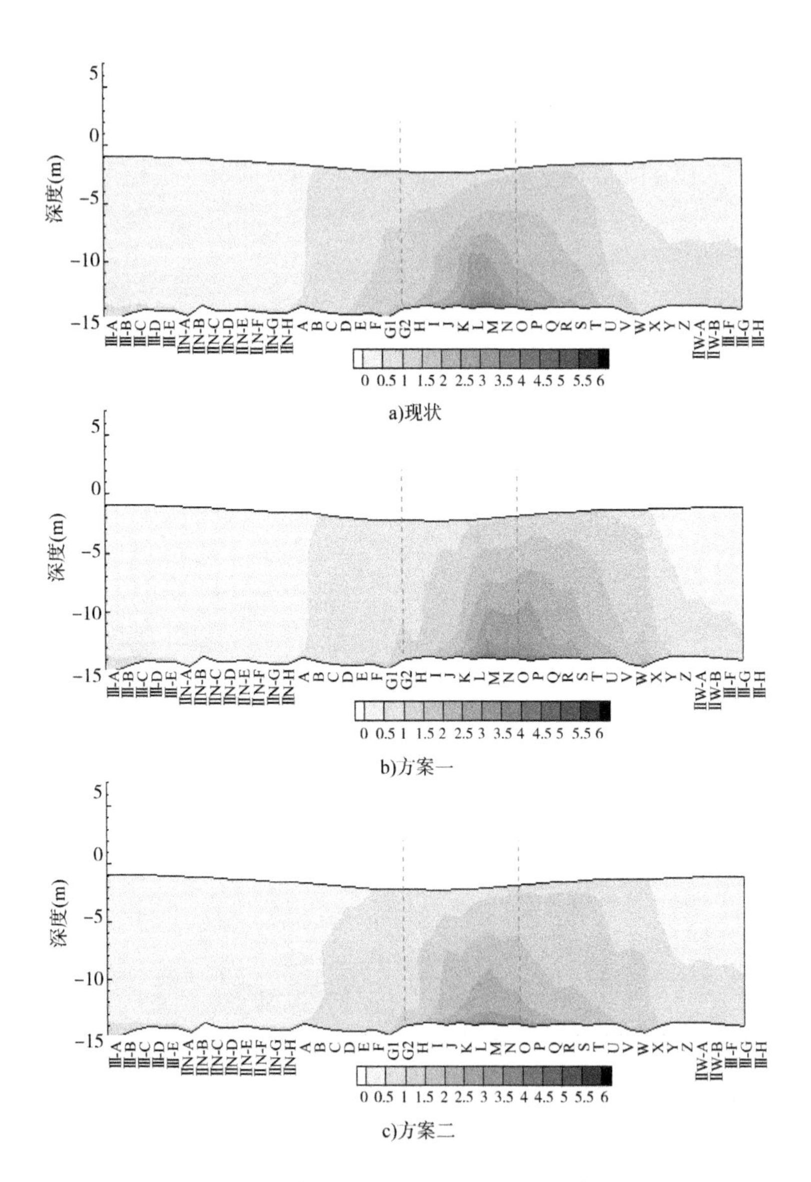

a)现状

b)方案一

c)方案二

图 7-61 方案和现状航道沿程大潮平均泥沙场比较

方案与现状航道沿程年淤积量差异见图 7-62 和表 7-4。比较可知：方案一情况下，航道回淤整体上呈减小趋势，航道回淤量由现状 9610 万 m^3 减小至 8600 万 m^3，减少 1010 万 m^3，减幅约 11%，减淤区段主要集中在 D～L 段，而 M～L略有增加；方案二情况下，航道回淤整体上呈减小趋势，航道回淤量由现状

9610 万 m^3 减小至 7416 万 m^3，减少 2194 万 m^3，减幅约 23%，减淤区段主要集中在 I 以下区域，峰值减小显著，北槽入口段略有增加。

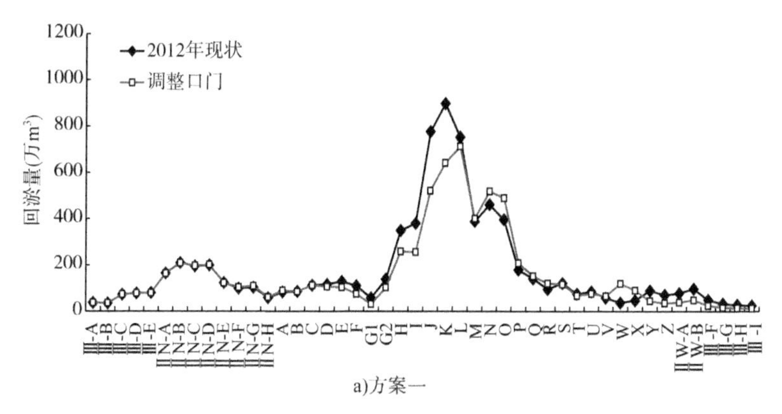

a)方案一

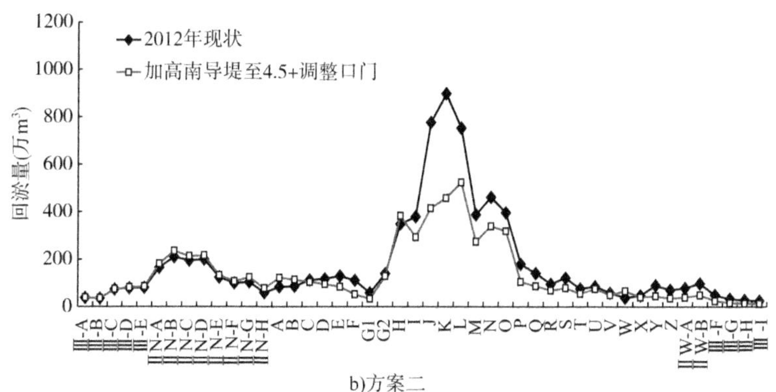

b)方案二

图 7-62　方案一和方案二深水航道年淤积分布

减淤效果比较　　　　表 7-4

方　　案	淤积量(万 m^3)	减淤量(万 m^3)	减淤率
现状	9610		
加高南导堤	8385	1225	12.7%
调整口门(方案 1)	8600	1010	11%
加高南导堤+调整口门(方案 2)	7416	2194	23%

根据以上分析可初步判断，北槽“拦沙”和“放水”两种减淤思路是相辅相成的，单一的加高南堤的“拦沙”或者调整口门方向的“放水”效果基本相当，两者配合才能标本兼顾，取得更大的减淤效果。

7.5 研究结论

(1)所建三维水动力—盐度—泥沙数学模型,能够较为合理地反映长江口水流运动、盐度分布、泥沙运动特征,计算精度满足规范要求,能够用于深水航道回淤原因研究。

(2)涨落潮流相对强度变化与10m、12.5m航道实测回淤强度变化一致,北槽下段涨潮动力的相对增强带来涨潮输沙量的加大,涨潮动力的相对增强和航槽挖深带来底层盐水上溯增强,不利于底部泥沙的下泄。

(3)航道、深槽以及建筑物走向与水流流向差异以及丁坝挑流、环流等因素都将产生水体横向运动,是悬沙横向运动、滩槽泥沙运动的主要动力因素。

(4)底层水流较表层横向运动更显著,近底层水流对悬浮泥沙横向运动的作用更大。

(5)盐水楔运动主要受到上游径流量和潮流强度双重因素的作用。径流为淡水,密度较小,潮流为盐水,密度较大,两者此消彼长,使得盐水入侵的范围、分层程度不断变化,对泥沙环境及航道淤积产生影响。

盐水楔上层水体密度小、下层密度大的分布特性,抑制了紊动的垂向发展,减弱泥沙垂向扩散,进一步加剧水体密度分层,泥沙聚集在底层附近,容易形成近底高含沙层;增加了水流垂向结构的复杂程度,使得底层附近水体先涨、后落,底层水体涨潮时间更长,将底层泥沙推向上游段淤积,不利于底层泥沙下泄;盐水楔的上下变动使得水体长时间处于5‰~20‰最佳絮凝盐度的范围内,泥沙更易于沉降;通过以上方式,盐水楔在北槽内的运动最终对航道淤积的分布形态产生影响。

(6)密度分层对水动力影响是明显的,不可忽视。悬沙和盐度对水体密度层化均有影响。

(7)南导堤越堤水沙对北槽当前泥沙环境的构成以及滩槽变化是重要的。

(8)底部高浓度泥沙运动是夏秋季航道回淤的重要形式。冬春季含沙量较低,近底泥沙与水流相互作用较弱以及冬春季泥沙沉降速度小是冬春季航道淤积明显小于夏秋季的重要因素。

7.6 成果应用效益

利用本研究开发的数学模型,复演了长江口泥沙宏观运动过程和规律,重

点分析了北槽水、沙、盐度场变化和时空分布特征，揭示了北槽近底高浓度泥沙横向输移在航道回淤中的作用机制，定量分析了上游径流、外海潮位以及潮差、航道开挖深度、近底高浓度浑水等要素变化对航道回淤的影响，对南导堤加高工程措施的航道减淤作用进行了计算和分析，为长江口深水航道回淤原因研究以及南导堤加高工程的实施提供了技术支撑。目前，南导堤加高工程已实施，从2016年回淤量看，南导堤工程改善了北槽泥沙环境、减少了泥沙回淤量。

8 结论与展望

8.1 理论研究方面

1)揭示了泥沙对周期性非恒定水流的制紊机制,创新性地提出泥沙影响下的水流紊动强度理论模型

从紊动能量角度,研究了清水条件下和高浓度泥沙条件下水流紊动能量变化规律,阐明了高浓度泥沙对周期性非恒定水流的制紊机制,对紊动强度分布、高浓度含沙水体厚度以及泥沙对掺混长度的影响进行了分析,提出了能够包含泥沙影响的水流紊动强度计算公式。

2)基于有限掺混理论,建立了不同动力因素作用下高低浓度自适应的含沙量垂向分布理论模型

(1)着重描述和分析了紊动旋涡与掺混长度之间的关系,根据研究对象的不同,借鉴两相流研究中的思路,对水流和泥沙分别定义水流掺混长度系数和泥沙掺混长度系数,推导出同时满足紊流相似假说和掺混长度理论的掺混长度分布公式,克服了以往掺混长度公式虽然源于紊流相似假说和掺混长度理论,但引进某些假设后导出的表达式不能完全满足这两种理论的不足。

(2)根据所建立的模型,分析了泥沙粒径和泥沙浓度对泥沙掺混长度的影响,并给出了修正泥沙掺混长度的相关系数的表达式,最终建立了单向水流作用下含沙量垂向分布理论模型。模型计算值与实验测量值的比较表明,该模型能够合理地反映单向水流中悬沙浓度的分布规律。

(3)在波浪作用的研究中,首先阐述了波浪作用和单向水流作用的不同,分析了波浪作用下不同水深处泥沙悬浮机理,认为影响泥沙悬浮的主要因素从近床面的紊动扩散逐渐过渡到自由表面的波动水质点周期运动,建立了全水深悬沙垂线分布模型,与多个实验结果的比较表明了该模型的合理性。

(4)在单向水流和波浪水流研究的基础上,采用紊动制约函数直接修正扩散系数的方法,建立了不同动力因素作用下高低浓度自适应的悬沙浓度垂线分布模型。与流强波弱、波强流弱和波流相当三种情况实验值的比较,以及与van Rijn模型计算结果的比较,表明所建立的波浪和潮流共同作用下悬沙分布

模型更为合理,能够更准确地反映实际现象。

8.2 模拟技术方面

重点研发了基于国家级超算系统的全动力过程有限掺混与制紊机制下泥沙输移数值模拟技术和系统。

1)有限掺混与制紊机制下泥沙输移数学模型研发

研发了有限掺混与制紊机制下泥沙输移数学模型。模型采用非结构化的三角形网格、有限体积法、基于消息传递的并行计算策略等,形成能够完整考虑径流、潮流、波浪多重动力综合作用、盐淡水交汇斜压效应、床沙组分多样性、絮凝解絮过程泥沙沉降速度差异、沙盐联合层化制紊、推移质运动回淤等多因素集成的三维泥沙输运数学模型。

2)基于"天河一号"超算系统的全动力过程泥沙输移数值模拟系统研发

集成中尺度大气模型(WRF)、风浪模型(SWAN)、三维水动力模型(FVCOM)以及研发的三维泥沙输运模型实现了风、浪、潮汐、径流全动力过程的数值模拟,是研究强动力驱动下泥沙运动和时空分布规律的有力工具。

实现了各种模型在国家级超算系统"天河一号"统一部署与联合稳定运行,重点在资源管理、负载平衡、任务调度、数据访问等方面开展优化工作,解决了全动力过程泥沙输移模拟计算中大计算量、大存储量、大后处理量、大数据交换量等一系列瓶颈问题。

8.3 工程应用方面

1)成果已应用于滨州港5万吨级航道工程研究,揭示了强动力条件下港口航道"骤淤"物理过程和机制,为工程决策、设计和建设提供了技术支撑

(1)滨州港5万吨级航道工程位于典型粉沙质海岸,大风骤淤是滨州港建设和发展的重点问题和难点问题,滨州港所面临的航道骤淤问题将会比黄骅港更为严重。

(2)大风天气下,工程海域含沙量基本呈现近岸较高、外海略低的分布趋势。由于-3~-8m等深线波浪相对较大,造成最大含沙带在-3~-8m等深线位置。在不同水深处,含沙量均沿垂向呈底层大、表层小的分布规律。底层含沙量随波高增大而增大,表层含沙水体在潮流作用下跨越航道,一部分泥沙沉降至底层并落淤至航道,一部分泥沙随潮流穿越航道。

(3)工程方案实施前后,海域含沙量分布规律基本没有太大变化,潜堤掩护段内航道及两侧边滩含沙量较之前减小显著,航道淤积量也相应减小,受向外海方向沿堤流及堤头挑流影响,堤头向外海方向一定区域形成新的高含沙海域,该航道段将成为最大淤厚出现的位置。

(4)迅速降低潜堤高程时,会在现口门附近出现较大横流。东高西低防波堤方案不论是现口门还是新堤头附近潮流流速均大于6m等堤高方案。全潜堤方案只在现口门附近流速略有增大,增加幅度较小。

(5)防沙堤工程实施后,骤淤强度均有较为明显的减小,潜堤延伸越远骤淤强度越小。其中,-9m口门方案淤积强度最小,25年一遇大风最大骤淤厚度可基本控制在2m范围,10年一遇大风最大骤淤厚度可基本控制在1.7m左右。

从全航道减淤率来看,-8m口门方案全航道减淤率在44%左右;-8.5m口门方案全航道减淤率在48%左右;-9m口门方案全航道减淤率在50%以上。

从单宽减淤量上看,延堤越长其单宽减淤量越小。-8m口门方案延伸潜堤每千米减淤率在7.5%~7.9%,单宽减淤量在50万~60万m^3;-8.5m口门方案延伸潜堤每千米减淤率在5.8%~6%,单宽减淤量在40万~50万m^3;-9m口门方案延伸潜堤每千米减淤率在4.9%~5%,单宽减淤量在30万~40万m^3。

(6)从东西不同堤高方案模拟结果可以看出:2015年11月特大风暴潮发生时,渤海湾形成沿顺时针方向流动的大环流,由此在渤海湾南岸产生持续性的由南向北大规模输沙,东高西低堤高方案对此类输沙有一定减淤效果。但对类似于2013年3月风暴潮减淤效果不理想,究其原因有二:①2013年3月风暴潮发生时,渤海湾未形成类似环流,由此也未形成由南向北的持续性的输沙,东堤抬高也就未起到足够截沙作用;②北侧滩面泥沙对航道回淤的贡献不容忽视,虽然滨州区域整体输沙趋势是自南向北,但就航道回淤而言,两侧滩面泥沙的就地搬运还是航道回淤的主要泥沙来源,加之滨州海域波浪常浪向、强浪向均为ENE向,降低北堤高度后加大了北侧泥沙在落潮流带动下向航道的运移,从而使得航道总淤积量在常规风浪作用时并未减小,而常规风浪却是最为多发,也是造成航道回淤的主要动力。

(7)东西堤不同堤长方案,类似不同堤高方案,对截断短时持续性由南向北大量输沙有利,但对常规风浪,加长东堤减淤效果不明显,这从2013年3月风暴潮作用下航道回淤曲线的双峰分布可以看出。

(8)参考黄骅港和综合港已有研究和已建防沙堤,以及滨州港泥沙环境比黄骅港和综合港更为严峻的事实。结合模型试验从泥沙回淤角度综合考虑:双堤等长等高、堤头位置位于-9m、堤身高度不低于6m方案相对较优。

2)成果已应用于东营沿海防护堤工程研究,揭示了强动力条件下沿海防护堤海床"骤蚀"物理过程和机制,为防护堤工程的修复维护方案确定提供了数据和理论支撑

(1)从东营港开发区防潮堤及其两侧断面水深变化来看,自1976年黄河改道以后,东营港防潮堤及其两侧海床总体呈近岸冲刷、远岸淤积状态,冲蚀作用主要发生在冬半年,夏半年冲蚀作用弱;1996~2000年断面平均侵蚀强度0.30m/a左右,冲淤转折点位于12m水深左右;2006~2016年,断面平均冲刷0.10m/a左右,断面冲淤转折点位于10m水深左右;在时间变化上,近期水深冲刷强度与以往相比有所减弱,冲淤平衡点向岸推移,但近岸冲刷趋势仍持续。

(2)东营港开发区防潮堤岸段强侵蚀特征与泥沙供给减少,波浪、潮流及风暴潮等水动力作用以及沉积物抗冲性有着极大的关系。河流或流域输沙补给的缺失使三角洲发育没有了物质基础;废弃的黄河亚三角洲岸滩沉积物,结构松散,沉积历史短,抗冲性差;冬季,偏北向风浪,对岸滩侵蚀起到了重要影响,短时间风暴潮巨大能量的剧烈释放,在海岸剖面塑造中起到重要作用。

(3)正常天气情况下,堤前水动力较弱,含沙量较低,堤前地形能基本保持稳定,但堤前缺乏泥沙补给,难以恢复在大风作用下发生的地形冲刷。

(4)本防潮堤堤前数千米范围内0.5~3m的大范围冲刷是多次风浪淘刷综合作用的结果。建设初期不同风浪作用下,堤前已逐渐刷深,由于得不到泥沙补给,地形难以恢复,至2015年特大风暴潮发生时,堤前又一次急剧刷深,最终累积后导致堤前部分构筑物出现损坏。

(5)风暴潮期间的特殊流态造成了防潮堤目前大范围冲刷状态。在大风暴潮发生时,由于堤前增水及波浪综合作用,底层出现大范围、高强度的离岸流(底部流速可达0.5m/s以上),该离岸流携带近岸大量起动的泥沙向外海输移,最终使近岸泥沙逐渐向外海流失,而由于底层高强度离岸流影响范围很大,由此造成堤前冲刷区极为宽广。

(6)目前堤前仍未到平衡水深。风暴潮发生时,防潮堤区域仍会发生冲刷,冲刷强度随风浪强度变化。

(7)总体而言,黄河口泥沙骤蚀问题可概括为三个方面:①本海区泥沙运动性强,可在大风浪下大量起动;②本海区风浪强度大,满足形成泥沙起动的动力条件;③大风浪下,会在近岸形成高强度离岸流,使得泥沙迅速向外输移,满足了泥沙运移的动力条件。以上原因造成了黄河口岸滩泥沙骤蚀问题。

3)成果已应用于长江口深水航道泥沙回淤原因研究,揭示了径潮双向动力作用下大型河口深水航道回淤物理过程和机制,有力支撑了长江口深水航道新整治措施的决策与实施

(1)所建三维水动力—盐度—泥沙数学模型,能够较为合理地反映长江口水流运动、盐度分布、泥沙运动特征,计算精度满足规范要求,能够用于深水航道回淤原因研究。

(2)涨落潮流相对强度变化与10m、12.5m航道实测回淤强度变化一致,北槽下段涨潮动力的相对增强带来涨潮输沙量的加大,涨潮动力的相对增强和航槽挖深,带来底层盐水上溯增强,不利于底部泥沙的下泄。

(3)航道、深槽、建筑物走向与水流流向差异以及丁坝挑流、环流等因素都将产生水体横向运动,是悬沙横向运动、滩槽泥沙运动的主要动力因素。

(4)底层水流较表层横向运动更显著,近底层水流对悬浮泥沙横向运动的作用更大。

(5)盐水楔运动主要受到上游径流量和潮流强度双重因素的作用,径流为淡水,密度较小,潮流为盐水,密度较大,两者此消彼长,使得盐水入侵的范围、分层程度不断变化,对泥沙环境及航道淤积产生影响。

盐水楔上层水体密度小、下层密度大的分布特性,抑制了紊动的垂向发展,减弱泥沙垂向扩散,进一步加剧水体密度分层,泥沙聚集在底层附近,容易形成近底高含沙层;增加了水流垂向结构的复杂程度,使得底层附近水体先涨、后落,底层水体涨潮时间更长,将底层泥沙推向上游段淤积,不利于底层泥沙下泄;盐水楔的上下变动使得水体长时间处于5‰~20‰最佳絮凝盐度的范围内,泥沙更易于沉降;通过以上方式,盐水楔在北槽内的运动最终对航道淤积的分布形态产生影响。

(6)密度分层对水动力影响是明显的,不可忽视。悬沙和盐度对水体密度层化均有影响。

(7)南导堤越堤水沙对北槽当前泥沙环境的构成以及滩槽变化是重要的。

(8)底部高浓度泥沙运动是夏秋季航道回淤的重要形式。冬春季含沙量较低,近底泥沙与水流相互作用较弱以及冬春季泥沙沉降速度小是冬春季航道淤积明显小于夏秋季的重要因素。

8.4 展　望

泥沙输移数值模拟技术在当前科学研究和工程研究中都发挥着越来越重

要的作用,该技术的进步离不开计算机硬件能力的不断提高,也离不开并行计算技术、数值方法等的发展,更依赖于泥沙基本理论的不断创新。由于海岸河口泥沙问题的复杂性,受现有实验和认识水平的制约,还有很多问题需要深入探索,作者认为,下面几个方面是未来研究的重点:

(1)利用超大比尺水槽,突破物理模型缩放比尺的局限,重点探讨极端环境条件下泥沙运动理论问题,为提升数值模拟能力奠定理论基础。

(2)进一步研究水温、盐度、水流和泥沙之间相互作用关系,增强河口泥沙运动过程反演的准确性,使其能够更为合理地反映实际物理过程和机制。

(3)绿色环保是未来海岸河口工程发展目标之一,泥沙数值模拟也应在现有基础上向着环境泥沙研究方向发展,以在未来工程研究中发挥更大作用。

(4)从当前"数字化+网联化+智能化"的发展趋势看,数值模拟技术也应紧跟时代潮流,加大与实测数据的融合,开展实时预报研究,向着智能化方向发展。